即席麵サイクロペディア

1 カップ麺〜2000年編

- しょうゆ味
- しお味
- みそ味
- とんこつ味
- その他
- うどん・そば
- やきそば

SOKUSEKIMENCYCLOPEDIA

即席ラーメンは即席ラーメン。生のラーメンではありませぬ。店舗のラーメンとも違うんだ。

これは私が1995年にインターネット上で、即席ラーメンのパッケージを公開するサイトを公開した際に作ったキャッチフレーズである。そう、即席ラーメンは生ラーメンとは大きく異なる独特な食文化なのだ。常温で長期保管が可能で、家庭内でお湯や鍋さえあればそれだけで食事として完結する。そして大量生産の工業製品という側面を持つため技術革新の恩恵を受けやすく、他方コストの管理にはシビアで法規制の影響も受ける。派手なイベントやテレビの広告などとの親和性が高いため広い範囲で人々の記憶に残りやすい。このように、即席ラーメンは生のラーメンには無い特性を持つものなのである。

日清食品のチキンラーメンが発売された当初は日々の食事を充足させることが目的であった即席ラーメン。それがやがて企業間の競争を経ながら嗜好性を重視したものへと推移していった。その姿かたちや製造技術は勿論、販売形態や広告戦略といったソフト的な要素を含めて世界各国に飛散し、それぞれの地で独自の発展を遂げるようになる。今や世界中の人々の生活に無くてはならないものと言えるだろう。海外で地震などの災害が起きた時に被災者が即席ラーメンを食べている写真を新聞等で目にすることがある。災害そのものは悲しむべきことだが、即席ラーメンがこうして世界の人々に役立っている姿を目にすると、日本に生まれた人間としてとても誇らしく思えるのだ。

私が生まれたのはチキンラーメンが発売された少し後のことなので、物心ついたときには既に袋の即席ラーメンは一般化しており、幼心にいくつもの製品に接した記憶が残っている。小学校の高学年にもなると既に独りで鍋とコンロを駆使して袋のラーメンを調理する技を身に付け、中学・高校では試験勉強のお伴としてカップ麺を夜な夜なすすっていた。

こうして長い間即席ラーメンを食べ続けてきて、何の因果か本を出版することになった。これは偶然や幸運が重なって出来た結果である。パッケージの収集は特に強い意志を持って開始したわけではない。インターネットの黎明期に実験的なホームページを開設したはいいが、公開するネタに困ってしまった。その挙句、たまたま物置にあった段ボール箱から発掘してきた古い即席ラーメンのパッケージを写真付きで紹介したら意外に大きな反響が得られたのが一つのきっかけであった。そしてもう一つ重要なのは自分自身が健康であり、歳を重ねても継続して即席ラーメンを食べることができる環境に恵まれていたことが大きい。

世の中には若い頃随分と即席ラーメンにお世話になり、今でも親近感を持っている人がたくさんいると思うが、家庭の事情や健康面での制約によりずっと疎遠になっている人も多いだろう。そのような人達が本書で昔の甘酸っぱい記憶を呼び戻していただけるならば幸いである。

即席麺サイクロペディア
SOKUSEKIMEN CYCLOPEDIA

- ■ まえがき ... 2
- ■ コラム1　即席ラーメンへのめざめ ... 4
- ■ 第一章　しょうゆ味（340品目）... 5
- ■ 第二章　しお味（123品目）... 61
- ■ コラム2　映画製作と即席ラーメン ... 82
- ■ 第三章　みそ味（108品目）... 83
- ■ 第四章　とんこつ味（155品目）... 103
- ■ コラム3　謎の「コロッケラーメン」... 130
- ■ 第五章　その他の味（81品目）... 131
- ■ 第六章　うどん・そば（135品目）... 147
- ■ 第七章　やきそば（104品目）... 171
- ■ コラム4　tontantinの即席ラーメン調理動画 ... 190
- ■ あとがき ... 191

ミニ・コラム

①いま甦る！「Cup Noodle Red Zone」（1990年）に隠された写真！ ... P81

②「こ…これはなんだ!?」山本利夫監督 1982年作品より ... P102

③「なななー・なんだこれは？」山本利夫監督 1983年作品より ... P146

④我が家に現存する最古のカップ エースコック カップ焼そば ... P164

⑤ブタの顔が盛り上がる、サンポー「ヤキブタヤキソバ POOTARO」... P170

⑥透明カップの「カップヌードル スケルトン」（1999年）... P189

カップラーメンをおいしく食べるには

まず、賞味期限をチェックしてなるべく新しい品を選ぼう（日本のカップラーメンは製造してから5カ月間を賞味期限としている）。商品の回転が速そうなスーパーとかコンビニで買うのがいい。次に、水に気を払おう。最近は日本の水道がかなりおいしくなってきたが、マンション等で貯水槽を通じて給水する建物では浄水器を用いるとか、おいしい水を買ってくるという手もある。そして必ずお湯は沸かしたてでアツアツの熱湯を使おう。お湯の量が多過ぎたり、待ち時間が長すぎると取り返しがきかないので要注意。

そして最後に大切なのは、なるべくHappyな気持ちでカップラーメンに臨んでほしい。嬉しいこと、楽しいことを考えながら食べる一杯は格別においしいだろう。

本書の見方

Data Base No.　製造会社　　JANコード

 商品名

 商品ジャンル

 麺の製法

調理方法　待ち時間など

評価点

- ■総質量（麺）：カップ麺の内容量（麺のみの質量）
- ■カロリー：1食当たりの熱量

[付属品] スープ、かやくなどカップに添付されているもの

[麺] 麺の評価　[つゆ] つゆの評価　[その他] 具やパッケージ、全体のバランスなど気が付いた点

[試食日]　[賞味期限]　[入手方法] 購入先や値段、いただきものなど

※データは当時のものであり、現在発売されている製品とは異なる場合があります。

※本書では1982年～2000年までに食べた製品を掲載していますが、1997年9月以前の製品は評価のデータがありません。製品によっては代わりに［解説］として特徴を述べています。

※評価は食べた時点における私の主観に基づくものです。出版にあたって趣旨を変えることはしていません。歳とともに味覚や好みがだいぶ変わってきているので、現在の i-ramen.net やYouTube上での採点と比較してもあまり意味がありません。また、評価には購入金額を考慮していないので、高額の製品ほど高い点数が付く傾向があります。

COLUMN 1　即席ラーメンへのめざめ

大学に入って自動車免許を取ると、家の車を借りてはあちこちへ飛び出すことで行動範囲がうんと拡大した。多分1982年の春のことだと思うが、友人達と「日本海を見に行こう！」と夜通し運転して、朝方に新潟へ到着した。腹が減ったのでパンでも買うかと近くでたまたま開いていた古めかしい木製の扉を開けてよろず屋のような店に入った。するとその店内の一角に何やら今まで見たことが無い袋の即席ラーメンが鎮座ましましている姿が眼に入った。

「ヤクルトラーメン、なんだこりゃ!?」こいつを見た瞬間脳天直下に電撃が落ち、眠気も一気にふっ飛んだ！あのヤクルトがこんなものを出していたなんて！おまけにクロレラ入りとの触れ込みで麺は淡く妖しい緑色を放っている。即席ラーメンなんて全国どこでも同じようなものだと信じていたのに、即席ラーメンといえば日清とマルちゃんと明星とサッポロ一番とハウスとエースコックしか無いはずだったのに、自分は即席ラーメンのことをよく知っているはずだったのに、この世界はそんなに単純ではなかったのだ。（註：この話はあくまで即席ラーメンの奥深き世界に開眼するきっかけであり、実際のヤクルトラーメンは新潟地方限定販売の製品ではありません）

この新潟での体験を契機に、旅行に出かけると必ずスーパーや酒屋、コンビニ等を可能な限り見て周り、何か変わった即席ラーメンがないかをチェックすることが習慣、というより最大の楽しみ、そして旅行の目的となった。名古屋・大阪・北海道…あちこちへ出かけようとするモチベーションは主に即席ラーメンであった。旅行で一番鮮烈な印象が残っているのは初めて九州へ渡った時のことで、車で関門トンネルを抜けた後、漠然とした期待を込めながら大きなスーパーに飛び込んだ。果たしてその売り場には初めて聞くメーカーや、馴染みのメーカーながらも見たことがない製品で埋め尽くされており、まさに光り輝く宝の山に見えた。直後、私は鎖を放たれた飢えた獣のようにその即席ラーメンの山に突進し、むさぼるように商品を買い物カゴへ放り込んだのだ。おお、なんという達成感（たかだか一個百円近辺の買い物でこれだけ大きな幸福に浸れるとは、なんとも経済的な趣味だと思う）。

しかし今の時代は売る方も買う方も情報発信が盛んになり、インターネットで検索すれば何処に何が売られているのかは大体把握出来てしまう。通信販売やオークションといった入手経路もごく普通に使用されるようになり、私もたまにその恩恵にあずかることがある。だがその分偶然の出会いによる驚きが国内では最近は殆ど無くなってしまい、ちょっぴり寂しい気もするのだ。

そのため、最近では興味の対象を徐々に海外へシフトしている。異国の地では偶然の出会いにワクワク・どっきりするシーンがまだまだたくさん残されている。最近では台湾と香港へ出向いたが、スーパーや市場を巡る度に初めて九州へ渡った時の感覚が甦ったものだった。本書の取扱範囲は日本のカップラーメンだけに限定しているが、機会があれば海外の楽しい製品を是非紹介してみたいと思う。世界は広いし、お楽しみはまだまだこれからだ。

第一章 しょうゆ味

SOKUSEKIMENCYCLOPEDIA

カップラー

しょうゆ味

タコヤキラーメン

| No.459 | 日清食品 | 4 902105 002513 |

ジャンル	ラーメン
製法	油揚げめん
調理方法	熱湯3分

■総質量(麺)：78g(60g)
■カロリー：No Data

[付属品]粉末スープ。かやく（たこ焼き・たこ焼きチップ・わかめ・卵・いりゴマ・ねぎ）は混込済

[解説]1985年7月にトキタマラーメン（P48参照）と同時発売。ダンプ松本のTVコマーシャルでかなり知名度が高かったが販売面はイマイチだったのかすぐに消えた。タコ焼きは3個入っていたが、ラーメンの具としてはお世辞にも合っていなかった記憶がある。

コロッケラーメン
しょうゆ味

| No.845 | 酒悦 | 4 901783 400086 |

ジャンル	ラーメン
製法	No Data
調理方法	熱湯4分

■総質量(麺)：No Data
■カロリー：No Data

[付属品] No Data

[解説]酒悦がかつて販売していた製品。フタに書かれている情報量が少なく、メーカー名すら判らずに私を長い間悩ませた（P130参照）。味の記憶は殆ど無いが、薄くて貧弱なコロッケがあったように思う。

MYOJO 60秒ヌードル QUICK1
バーベキューしょうゆ

No.482	明星食品
ジャンル	ラーメン
製法	油揚げめん
調理方法	熱湯1分

■総質量(麺)：No Data
■カロリー：No Data

[付属品] なし。粉末スープ、かやくは混込済

[解説] たった1分で出来上がる！という売りで1982年に登場。CMは再結成タイガースの曲が使われる。小さいカップで、麺は細くて薄くパサパサした食感。スープは派手な味だった。早く出来る反面伸びるのも早く、特許問題があったとのことで、市場から消えるのも早かった。

しょうゆラーメン マヨラー
マイルドなコクあっさりスパイシー

No.1030	カネボウフーズ	4 901551 112708
ジャンル	ラーメン	
製法	油揚げめん	
調理方法	熱湯3分	

■総質量(麺)：100g(65g)  ■カロリー：426kcal

[付属品] 液体スープ、からしマヨネーズ、かやく（鶏肉・コーン・ごま・蒲鉾）

[麺] 古いタイプの油揚げめんだな 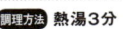 [つゆ] 旨味の少ないスープにマヨネーズのしつこさが加わり、後味悪し [その他] 賞味期限を越えてたハンディがあるが、マヨネーズ混入後スムーズに溶けてくれず細かな粒々状になるのは見た目の悪さで減点となる。

[試食日] 1998.5.5　[賞味期限] 1997.10
[入手方法] ¥100

どんぶりくん
生麺風味のノンフライ製法

No.520	明星食品
ジャンル	ラーメン
製法	ノンフライめん
調理方法	熱湯4分

- 総質量(麺)：85g(65g)
- カロリー：No Data

[付属品] 粉末スープ、かやく（メンマ・チャーシュー・卵・なると・ねぎ）、うまみオイル

[解説] 1977年発売。当初は袋めん「めん吉」の仲間という位置付け。この写真はかなり後期のもの。当時のノンフライ麺は量感に乏しく、食べてもあまり力が湧いた気分にならなかった。それでも麺の香りやスープの味造りは当時としては高水準で、私も繰り返しお世話になった製品。

めん八珍
本格しょうゆ味

No.467	日清食品	4 902105 002858
ジャンル	ラーメン	
製法	ノンフライめん	
調理方法	熱湯4分	

- 総質量(麺)：80g(61g)
- カロリー：---kcal

[付属品] 粉末スープ、かやく（もやし・メンマ・卵・なると・ねぎ）

[解説] しょうゆ油味のノンフライ麺カップという点で、上の「どんぶりくん」と双璧をなす存在。液体スープ付きで、かやくも豪華、小松政夫を起用して「しなやかしなやかめんはっちん」と言っていた広告のインパクトも強かった。でも私はどんぶりくんばかりを好んで食べた。

甲斐の味 信玄公
しょうゆラーメン

| No.787 | はくばく(白麦米株式会社) | 4 902571 211655 |

ジャンル ラーメン
製法 油揚げめん
調理方法 熱湯3分

■総質量(麺)：82g(65g)
■カロリー：No Data

[付属品]粉末スープ、かやく（オニオンスライス・チャーシューチップ・卵・人参）

[解説]山梨県に本拠地のある白麦米（現在のはくばく）による地方色の濃い製品。パッケージのフタは大手企業のものとは違う味わいを感じるが、中身の味の方は麺もスープもかやくもあまりパッとしない。正直言って安造りの印象があった。

釜あげ らーめん
醤油めんつゆ わかめ入り やくみ付

| No.700 | カネボウフーズ | 4 902552 0010208 |

ジャンル ラーメン
製法 ノンフライめん
調理方法 熱湯4分

■総質量(麺)：100g(80g)
■カロリー：No Data

[付属品]液体つゆ、わかめ、薬味（ごま・ねぎ）

[その他]釜あげ・あつ盛り・冷やしで食べられる

[入手方法]¥140

[解説]ベルフーズ（のちのカネボウフーズ）がノンフライ麺を武器に勢い良く伸びていた頃の実験的製品。味や質感は良いがあまり腹もちしない。

しょうゆ味

No.781 横山製麺工場　4 903077 200228
八ちゃん 勝（カツ）拉麺

- ジャンル：ラーメン
- 製法：フリーズドライめん
- 調理方法：熱湯4分
- ■総質量（麺）：100g（55g）
- ■カロリー：No Data

[付属品] 液体スープ、かやく（フィッシュカツ・ねぎ）

[解説] 麺はフリーズドライ製法でリアルな食感。カツといってもトンカツではなく魚フライ。

No.1127 日清食品
強麺 かつ玉

- ジャンル：ラーメン
- 製法：油揚げめん
- 調理方法：熱湯3分

3.5

- ■総質量（麺）：78g（60g）
- ■カロリー：358kcal

[付属品] なし。スープ、かやく（チキンカツ・卵・玉ねぎ・ねぎ）は混込済

[麺] 縦横比4の扁平めんは弾性あり　[つゆ] カツ玉ということで半熟卵の雰囲気が少しある。底はどろどろ、和風系だし　[その他] 小指の先ほどのカツは微笑ましい。主流ではなく傍流狙いの佳作

[試食日] 2002.10.14　[賞味期限] 1999.2.3　[入手方法] No Data

No.1280 東洋水産　4 901990 520256
でかまる スタミナもつ煮ラーメン うま辛醤油味

- ジャンル：ラーメン
- 製法：油揚げめん
- 調理方法：熱湯3分

2.5

- ■総質量（麺）：118g（85g）
- ■カロリー：495kcal

[付属品] 粉末スープ、レトルト調理品（味付け牛モツ）。ニンニクの芽・ねぎ・唐辛子は混込済

[麺] 食感が非常に軽い、軽すぎる。油の質は良いが、工業製品という感じを受ける　[つゆ] 粉末・即席であることを意識する。豆板醤で結構辛い　[その他] レトルトの具だけは妙にリアル。良い具なのだが他の要素が貧弱で一点豪華主義だね

[試食日] 1999.4.23　[賞味期限] 1999.9.8　[入手方法] ローソン ¥168

No.934 カネボウフーズ　4 902552 112845
ハヤシ醤油ラーメン

- ジャンル：ラーメン
- 製法：油揚げめん
- 調理方法：熱湯3分

3　

- ■総質量（麺）：No Data
- ■カロリー：384kcal

[付属品] 液体スープ、かやく

[麺] 油揚げめんは標準的　[つゆ] う〜ん、醤油味にトマトの香り、悪くはないけど良くもない　[その他] 具に大きめの牛肉が入っているのは良い。玉ねぎもたくさん

[試食日] 1997.10.19　[賞味期限] No Data　[入手方法] No Data

No.740 まるか食品　4 902885 001058
ペヤング らーめんチャーハン
旨さのかけ算

- ジャンル　ラーメン
- 製法　油揚げめん
- 調理方法　熱湯4分

- ■総質量(麺)：62g (50g)
- ■カロリー：kcal

[付属品] スープ、かやく (キャベツ・乾燥わかめ・人参・かまぼこ)

[麺] No Data　[つゆ] No Data　[その他] チャーハンは熱湯5分、Net28 / 28g、米・グリーンピース・オニオン・人参

[試食日] No Data　[賞味期限] No Data　[入手方法] No Data

[解説] 1985年発売で、二段重ねカップの製品。チャーハンの方はアルファ化米によるもので、非常食を彷彿させるもの。

No.741 まるか食品　4 902885 001041
ペヤング らーめんライス
おいしさ2倍

- ジャンル　ラーメン
- 製法　油揚げめん
- 調理方法　熱湯4分

- ■総質量(麺)：62g (50g)
- ■カロリー：kcal

[付属品] スープ、かやく (キャベツ・乾燥わかめ・人参・かまぼこ)

[麺] No Data　[つゆ] No Data　[その他] ライス (お茶漬け) は熱湯5分、Net35 / 30g、米・あられ・のり

[試食日] No Data　[賞味期限] No Data　[入手方法] No Data

[解説] 左の製品とほぼ同時期に出たもの。ライス部分は永谷園風のお茶漬けで、ラーメン部分はごく簡素な造り。

No.458 日清食品　4 902105 002056
棒棒鶏風味 しょうゆ味ラーメン
コクと香りの秘伝タレ仕上げ

- ジャンル　ラーメン
- 製法　油揚げめん
- 調理方法　No Data
- ■総質量(麺)：No Data
- ■カロリー：No Data

[付属品] No Data

[解説] 1992年発売。日清はかつて袋めんで棒棒鶏風味を一般化させており、これをカップ麺に展開したもの。

No.1202 砂押商店 (現:麺のスナオシ)　4 973288 000016
ねぎラーメン

- ジャンル　ラーメン
- 製法　油揚げめん
- 調理方法　熱湯3分

- ■総質量(麺)：79g (65g)
- ■カロリー：348kcal

[付属品] 粉末スープ、かやく (チャーシュー一枚・ネギ・卵・なると)

[麺] 存在感が強い、というより重く湿った感じがする。「麺の」スナオシと銘打つならもう一歩　[つゆ] スパイス強め、粉末の割には透明感があるが、押しが弱いな　[その他] 貧弱焼豚、積極的に買う動機に欠ける。売価を考えればこんなもんか

[試食日] 1999.1.14　[賞味期限] 1999.3.3　[入手方法] 秋葉原で購入 ¥90

しょうゆ味

しょうゆ味

No.578 東洋水産　　4 901990 020770

納豆わかめ　ラーメン

- ジャンル　ラーメン
- 製法　No Data
- 調理方法　熱湯4分
- 総質量（麺）：No Data
- カロリー：No Data

[付属品] No Data
[解説] 1984年発売。明石家さんまがCMに出演していた。味の方は殆ど記憶にないが、軽い納豆がプカプカ浮いていたような気がする。

No.746 まるか食品　　4 902885 000068

ペヤング　餃子ラーメン

- ジャンル　ラーメン
- 製法　油揚げめん
- 調理方法　熱湯3分
- 総質量（麺）：106g(65g)
- カロリー：No Data

[付属品] スープ、かやく（餃子（キャベツ・玉ねぎ・豚挽肉・ニラ・ニンニク）・葱・なると）
[解説] 写真は後期のもの。餃子は厚ぼったいワンタンみたい。

No.589 エースコック

焼豚ラーメン　しょうゆ味　大吉
（たて型）

- ジャンル　ラーメン
- 製法　油揚げめん
- 調理方法　熱湯3分
- 総質量（麺）：79g(65g)
- カロリー：No Data

[付属品] なし。粉末スープ、かやく（豚肉・卵・メンマ・かに風蒲鉾・ネギ）は混込済
[解説] おみくじ付きラーメンの先駆け。

No.478 明星食品

明星力組　わかめ餅　ラーメン
1,000円が当たる　富くじ付

- ジャンル　ラーメン
- 製法　油揚げめん
- 調理方法　熱湯3分
- 総質量（麺）：No Data
- カロリー：No Data

[付属品] No Data
[解説] 発売時期不詳。即席ラーメンに限らないが、昔はよく現金が当たるキャンペーンを見かけたものだった。

No.782 横山製麺工場

八ちゃん飯店 焼豚ラーメン
調味済(レトルトパック)焼豚・メンマ入り

- ジャンル：ラーメン
- 製法：フリーズドライめん
- 調理方法：熱湯4分
- ■総質量(麺)：130g(57g)
- ■カロリー：No Data

[付属品]粉末スープ、レトルトかやく(味付豚肉・メンマ)、こしょう

[解説]1980年初頭の高級品。コシの強い麺とリアルな豚肉に対し、粉末スープが安っぽく残念だった。

No.834 徳島製粉　4 904760 010070

金ちゃん飯店 焼豚ラーメン
調理済(レトルトかやく)焼豚・メンマ入り

- ジャンル：ラーメン
- 製法：油揚げめん
- 調理方法：熱湯4分
- ■総質量(麺)：150g(72g)
- ■カロリー：No Data

[付属品]粉末スープ、レトルトかやく(味付豚肉・メンマ)

[解説]レトルトの豚肉付きで左の八ちゃんと雰囲気が良く似ているが、こちらは油揚げめん。

No.865 双龍本舗　三木食品

屋台の味 焼豚ラーメン
バツグンのおいしさ

- ジャンル：ラーメン
- 製法：油揚げめん
- 調理方法：熱湯3分
- ■総質量(麺)：85g(72g)
- ■カロリー：No Data

[付属品]粉末スープ、かやく(焼ブタ・生姜・ねぎ)

[解説]現在メーカーが存続しているのか不明。このカップのフタ以外に全然情報が無い謎の商品。

No.866 ホーエイ食品

焼豚ラーメン
1,000円が当たる。Wプレゼント

- ジャンル：ラーメン
- 製法：油揚げめん
- 調理方法：熱湯3分
- ■総質量(麺)：92g(70g)
- ■カロリー：No Data

[付属品]粉末スープ、調味油、紅生姜。(焼豚・なると・ねぎ入り)

[解説]味の記憶なし。ここは昔袋めんも作っていたのだが、現在はどうしているんだろう？

しょうゆ味

しょうゆ味

No.714 ヤマダイ　　　　　　　　4 903088 000770

ニュータッチ ワンコインヌードル
本格派 しょうゆ味

- ジャンル：ラーメン
- 製法：油揚げめん
- 調理方法：熱湯3分

[付属品] No Data

[解説] 今も昔もやはり100円というのが気軽に買おうとするための心理的な閾値なのだろう。

■総質量（麺）: No Data
■カロリー: No Data

No.724 加ト吉　　　　　　　　4 901520 465071

加ト吉ラーメン 100
しょうゆ味

- ジャンル：ラーメン
- 製法：油揚げめん
- 調理方法：熱湯3分

[付属品] No Data

[解説] これも左と同じような狙いを持った商品。こちらは縦型でやや小型。

■総質量（麺）: No Data
■カロリー: No Data

No.817 サンポー食品　　　　　　4 901773 11155

食堂のラーメン
カルシウム入 しょうゆ味 ねぎ・玉子入

- ジャンル：ラーメン
- 製法：No Data
- 調理方法：No Data

[付属品] No Data

[解説] かなり疲れた、小汚い大衆食堂をイメージさせるパッケージ。あまり食欲を誘わせないので損をしていると思う。

■総質量（麺）: No Data
■カロリー: No Data

No.745 まるか食品　　　　　　4 902885 000136

ペヤング 学校のソバのラーメン屋さん
本物の大きなチャーシュー2枚メンマ入り

- ジャンル：ラーメン
- 製法：油揚げめん
- 調理方法：熱湯3分

[付属品] スープ、かやく（チャーシュー・メンマ・ねぎ・なると）

[入手方法] 標準小売価格 ¥200

■総質量（麺）: 100g (65g)
■カロリー: No Data

No.910 徳島製粉
金ちゃんヌードル

ジャンル	ラーメン
製法	油揚げめん
調理方法	熱湯3分

■総質量(麺)：85g(g)
■カロリー：No Data

[付属品] なし。粉末スープ、かやく（えび・肉・卵・ネギ・椎茸）は混込済

[解説] 1973年発売。現在でも健在。関東以北では発掘困難なのが残念。

No.624 サンヨー食品
サッポロ一番 CupStar
東京の味

4980 3952

ジャンル	ラーメン
製法	油揚げめん
調理方法	熱湯3分

■総質量(麺)：73g(60g)
■カロリー：No Data

[付属品] なし。粉末スープ、かやく（豚肉・卵・えび・植物性蛋白・乾燥野菜）は混込済

[解説] カップスターは1975年発売だが、この「東京の味」は1987年。

No.592 エースコック
シュリンプヌードル

4 901071 200015

ジャンル	ラーメン
製法	油揚げめん
調理方法	熱湯3分

■総質量(麺)：No Data
■カロリー：No Data

[付属品] No Data

[解説] 1973年発売。当時の味の雰囲気を結構よく残したまま、東北地方限定製品として現在でも生きている。

No.483 明星食品
青春という名のラーメン 燃えろハンバーグ
しょうゆ味

4980 7042

ジャンル	ラーメン
製法	油揚げめん
調理方法	熱湯3分

■総質量(麺)：77g(60g)
■カロリー：No Data

[付属品] なし。粉末スープ、かやく（ハンバーグ・コーン・ネギ）は混込済

[解説] 本シリーズは1984年から開始し、結構変な製品も多く輩出した。

しょうゆ味

しょうゆ味

No.689　カネボウフーズ　4973 1514

カラメンテ 大辛
しょうゆラーメン

- [ジャンル] ラーメン
- [製法] ノンフライめん
- [調理方法] 熱湯4分
- ■総質量（麺）：97g（64g）
- ■カロリー：No Data

[付属品] スープ、かやく（白菜・ねぎ・なると・卵）

[解説] 激辛ブームを主導したブランド。クールなノンフライ麺と熱い刺激の対比が特徴。

No.613　エースコック　4 901071 222017

大辛ラーメン カライジャン
しょうゆ味　辛味スティック付

- [ジャンル] ラーメン
- [製法] 油揚げめん
- [調理方法] 熱湯3分
- ■総質量（麺）：100g（60g）
- ■カロリー：No Data

[付属品] スープ、かやく（焼豚・なると・ねぎ）、メンマ、辛味スティック

[解説] 激辛ブームのもう一方の雄。辛さを調節できるスティックが売り。

No.531　明星食品

高級カップ麺 中華飯店
四川風　挽肉あんかけ麺

- [ジャンル] ラーメン
- [製法] ノンフライめん
- [調理方法] 熱湯5分
- ■総質量（麺）：175g（75g）
- ■カロリー：No Data

[付属品] 液体スープ、粉末スープ、調理済みレトルトかやく（豚挽肉・人参・たけのこ・ねぎ・椎茸）

[解説] レトルトの具が付いた、中華料理的なプレミアムカップ麺。

No.1599　日清食品　4 902105 020234

CUP NOODLE Skeleton
カップヌードルの秘密

- [ジャンル] ラーメン
- [製法] 油揚げめん
- [調理方法] 熱湯3分
- ■総質量（麺）：77g（65g）
- ■カロリー：366kcal

[付属品] なし。粉末スープ、かやく（卵・えび・豚肉・ねぎ）は混込済

[麺] 高級でも高質でもない伝統から来る安心感がある　[つゆ] 万人に受けいられる癖のない味。でも賞味期限大幅超過のため鮮度が落ちたかな？　[その他] 定番というか、これが基準。発売日に買ったのに大切にしすぎて食べ頃を逃しちゃったよ（P189 コラム参照）

[試食日] 2000.5.6　[賞味期限] 2000.1.26　[入手方法] am-pm　¥180

No.843 ボーソー東洋　4 960393 100014

ヤッターマン 五目ラーメン
しょうゆ味

- [ジャンル] ラーメン
- [製法] No Data
- [調理方法] 熱湯4分
- ■総質量(麺)：No Data
- ■カロリー：No Data

[付属品] 液体スープ、かやく

[解説] ヤッターマンはロゴだけで、契約料の制約だろうかアニメのキャラクターは描かれていないところに侘しさを感じる。

No.854 東和エステート　4 961817 029907

大阪ラーメン おおきに
しょうゆ

- [ジャンル] ラーメン
- [製法] No Data
- [調理方法] 熱湯3分
- ■総質量(麺)：No Data
- ■カロリー：No Data

[付属品] 粉末スープ、かやく

[解説] 1980年代だと思うが詳細は判らず。東洋水産系のこの会社は今は即席ラーメンを作っていないようだ。

No.768 アカギ(本庄食品株式会社)　4 902485 001533

AKAGI なるほど ザ・ラーメン
しょうゆ味

- [ジャンル] ラーメン
- [製法] 油揚げめん
- [調理方法] 熱湯3分
- ■総質量(麺)：75g (70g)
- ■カロリー：No Data

[付属品] 粉末スープ、かやく(コーン・卵・なると・メンマ・豚肉・ねぎ)

[解説] これと同名の本があったり、似た名前のテレビ番組があったり、1980年台を感じさせる名前の製品。

No.1066 丹頂の舞本舗／十勝新津製麺　4 904856 001678

伝承麺 十勝親地鶏ラーメン
煮玉子地鶏たっぷり

- [ジャンル] ラーメン
- [製法] ノンフライめん
- [調理方法] 熱湯4分 
- ■総質量(麺)：170g (60g)
- ■カロリー：361kcal

[付属品] 液体スープ、レトルト具(鶏肉・玉子・めんま)、かやく(ねぎ・わかめ)

[麺] 硬質ゴムのような食感、重量感はあるがもうちょいしなやかさが欲しい　[つゆ] 透明感があり上品。素材は良いがやや不器用、小細工無し。特有の味付けだね　[その他] や～、久しぶりに発掘した新ブランドはなかなか強烈。鶏肉をもっと入れて欲しい

[試食日] 1998.7.16　[賞味期限] 1998.12.18　[入手方法] ファミリーマート ¥248

しょうゆ味

しょうゆ味

No.954 東洋水産　4 901990 027946
麺・イン・ブラック
奇想天外のウマさ、最高機密機関MIB公認

- ジャンル：ラーメン　■製法：油揚げめん
- 調理方法：熱湯3分　■付属品：なし。スープとやかく（コーン・グリーンピース・人参・いか）は混入済　■総質量（麺）：72g(62g)　■カロリー：322kcal
- 麺：色はそば以上に濃い灰色で、ちょっとしなやかさに欠けるところもそばみたい。麺に練り込まれたイカスミの香りはよくわからん？　■つゆ：スープは胡椒がガンガン効いて、ハードな印象　■その他：国産品としては超個性派
- 試食日：1997.12.09　■賞味期限：1998.4.14
- 入手方法：No Data

No.979 カネボウフーズ　4 901551 112661
香港肉醤麺（ロージャンメン）
しょうゆ味 肉の唐揚げ入り 食在広東・食都香港

- ジャンル：ラーメン　■製法：ノンフライめん
- 調理方法：熱湯4分　■付属品：粉末スープ、液体スープ、かやく（鶏唐揚げ、ちんげん菜、赤ピーマン、卵）　■総質量（麺）：99g(70g)　■カロリー：340kcal
- 麺：カネボウ得意のノンフライ麺は細いがしっかりしている　■つゆ：黒胡椒が印象的　■その他：鶏唐は比較的でかい
- 試食日：1998.2.12　■賞味期限：1997.9
- 入手方法：No Data

No.980 日清食品　4 902105
カップヌードル CHINESE NOODLE 角煮　トロ味しょうゆ

- ジャンル：ラーメン　■製法：油揚げめん
- 調理方法：熱湯3分　■付属品：なし（スープ・具（豚角煮・卵・ニンニクの芽等）は混ぜ込み済　■総質量（麺）：78g(60g)　■カロリー：369kcal
- 麺：ちょっと柔らかめ、いつものカップヌードルめん　■つゆ：こってり系だね　■その他：角煮は10×10×5mm程度のものが8個位入ってた
- 試食日：1998.2.13　■賞味期限：1998.7.2
- 入手方法：No Data

No.990 ヤマダイ　4 903088 001937
ニュータッチ 喜多方風ワンタンラーメン

- ジャンル：ラーメン　■製法：油揚げめん
- 調理方法：熱湯3分　■付属品：液体スープ、かやく（ワンタン・ねぎ・卵）　■総質量（麺）：105g(65g)　■カロリー：395kcal
- 麺：喜多方を意識してか少し太め。気泡が多い感じ　■つゆ：良く言えば透明感がある。人工的でもある。いつものニュータッチ系　■その他：ワンタンはもうちょい大きい方がいいかな
- 試食日：1998.3.2　■賞味期限：1998.6.13
- 入手方法：サンエブリー ¥138

No.993 明星食品　4 902881 044639
行列覚悟の店 醤油味 黒豚メンマラーメン

- ジャンル：ラーメン　■製法：油揚げめん
- 調理方法：熱湯3分　■付属品：粉末スープ、レトルト具（豚肉・メンマ）　■総質量（麺）：153g(75g)　■カロリー：464kcal
- 麺：油揚げめんは存在感がある　■つゆ：結構こってり、こしょうがきいている　■その他：レトルト具はメンマばかり。肉は少ない
- 試食日：1998.3.6　■賞味期限：1998.6.20
- 入手方法：サンエブリー ¥248

No.1004 カネボウフーズ　4 901551 113088
ホームラン軒 野菜とテールのしょうゆラーメン　香りねぎと牛テールのスープ

- ジャンル：ラーメン　■製法：ノンフライめん
- 調理方法：熱湯4分　■付属品：液体スープ、かやく（ねぎ・たまねぎ・赤ピーマン・牛肉）、スパイス　■総質量（麺）：100g(70g)　■カロリー：309kcal
- 麺：ノンフライ麺は柔らかめで滑らか　■つゆ：さすがはテールのダシ。どことなく洋風である　■その他：肉は薄いがリアル感がある
- 試食日：1998.3.23　■賞味期限：1998.6.20
- 入手方法：ampm ¥143

しょうゆ味

No.1005 東洋水産　4 901990 025898
チャーシューメンマにとことんこだわった ぴかー　しょうゆ味ラーメン

- ジャンル：ラーメン　■ 製法：油揚げめん
- 調理方法：熱湯3分　■ 付属品：粉末スープ、レトルトかやく（チャーシュー・メンマ）　■ 総質量（麺）：88g(60g)　■ カロリー：362kcal
- 麺：少し太めだがあまり特徴がない　■ つゆ：つゆもあまり特徴がない、一昔前の味　■ その他：かやくだけはまあ立派な方か。チャーシューは一枚だけど厚い
- 試食日：1998.3.26　■ 賞味期限：1998.6.24
- 入手方法：No Data

No.1010 明星食品　4 902881
チャイナタウン 海老ワンタン麺　しょうゆ仕立て

- ジャンル：ラーメン　■ 製法：No Data
- 調理方法：熱湯3分　■ 付属品：なし。スープ、かやく（海老わんたん・卵・山菜・かにかまぼこ）は混込済　■ 総質量（麺）：71g(50g)　■ カロリー：276kcal
- 麺：細く短めな麺は意外になめらかか、特徴的　■ つゆ：塩分が多そうだが、味自体はマイルドなもの　■ その他：ワンタンは小さくてあまり目立たないな
- 試食日：1998.4.3　■ 賞味期限：1998.7.25
- 入手方法：No Data

No.1023 ヤマダイ　4 903088 001913
ニュータッチ サンマーメン もやしそば　とろみスープが麺と野菜をひきたてる。

- ジャンル：ラーメン　■ 製法：油揚げめん
- 調理方法：熱湯3分　■ 付属品：粉末スープ、液体スープ、かやく（もやし・人参・椎茸・ねぎ）　■ 総質量（麺）：96g(70g)　■ カロリー：422kcal
- 麺：ニュータッチらしく、気泡が多いのかふわっとしている　■ つゆ：野菜の味がする。素朴な感じ　■ その他：もやしが入っているのはいい。もっとシャキッとしたのがたくさんあるとよい
- 試食日：1998.4.21　■ 賞味期限：1998.8.5
- 入手方法：No Data

No.1028 ローソン　4 903423 592403
LAWSON NOODLE　しょうゆ味

- ジャンル：ラーメン　■ 製法：油揚げめん
- 調理方法：熱湯3分　■ 付属品：なし。スープ、かやく（豚肉・卵・えび・ねぎ）は混込済　■ 総質量（麺）：76g(65g)　■ カロリー：352kcal
- 麺：古典的カップ油揚げめんの香り　■ つゆ：これも古風。塩っぱい　■ その他：「具がたっぷり」と書いてあるが少ないぞ
- 試食日：1998.5.1　■ 賞味期限：1998.5.3
- 入手方法：ローソン ¥228

No.1031 大黒食品工業　4 904511 001043
マイフレンド・ヌードル　しょうゆ味

- ジャンル：ラーメン　■ 製法：油揚げめん
- 調理方法：熱湯3分　■ 付属品：なし。スープ、かやく（肉・卵・えび・ねぎ）は混込済　■ 総質量（麺）：72g(65g)　■ カロリー：309kcal
- 麺：古風なカップだが、意外になめらか、柔らかめ　■ つゆ：（外観に比べて）割と上品かな　■ その他：意外に具は少なくない。カップ側面に描かれた赤い縮れ毛のような模様が下品だ
- 試食日：1998.5.9　■ 賞味期限：1998.7.17
- 入手方法：¥85

No.1037 エースコック　4 901071 212018
具が主役 焼のりしょうゆラーメン

- ジャンル：ラーメン　■ 製法：油揚げめん
- 調理方法：熱湯3分　■ 付属品：液体スープ、のり、かやく（ねぎ・メンマ・なると）、スパイス　■ 総質量（麺）：88g(65g)　■ カロリー：334kcal
- 麺：ちょっと太めでしっかり。あまり印象に残らない　■ つゆ：透明スープは味もクリアな感じ　■ その他：厚めののり4、5枚は存在感があるが、他の具の印象がない
- 試食日：1998.5.22　■ 賞味期限：1998.9.9
- 入手方法：ローソン ¥143

しょうゆ味

No.1039 東洋水産　4 901990 025836
通のこだわりシリーズ 旭川醤油ラーメン

- ジャンル：ラーメン　製法：ノンフライめん
- 調理方法：熱湯4分　付属品：粉末スープ、液体スープ、レトルトかやく（チャーシュー・めんま）　総質量(麺)：127g(75g)　カロリー：433kcal
- 麺：ノンフライでしっかりしているが細い。このつゆにはもっと太い麺がほしい　つゆ：不透明、魚のダシがはいっているみたい。強い味　その他：レトルトチャーシューはリアルだ
- 試食日：1998.5.24　賞味期限：1998.10.2
- 入手方法：No Data

No.1046 エースコック　4 901071 233006
丸鶏濃厚ラーメン

- ジャンル：ラーメン　製法：油揚げめん
- 調理方法：熱湯3分　付属品：粉末スープ、液体スープ、かやく（チャーシュー・ねぎ・なると・メンマ）　総質量(麺)：106g(65g)　カロリー：424kcal
- 麺：細いがまあまあしっかりしている　つゆ：非常にどろどろした舌触りだが、味の濃さはそれほどでもなく違和感もり。強い　その他：チャーシューが貧弱、メンマほとんどなし
- 試食日：1998.6.12　賞味期限：1998.10.13
- 入手方法：ローソン ¥168

No.1051 エースコック　4 901071 220082
スーパーカップミニ ワンタンメン しょうゆ味

- ジャンル：ラーメン　製法：油揚げめん
- 調理方法：熱湯3分　付属品：粉末スープ（ワンタン・卵・椎茸・胡麻は混込済）　総質量(麺)：47g(35g)　カロリー：210kcal
- 麺：ゴムっぽい食感でイマイチ　つゆ：クセの少ない味　その他：ミニカップの割にはワンタン多し。昔風の即席ワンタン
- 試食日：1998.6.19　賞味期限：1998.9.8
- 入手方法：No Data

No.1054 東洋水産　4 901990 025980
じっくり煮玉子 しょうゆラーメン

- ジャンル：ラーメン　製法：油揚げめん
- 調理方法：熱湯3分　付属品：粉末スープ、のり（3枚）、レトルト煮玉子（半個）　総質量(麺)：88g(60g)　カロリー：354kcal
- 麺：気泡が多く、軽い　つゆ：クセのない味　その他：玉子は小さいが、味が染み込んでいて良い
- 試食日：1998.6.26　賞味期限：1998.11.6
- 入手方法：No Data

No.1061 ヤマダイ　4 903088 002057
ニュータッチ 今、話題の旭川ラーメン 濃厚しょうゆ味

- ジャンル：ラーメン　製法：油揚げめん
- 調理方法：熱湯3分　付属品：液体スープ、かやく（豚肉・蟹団子風蒲鉾・なると・ねぎ）　総質量(麺)：108g(70g)　カロリー：427kcal
- 麺：気泡多くよく伸びる、古風なカップ麺の香り　つゆ：ちょっと化学調味料っぽいが、シンプルかつ深い味。特徴的　その他：バランスがちぐはぐかな、スープが強い
- 試食日：1998.7.9　賞味期限：1998.11.19
- 入手方法：サンエブリー ¥138

No.1074 ヤマダイ　4 903088 001982
ニュータッチ 生粋め麺 醤油の逸品
超生めん感覚

- ジャンル：ラーメン　製法：ノンフライめん
- 調理方法：熱湯5分　付属品：液体スープ、かやく（チャーシュー・ワンタン・ふ・ねぎ）　総質量(麺)：118g(60g)　カロリー：360kcal
- 麺：存在感のある、詰まった感じの麺　つゆ：ちょっと塩っぱい。真面目な印象のつくり　その他：焼豚プラスワンタンはリッチな気分にさせる
- 試食日：1998.7.27　賞味期限：1998.12.1
- 入手方法：サンエブリー ¥238

しょうゆ味

No.1075 東洋水産　4 901990 063000
ワンタンヌードル
しょうゆ味 肉ワンタン入り

- ジャンル：ラーメン　■製法：油揚げめん
- ■調理方法：熱湯3分　■付属品：なし。スープ、かやく（ワンタン・卵・えび・山菜等）は混入済　■総質量（麺）：86g(70g)　■カロリー：379kcal
- ■麺：クラシカルな麺、少し細め、弾性強し　■つゆ：ベーシックなスープ、胡椒がきいている　■その他：マルちゃんのワンタンは安っぽいところが良い（誉めてる）
- ■試食日：1998.7.30　■賞味期限：1998.11.26　■入手方法：サンエブリー ¥168

No.1079 日清食品　4 902105
カップヌードル
(Japan national team / w.cup '98)

- ジャンル：ラーメン　■製法：油揚げめん
- ■調理方法：熱湯3分　■付属品：なし。スープ、かやく（豚肉・えび・卵・ねぎ）は混入済　■総質量（麺）：76g(65g)　■カロリー：363kcal
- ■麺：いつもの平べったいカップヌードル麺。伸びる感覚が強し。割となめらか　■つゆ：バランスが良く、完成された味　■その他：具は大きくてたくさん、安心製品
- ■試食日：1998.8.7　■賞味期限：1998.9.2　■入手方法：サンエブリー、在庫処分 ¥98

No.1081 日清食品　4 902105
出前一丁

- ジャンル：ラーメン　■製法：油揚げめん
- ■調理方法：熱湯3分　■付属品：なし。スープ、かやく（人参・コーン・魚肉練り製品）は混入済　■総質量（麺）：73g(60g)　■カロリー：326kcal
- ■麺：気泡多し、カップヌードルよりは伸びやすくない　■つゆ：カップヌードルよりは普通のラーメンを目指している　■その他：でっかい「ごまラー油カプセル」が2～3個入っているが香りは少ない
- ■試食日：1998.8.10　■賞味期限：1998.12.8　■入手方法：No Data

No.1085 日清食品　4 902105
カップヌードル 酢豚
甘酢中華スープ

- ジャンル：ラーメン　■製法：油揚げめん
- ■調理方法：熱湯3分　■付属品：なし。スープ、かやく（豚肩肉・玉葱・人参・ピーマン・キクラゲ）は混入済　■総質量（麺）：78g(60g)　■カロリー：371kcal
- ■麺：「おこげ」同様弾性の強いもの　しつこい！と感じる一歩手前の甘酸っぱさ　■つゆ：　■その他：ピーマンに少し苦みが残っているのが「良い」
- ■試食日：1998.8.25　■賞味期限：1998.12.8　■入手方法：サンエブリー ¥143

No.1091 明星食品　4 902881 043311
チャルメラスペシャル 大きな焼豚麺 しょうゆ

- ジャンル：ラーメン　■製法：油揚げめん
- ■調理方法：熱湯3分　■付属品：液状スープ、調味油、かやく（チャーシュー・ねぎ・玉子）は混込済　■総質量（麺）：95g(65g)　■カロリー：417kcal
- ■麺：弾性少ない。ぶっきらぼうな麺　■つゆ：クセ、特徴が少ない　■その他：薄いが広いチャーシューは食い応えあり。ねぎたくさん
- ■試食日：1998.9.2　■賞味期限：1998.12.27　■入手方法：No Data

No.1092 東洋水産　4 901990 029643
しょうゆ味ラーメン
北海風だし 鰹節と昆布

- ジャンル：ラーメン　■製法：油揚げめん
- ■調理方法：熱湯3分　■付属品：液体スープ、粉末スープ、のり　かやく（ネギ・なると・卵・焼豚）は混込済　■総質量（麺）：92g(65g)　■カロリー：403kcal
- ■麺：弾性強し　■つゆ：しょうゆよりダシの方が強調されている　■その他：焼豚もかまぼこみたい。全体的に獣臭さが控えめだ
- ■試食日：1998.9.3　■賞味期限：1999.1.3　■入手方法：No Data

しょうゆ味

No.1098 エースコック　4 901071 218010
北海道ラーメン
しょうゆ味 北海道小麦使用めん

- ジャンル：ラーメン　■製法：油揚げめん
- ■調理方法：熱湯3分　■付属品：粉末スープ、調味油、かやく（焼豚・コーン・ねぎ）　■総質量（麺）：83g（65g）　■カロリー：378kcal
- ■麺：ゴムっぽい、と思う一歩手前で留まっている。北海道小麦のせい？　■つゆ：素直な、というか特徴のない味　■その他：良くも悪くもクセがない。ネギ多し
- ■試食日：1998.9.8　■賞味期限：1999.1.5
- ■入手方法：No Data

No.1108 東洋水産　4 901990 025522
通のこだわりシリーズ 味わい野菜ラーメン

- ジャンル：ラーメン　■製法：ノンフライめん
- ■調理方法：熱湯4分　■付属品：液体スープ、粉末スープ、かやく（FDキャベツ・人参・椎茸）　■総質量（麺）：117g（70g）　■カロリー：378kcal
- ■麺：ノンフライのめんは細いが硬派。芯が残る感じがする　■つゆ：コクが深いが、データにもあるように塩分がかなり濃い　■その他：野菜の量・歯ごたえは良い。でも値段も相当だ
- ■試食日：1998.9.21　■賞味期限：1998.6.12
- ■入手方法：¥270

No.1109 カネボウフーズ　4 901551 112869
とろみがうまみの! 広東味噌拉麺
炒葱醤仕立て

- ジャンル：ラーメン　■製法：ノンフライめん
- ■調理方法：熱湯3分　■付属品：液体スープ、粉末スープ、かやく（肉・コーン・ねぎ・赤ピーマン・しいたけ・ごま）　■総質量（麺）：106g（70g）　■カロリー：348kcal
- ■麺：いつものカネボウノンフライめん。少し細めだが充実している　■つゆ：結構辛い。濃密で複雑な味　■その他：全てが水準以上で手堅い出来だ
- ■試食日：1998.9.22　■賞味期限：1998.12.24
- ■入手方法：No Data

No.1118 東洋水産　4 901990 023313
チャーシューしょうゆ味ラーメン

- ジャンル：ラーメン　■製法：油揚げめん
- ■調理方法：熱湯3分　■付属品：粉末スープ、かやく（チャーシュー・かにかま・卵・ねぎ）は混込済　■総質量（麺）：79g（65g）　■カロリー：361kcal
- ■麺：柔らかく伸びるが意外にエッジが立っている。優しい食感　■つゆ：人工的ながら少し複雑な味。胡椒が底に溜まって辛い　■その他：チャーシューは薄いが40x90mmの大型ベーコン状で存在感あり
- ■試食日：1998.10.2　■賞味期限：1998.11.1
- ■入手方法：No Data

No.1122 ジャスコ　4 901810 211906
TOPVALU NOODLE

- ジャンル：ラーメン　■製法：油揚げめん
- ■調理方法：熱湯3分　■付属品：なし。スープ、かやく（海老・鶏肉・卵・ねぎ）は混込済　■総質量（麺）：75g（65g）　■カロリー：332kcal
- ■麺：気泡が多い割に弾力がない。素っ気ないめん　■つゆ：カップヌードルに香りが似ている。乾燥エビのせいかな　■その他：粉を固めたような食感で不思議かつ塩がきつい
- ■試食日：1998.10.8　■賞味期限：1998.12.12
- ■入手方法：No Data

No.1135 東洋水産　4 901990 022941
ワンタン麺 肉わんたん大入り

- ジャンル：ラーメン　■製法：油揚げめん
- ■調理方法：熱湯3分　■付属品：液体スープ、粉末スープ。ワンタンは混込済　■総質量（麺）：89g（60g）　■カロリー：421kcal
- ■麺：ゴム質の弾性ちぢれめん、気泡多し　■つゆ：あまり特徴のない、いかにもカップ麺の醤油スープ　■その他：ワンタンは8個程度も! 入っていて、この点は喜ばしい（でも、それだけかな）
- ■試食日：1998.10.22　■賞味期限：1999.2.18
- ■入手方法：No Data

No.1139 明星食品　4 902881 048453
チャルメラ わんたん ねぎラーメン
鶏がらしょうゆ味

- ジャンル：ラーメン　■製法：油揚げめん
- ■調理方法：熱湯3分　■付属品：粉末スープ、うまみオイル、かやく（ねぎ・なると・わかめ）ワンタンは混込済　■総質量（麺）：84g(65g)　■カロリー：366kcal
- ■麺：やや細めで、ごわごわしている　■つゆ：鶏のダシは良く出ている。上品で刺激少ない　■その他：ねぎは期待通りだが、わんたんはたった二個で中の具も少ない
- ■試食日：1998.10.26　■賞味期限：1999.2.16
- ■入手方法：サークルK ¥143

No.1145 東洋水産　4 901990 026277
大阪ラーメン登場 このダシええやんか
ネギたっぷりこってりしょうゆとんこつ

- ジャンル：ラーメン　■製法：油揚げめん
- ■調理方法：熱湯3分　■付属品：粉末スープ、かやく（ねぎ）。チャーシューは一枚、混込済　■総質量（麺）：82g(65g)　■カロリー：388kcal
- ■麺：ゆるいウエーブのめんはこじんまりとまっているがやゝゴム質気味　■つゆ：ほん～のかすかに獣臭さがあるが都会人でもOKな範囲　■その他：細かな乾燥ネギの量は「お～～～！」と唸る。チャーシューは歯ごたえ良し
- ■試食日：1998.10.29　■賞味期限：1999.3.6
- ■入手方法：ファミリーマート

No.1147 徳島製粉　4 904760 010148
金ちゃん ねぎラーメン

- ジャンル：ラーメン　■製法：油揚げめん
- ■調理方法：熱湯3分　■付属品：液体スープ、かやく（ねぎ・えび・チャーシュー）　■総質量（麺）：104g(72g)　■カロリー：412kcal
- ■麺：やや気泡が多いゴム質のめん　■つゆ：液体スープらしい透明感、ラー油が効いており第一印象は辛い！がすぐに慣れる　■その他：ねぎの多さ、というより大きさはすごい。その他の具は存在感なし
- ■試食日：1998.11.5　■賞味期限：1998.7.20
- ■入手方法：No Data

しょうゆ味

No.1160 カネボウフーズ　4 901551 113330
キャベチャー しょうゆラーメン
たっぷりキャベツと細切りチャーシューがうまい!!

- ジャンル：ラーメン　■製法：ノンフライめん
- ■調理方法：熱湯5分　■付属品：液体スープ、かやく（キャベツ・豚肉）　■総質量（麺）：148g(85g)　■カロリー：484kcal
- ■麺：ノンフライめんは密度が高くなめらか、生めん感覚で存在感もある　■つゆ：口当たりは優しくしつこさも少ないが、背油が浮いており、パワー感もちゃんとある　■その他：大量のキャベツはGood！でもチャーシューの存在が霞むな
- ■試食日：1998.11.16　■賞味期限：1999.3.15
- ■入手方法：No Data

No.1165 サンヨー食品　4 901734 002574
サッポロ一番 しょうゆ味

- ジャンル：ラーメン　■製法：油揚げめん
- ■調理方法：熱湯3分　■付属品：粉末スープ、かやく（チャーシュー・なると・にんじん・ねぎ）　■総質量（麺）：77g(65g)　■カロリー：365kcal
- ■麺：やや太めだがコシが無く存在感が薄い。サッポロ一番袋版のもちもち麺とは全く別物　■つゆ：これも袋版とは別物、マイルド、迎合、刺激が足らない　■その他：小さな肉、パッケージは袋版との関連を強く出しているが便乗商法だ
- ■試食日：1998.11.26　■賞味期限：1999.3.15
- ■入手方法：¥143

No.1173 カネボウフーズ　4 901551 113309
どっさり肉そば しょうゆ味

- ジャンル：ラーメン　■製法：ノンフライめん
- ■調理方法：熱湯4分　■付属品：液体スープ、かやく（豚肉・赤ピーマン・ねぎ・ごま）　■総質量（麺）：115g(75g)　■カロリー：327kcal
- ■麺：カネボウのノンフライとしてはしっとり滑らか、もうちょい太い方が好みだが　■つゆ：少し刺激系、特許のスーパーマイルド製法だそうだがキメは細かい。深みはそこそこ　■その他：薄切り肉はたっぷり入っている。マイナス点少なし
- ■試食日：1998.12.7　■賞味期限：1999.3.7
- ■入手方法：シヅオカヤ ¥168

しょうゆ味

No.1174 明星食品　4 902881 043564
穴場の 和歌山屋 こくしょうゆ味

| ジャンル | ラーメン | 製法 | 油揚げめん |

- ■調理方法：熱湯3分　■付属品：粉末スープ、特製コクのたれ、かやく（チャーシュー1枚・キクラゲ・めんま・ねぎ等）　■総質量(麺)：84g(60g)　■カロリー：315kcal
- ■麺：ちぢれ度弱し。あまり伸びない。不器用だが結構存在感がある（油揚げめんでないのか？）　■つゆ：味わい深くて濃いとんこつ味。クセは無い　■その他：キクラゲの歯ごたえ良し。各要素が「少し強い」トーンで統一されている
- ■試食日：1998.12.8　■賞味期限：1999.3.28
- ■入手方法：¥168

No.1175 東洋水産　4 901990 026284
このダシええやんか 野菜のうまみたっぷり あっさりしょうゆ味

| ジャンル | ラーメン | 製法 | 油揚げめん |

- ■調理方法：熱湯3分　■付属品：断面の角Rが大きい、ゆるいウェーブめんは気泡が多く軽い　■総質量(麺)：80g(65g)　■カロリー：356kcal
- ■麺：断面の角Rが大きい。ゆるいウェーブめんは気泡が多く軽い　■つゆ：タイトル通り野菜スープを彷彿、軽いダシ味。　■その他：全てが軽い感じ。白菜みたいなキャベツの分量多し。肉は小さいが二片程度
- ■試食日：1998.12.10　■賞味期限：1999.3.7
- ■入手方法：No Data

No.1177 エースコック　4 901071 205034
もちもちラーメン しょうゆ味

| ジャンル | ラーメン | 製法 | 油揚げめん |

- ■調理方法：熱湯4分　■付属品：液体スープ、パックもち、かやく（メンマ・コーン・なると・ねぎなど）、スパイス　■総質量(麺)：122g(60g)　■カロリー：394kcal
- ■麺：軽くて柔らかいエースコック的麺　■つゆ：さらっとあっさり。でも意外にダシあり。スパイスでバランスをとっている　■その他：餅は推定20平方センチ、厚さ6mm、唯一パワー感のある部分。しかしばっとしないけど息の長い商品だな
- ■試食日：1998.12.12　■賞味期限：1999.1.25
- ■入手方法：シヅオカヤ ¥168

No.1179 エースコック　4 901071 208035
全国味自慢 浅草のりしょうゆラーメン

| ジャンル | ラーメン | 製法 | 油揚げめん |

- ■調理方法：熱湯3分　■付属品：液体スープ、かやく（卵・ねぎ・メンマ・かまぼこ）、ふりかけ（のり）、スパイス　■総質量(麺)：125g(90g)　■カロリー：458kcal
- ■麺：エースコックとしては細くしっかりしているように感じる　■つゆ：透明感があり、無個性。印象残らず、スパイスでなんとか持っている　■その他：細切れの海苔は一見たくさんあるようだが面積的には並、海苔はコシがありしっかりしている
- ■試食日：1998.12.14　■賞味期限：1999.4.10
- ■入手方法：No Data

No.1180 東洋水産　4 901990 029773
でかまる たっぷり10コ ワンタン麺 あと味さっぱりごま味醤油スープ

| ジャンル | ラーメン | 製法 | 油揚げめん |

- ■調理方法：熱湯3分　■付属品：粉末スープ、液体スープ、かやく（わんたん・卵・にんじん）は混込済　■総質量(麺)：120g(85g)　■カロリー：564kcal
- ■麺：気泡が多い一方、じめじめしていないので軽い。実に軽い　■つゆ：胡麻の香りがほのかにする。これも超軽量スープ　■その他：容積はでかいが深刻さや仰々しさがまるで無い。ワンタン多いが意外と印象に残らず、物足りない
- ■試食日：1998.12.15　■賞味期限：1999.4.12
- ■入手方法：No Data

No.1184 エースコック　4 901071 226008
ワンタンメン しょうゆ

| ジャンル | ラーメン | 製法 | 油揚げめん |

- ■調理方法：熱湯3分　■付属品：なし。粉末スープ・かやく（わんたん・なると・卵・椎茸・ねぎ）は混込済　■総質量(麺)：73g(60g)　■カロリー：338kcal
- ■麺：古風な食感、ぱさぱさしており軽い。20年前にタイムスリップしたみたい　■つゆ：いかにも乾燥スープでこれもレトロ風、カップ麺黎明期の味　■その他：ワンタンは3、4個ですぐ崩れ、良く言えば昔懐かしい安心感。でも停滞でもある
- ■試食日：1998.12.21　■賞味期限：1999.3.23
- ■入手方法：am-pm ¥143

しょうゆ味

No.1193 日清食品　4 902105 025208
日清おいしさプラス Diet Noodle
キトサン ダイエット ヌードル しょうゆ味

- ジャンル：ラーメン　■製法：ノンフライめん
- ■調理方法：熱湯3分　■付属品：なし。粉末スープ、かやく（きぬさや・エビ風団子・卵・人参）は混込み　■総重量（麺）：56g（40g）
- ■カロリー：199kcal
- ■麺：ノンフライで細く縦横比3の扁平ちぢれ麺は華奢だが、食感は見た目ほど悪くない　■つゆ：まー常識的な範囲の味だが力感は無い　■その他：健康低カロリー食品としては良い方（少なくとも同社のサイリウムヌードルよりは）、キヌサヤは良い、キトサン1g入り
- ■試食日：1998.12.31　■賞味期限：1999.3.21
- ■入手方法：東急伊勢原店 ¥178

No.1208 日清食品　4 902105 021040
日清超中華 麺の達人 麺線18番丸 鶏ガラ炊き出ししょうゆ味

- ジャンル：ラーメン　■製法：ノンフライめん
- ■調理方法：熱湯4分　■付属品：粉末スープ、液体スープ、のり、かやく（チャーシュー1枚・なると・ねぎ）　■総重量（麺）：100g（70g）
- ■カロリー：342kcal
- ■麺：やや太めのノンフライ麺はコシがあり滑らか、食べ応えあり。生に近い質感　■つゆ：ハイレベルの麺に負けない奥の深さ。まろやかさをスパイスで程良く調整　■その他：入魂の一品。チャーシューがもっとたくさん入っていれば過去最高の4.5点あげたのに！
- ■試食日：1999.1.22　■賞味期限：1999.5.22
- ■入手方法：シズオカヤ ¥178

No.1213 カネボウフーズ　4 901551 113484
全国人気のこってりラーメン 和歌山 しょうゆ味

- ジャンル：ラーメン　■製法：ノンフライめん
- ■調理方法：熱湯5分　■付属品：液体スープ、かやく（チャーシュー二枚・かまぼこ・ねぎ）、めんま　■総重量（麺）：156g（85g）　■カロリー：474kcal
- ■麺：やや扁平率の高い麺はノンフライにしてはソフト、だらしない感じすらする　■つゆ：濃い。密な熱血漢というタイプ（？）塩分高すぎ　■その他：和歌山のラーメン屋に入った事はないが、即席麺を通じてだんだん判ってきたぞ
- ■試食日：1999.1.27　■賞味期限：1999.6.11
- ■入手方法：ローソン

No.1218 ヤマダイ　4 903088 002095
ニュータッチ ワンタンメン 喜多方風

- ジャンル：ラーメン　■製法：No Data
- ■調理方法：熱湯3分　■付属品：液体スープ、かやく（わんたん五個位・卵・かまぼこ・ねぎ）
- ■総重量（麺）：111g（65g）　■カロリー：433kcal
- ■麺：扁平率50％で断面積は十分確保されているが、気泡が多く食感は軽い　■つゆ：透明感がある。液体スープの上品さをラードでカバーしている。香りは良い　■その他：ラベルを見ずに「これは喜多方風だね！」と言わせるにはもう一息。特に麺の質感を上げるべし
- ■試食日：1999.2.2　■賞味期限：1999.6.20
- ■入手方法：ミニストップ ¥143

No.1220 エースコック　4 901071 215026
当店の人気メニュー 豚しょうが焼き しょうゆラーメン

- ジャンル：ラーメン　■製法：油揚げめん
- ■調理方法：熱湯3分　■付属品：粉末スープ、かやく（味付豚肉・キャベツ・ねぎ・人参）、調味油　■総重量（麺）：86g（65g）　■カロリー：390kcal
- ■麺：細めだが、通常のエースコックめんよりしっかりしている　■つゆ：深みは結構ある。輪郭が明確とでも言うか　■その他：具（肉とキャベツ）は質量共に納得。エースコックの中ではかなりいい出来
- ■試食日：1999.2.4　■賞味期限：1999.6.11
- ■入手方法：ミニストップ ¥168

No.1224 明星食品　4 902881 044585
濃厚スープの豚ニララーメン
こってりしょうゆ味

- ジャンル：ラーメン　■製法：油揚げめん
- ■調理方法：熱湯3分　■付属品：粉末スープ、調味油、かやく（ニラ・焼豚・卵・ごま）　■総重量（麺）：95g（65g）　■カロリー：410kcal
- ■麺：気泡が多いが食感は重め、今一歩　■つゆ：豆板醤の匂いプンプン、割り切りが良くて爽快な辛さ　■その他：ニラがたくさん、（職場で食べたので）周囲が気になった
- ■試食日：1999.2.9　■賞味期限：1999.6.11
- ■入手方法：ミニストップ ¥168

しょうゆ味

No.1236 エースコック　4 901071 224011
ポパイヌードル　ビーフしょうゆ味　ビーフとほうれん草

- ジャンル：ラーメン　■製法：油揚げめん
- ■調理方法：熱湯3分　■付属品：なし。粉末スープとやく（牛肉・ほうれん草・卵・キャベツ・人参）は混込済　■総質量（麺）：74g（60g）　■カロリー：336kcal
- ■麺：薄くて細くて柔らかい。ラーメンではなくヌードルと思えば許せるか　■つゆ：いろんな成分が詰まっている感じ。牛肉味ベースが安定感がある　■その他：具は多い。日本とか中国を感じさせない。エースコックのキャラからはちょっと外れるな
- ■試食日：1999.2.26　■賞味期限：1999.7.6
- ■入手方法：No Data

No.1239 エースコック　4 901071 219017
中華風野菜ラーメン　八宝菜しょうゆ

- ジャンル：ラーメン　■製法：油揚げめん
- ■調理方法：熱湯3分　■付属品：粉末スープ、調味油、かやく（白菜・人参・ねぎ・ごま・キクラゲ）　■総質量（麺）：82g（65g）　■カロリー：364kcal
- ■麺：細めで軽くて、どこか頼りないエースコックめん　■つゆ：ごま油で中華風になっているがひと味足りない。胡椒多め　■その他：野菜は多いが、八宝菜と銘打つからにはエビイカ肉ゆで卵などが入って欲しいぞ
- ■試食日：1999.3.1　■賞味期限：1999.6.22
- ■入手方法：No Data

No.1240 日清食品　4 902105 020678
新 強麺　カルビラーメン　しょうゆ味

- ジャンル：ラーメン　■製法：油揚げめん
- ■調理方法：熱湯3分　■付属品：粉末スープ、かやく（味付牛肉・キャベツ・ねぎ・ごま）　■総質量（麺）：87g（70g）　■カロリー：393kcal
- ■麺：みそ味強麺同様存在感のある麺、ちょっとゴムっぽいけど　■つゆ：みそよりも線が細い印象。豆板醤だけで頑張っている感じ　■その他：そこそこの満足感はあるが続くと飽きやすいのでは
- ■試食日：1999.3.2　■賞味期限：1999.6.21
- ■入手方法：No Data

No.1241 明星食品　4 902881 043281
うまつゆラーメン　丸大豆しょうゆ味　白菜ときくらげ入

- ジャンル：ラーメン　■製法：油揚げめん
- ■調理方法：熱湯3分　■付属品：粉末スープ、うまみオイル、かやく（白菜・キクラゲ・ネギ・玉ねぎ・人参・卵）　■総質量（麺）：88g（60g）　■カロリー：308kcal
- ■麺：細くて堅め、ごわごわしている　■つゆ：薄い色。醤油の粉末をあまり感じさせない。突出した部分はないがそこそこ深くて上品　■その他：最近は各社とも肉は無くて野菜をたっぷり入れるのが流行りなのかな
- ■試食日：1999.3.4　■賞味期限：1999.7.7
- ■入手方法：No Data

No.1246 日清食品　4 902105 021606
日清のラーメン屋さん　旭川醤油風味

- ジャンル：ラーメン　■製法：ノンフライめん
- ■調理方法：熱湯4分　■付属品：なし。粉末スープ、かやく（焼豚・メンマ・コーン・ねぎ）は混込済　■総質量（麺）：60g（50g）　■カロリー：248kcal
- ■麺：ノンフライ麺は標準的な太さを確保しながら滑らか、質感・存在感が高い　■つゆ：旭川らしい力強さが表現されている。複雑で深い　■その他：肉はもう一息、メンマは結構リアル。たて形カップだが実力派。侮ってはならない
- ■試食日：1999.3.11　■賞味期限：1999.6.21
- ■入手方法：No Data

No.1252 明星食品　4 902881 042031
最強の一平ちゃん　しょうゆ味

- ジャンル：ラーメン　■製法：油揚げめん
- ■調理方法：熱湯3分　■付属品：粉末スープ、液体スープ、かやく（豚挽肉・ごま・揚げ玉・ねぎ）　■総質量（麺）：115g（65g）　■カロリー：518kcal
- ■麺：太さ・密度・存在感はそこそこあるが、どこか焦点が甘いというか優しい感じがある　■つゆ：豆板醤パワーで押しまくる。名前通り力強いけどうるさい感じもする　■その他：エネルギー補給手段としては良いが、時には煩わしく思われる。TPOを選ぶかな
- ■試食日：1999.3.19　■賞味期限：1999.7.19
- ■入手方法：No Data

しょうゆ味

No.1256 カネボウフーズ　4 901551 113361
新中華そば 光麺 しょうゆ味

- ジャンル：ラーメン　■製法：ノンフライめん
- ■調理方法：熱湯4分　■付属品：液体スープ、かやく（豚肉・メンマ・ねぎ・なると）　■総質量（麺）：101g(70g)　■カロリー：305kcal
- ■麺：油揚げ臭くはないが、ノンフライらしくもない。密度は高くしなやかだが無個性　■つゆ：透明度が高い。醤油味の王道を行く（か？）　■その他：不純物が少ない感じ。ゆえにパワー感にも欠けるかな
- ■試食日：1999.3.23　■賞味期限：1999.7.7
- ■入手方法：No Data

No.1272 エースコック　4 901071 225018
至福中華 四川風 かき玉拉麺
とろみしょうゆ味 黒酢効果で爽やかな旨み

- ジャンル：ラーメン　■製法：油揚げめん
- ■調理方法：熱湯3分　■付属品：液体スープ、粉末スープ、かやく（卵・きくらげ・かに風蒲鉾・ねぎ）　■総質量（麺）：109g(65g)　■カロリー：411kcal
- ■麺：細く柔らか、存在感は薄い。スープを引き立てるため黒子に徹しているのか？　■つゆ：酸味が肉気を中和する。が決して後味は爽やかでもない。薬っぽく人工的な面あり　■その他：ラーメンという気がしない。酢豚ファンへ。大きな具があると思ったらスープがダマになってた
- ■試食日：1999.4.13　■賞味期限：1999.8.19
- ■入手方法：サンエブリー ¥168

No.1273 カネボウフーズ　4 901551 113552
背脂たっぷり 大盛しょうゆラーメン スープ一面の豚の背脂がうまい！

- ジャンル：ラーメン　■製法：ノンフライめん
- ■調理方法：熱湯4分　■付属品：液体スープ、かやく（メンマ・卵・ねぎ）　■総質量（麺）：136g(90g)　■カロリー：467kcal
- ■麺：ノンフライ麺は細めだがスープに負けない存在感・質感がある　■つゆ：派手さは無いが本格的で深い。ほんとに時間をかけて煮込んだ感じ　■その他：乾麺カップとしてはかなりの出来。街のこってりラーメン屋さんの雰囲気に近い
- ■試食日：1999.4.15　■賞味期限：1999.8.30
- ■入手方法：am-pm ¥168

No.1274 東洋水産　4 901990 520301
麺づくり 酸辣湯麺
スッキリ酸味のピリ辛しょうゆラーメン

- ジャンル：ラーメン　■製法：ノンフライめん
- ■調理方法：熱湯4分　■付属品：液体スープ、粉末スープ、かやく（卵・キクラゲ・ニラ・ねぎ）　■総質量（麺）：87g(65g)　■カロリー：295kcal
- ■麺：ノンフライ麺はやや細めだが締まっておりゴムっぽさが少ない。最後の方で酸っぱさに気付く　■その他：無機質で軽量級という印象、お腹へあまり負担を掛けたくない時に
- ■試食日：1999.4.16　■賞味期限：1999.9.1
- ■入手方法：am-pm ¥143

No.1291 エースコック　4 901071 230371
ラーメンの王道 喜多方
あっさり醤油

- ジャンル：ラーメン　■製法：油揚げめん
- ■調理方法：熱湯3分　■付属品：液体スープ、かやく（焼豚一枚・ねぎ・メンマ）　■総質量（麺）：131g(90g)　■カロリー：566kcal
- ■麺：見てくれはカップうどんの麺のようで、食べた感想も同じ。気泡感多し　■つゆ：タイトルを見ずしても喜多方ラーメンを目指した事は（辛うじて）判る　■その他：具の質感は焼豚・メンマ共なかなか良い。麺の質感向上が必要
- ■試食日：1999.5.6　■賞味期限：1999.9.19
- ■入手方法：セブンイレブン ¥195

No.1292 明星食品　4 902881 043625
ラーメンの王道 尾道 背脂醤油

- ジャンル：ラーメン　■製法：油揚げめん
- ■調理方法：熱湯3分　■付属品：液体スープ、調味油（背脂入り）、かやく（チャーシュー・メンマ・ねぎ）　■総質量（麺）：125g(90g)　■カロリー：580kcal
- ■麺：同シリーズ喜多方ほどではないが幅広。気泡感あり。少しはラーメンっぽい　■つゆ：これが尾道（おのみち）ラーメン。味わいは割に深い方だがスパイスが利きすぎだな　■その他：背脂はコクの増強に効果的。だが喜多方より具は一段落ちる
- ■試食日：1999.5.7　■賞味期限：1999.9.11
- ■入手方法：セブンイレブン ¥195

しょうゆ味

No.1295 東洋水産　4 901990 520232
ラーメンの王道 旭川 こってり醤油

- **ジャンル**：ラーメン　**製法**：油揚げめん
- ■調理方法：熱湯3分　■付属品：液体スープ、粉末スープ、かやく（チャーシュー・メンマ・ねぎ）
- ■総質量(麺)：125g(90g)　■カロリー：566kcal
- ■麺：やや太め、縦横比ほぼ1。気泡感あり。もう一歩。　■つゆ：醤油と脂の味付けはシンプルで、旭川らしい力強い感じには至っていない　■その他：チャーシューは歯ごたえあり、メンマはしょぱい。旭川にはまだ遠いな
- ■試食日：1999.5.10　■賞味期限：1999.9.15
- ■入手方法：セブンイレブン ¥195

No.1301 十勝新津製麺　4 904856 001470
じっくり煮込んだとろ肉がたっぷり チャーシューラーメン しょうゆ味

- **ジャンル**：ラーメン　**製法**：ノンフライめん
- ■調理方法：熱湯4分　■付属品：液体スープ、レトルト具（豚肉・メンマ・玉ねぎ）、かやく（ねぎ・わかめ）、スパイス　■総質量(麺)：203g(60g)　■カロリー：361kcal
- ■麺：細麺だが4分ではまだ芯が残る強い麺。さすが6日かけて仕上げてある。但し量が少なめで残念　■つゆ：透明感があるが、良くも悪くも突出した部分はない　■その他：トロけそうな角煮豚肉も量も十分あり、これだけで得点高し！
- ■試食日：1999.5.17　■賞味期限：1999.10.20
- ■入手方法：ファミリーマート ¥248

No.1309 エースコック　4 901071 230333
スーパーカップ 評判店主のこだわりスープ 旨みしょうゆラーメン

- **ジャンル**：ラーメン　**製法**：油揚げめん
- ■調理方法：　■付属品：粉末スープ、調味油、かやく（焼豚・ねぎ・なると）　■総質量(麺)：115g(90g)　■カロリー：549kcal
- ■麺：しなやかと言うよりも軟弱、気泡感は意外に少ない　■つゆ：大量の調味油（ラード）で無理矢理コクを出してる。まあパワフルな方　■その他：肉は良質だが小さいかけらが三枚と少ない
- ■試食日：No Data　■賞味期限：No Data
- ■入手方法：No Data

No.1313 カネボウフーズ　4 902552 113583
全国ラーメン食べある紀 四国 徳島中華そば しょうゆ味

- **ジャンル**：ラーメン　**製法**：ノンフライめん
- ■調理方法：熱湯4分　■付属品：液体スープ、かやく（豚肉・メンマ・もやし・ねぎ）　■総質量(麺)：99g(70g)　■カロリー：338kcal
- ■麺：先日食べた同シリーズの「米沢そんぴんしょうゆ味」と同様、軟らかめだが質感良し　■つゆ：徳島だから、と言うわけでは無いがラーメン屋の香りがする。ダシ成分十分　■その他：肉は薄いがリアル、もやしがもっとたくさんあると良いのに
- ■試食日：1999.5.31　■賞味期限：1999.10.10
- ■入手方法：ファミリーマート ¥143

No.1314 東洋水産　4 901990 520317
通のこだわりシリーズ 尾道ラーメン

- **ジャンル**：ラーメン　**製法**：油揚げめん
- ■調理方法：熱湯3分　■付属品：液体スープ、粉末スープ、かやく（チャーシュー一枚・豚肉ミンチ・メンマ・ねぎ）　■総質量(麺)：116g(80g)　■カロリー：529kcal
- ■麺：幅広。柔らかいが少しは頑張っている方か　■つゆ：主にラードとスパイスで味の方向づけを行う、濃い感じは出ている　■その他：もうちょい複雑さがあってもいいな
- ■試食日：1999.6.1　■賞味期限：1999.10.12
- ■入手方法：No Data

No.1323 大黒食品工業,販売は(株)バンダイ　4 902425 719504
遊戯王 超スナック 遊味王

- **ジャンル**：ラーメン　**製法**：油揚げめん
- ■調理方法：熱湯3分またはそのまま食べる　■付属品：粉末スープ、遊味王決闘カード。かやく（コーン・わかめ・ごま・ねぎ）は混込済　■総質量(麺)：38g(33g)　■カロリー：163kcal
- ■麺：(熱湯3分で試食)東南アジア風の油臭さ。細くて軽い　■つゆ：ごく普通の醤油味スープ。胡麻の香りが唯一の個性　■その他：遊味王決闘カードは「邪悪なるワーム・ビースト」でした
- ■試食日：1999.6.14　■賞味期限：1999.9.5
- ■入手方法：No Data

No.1329 日清食品　4 902105 025659
出前一丁　しょうゆ味　ごまラー油つき

- ジャンル：ラーメン　■製法：油揚げめん
- 調理方法：熱湯3分　■付属品：粉末スープ、かやく（キャベツ・コーン・人参・なると・ねぎ）、ごまラー油　■総質量(麺)：86g(70g)　■カロリー：379kcal
- 麺：昨日食べた出前一丁醤油とんこつと同じに感じる。昔風の安っぽいカップ麺の香り漂う　■つゆ：コクが少ない分、不自然な人工的風味も少ない。ラー油が香るのは一瞬だけ。特徴なし　■その他：何故？　袋の伝統ブランドを冠したカップ麺は無個性な駄作が多いのだ!?
- 試食日：1999.6.22　■賞味期限：1999.9.27
- 入手方法：ファミリーマート ¥143

No.1331 エースコック　4 901071 225506
麺の宿 飛騨高山 中華そば
醤油味

- ジャンル：ラーメン　■製法：油揚げめん
- 調理方法：熱湯3分　■付属品：粉末スープ、液体スープ、調味油、かやく（焼豚・メンマ・ねぎ）　■総質量(麺)：93g(65g)　■カロリー：404kcal
- 麺：太めだがちょっと軽い。他が結構良いので残念　■つゆ：純粋ストレートな醤油味をスパイスで調整。ダシも十分、悪くない　■その他：具は一見地味だがレベルは高い。ネギ臭さが再現されているし肉らしさもある
- 試食日：1999.6.25　■賞味期限：1999.10.19
- 入手方法：ファミリーマート ¥143

No.1340 エースコック　4 901071 228040
うま辛 とんがらしヌードル
しょうゆ味

- ジャンル：ラーメン　■製法：油揚げめん
- 調理方法：熱湯3分　■付属品：なし。粉末スープ、かやく（味付牛肉・キャベツ・玉ねぎ・にんにく・赤唐辛子・粉末野菜）は混込済　■総質量(麺)：77g(60g)　■カロリー：337kcal
- 麺：扁平気味だがソフト。気泡感はそれほど無い　■つゆ：鼻水がでるほど豪快に辛いが重くないので爽快、潔さが気持ちいい　■その他：牛肉とキャベツは効果的
- 試食日：1999.7.8　■賞味期限：1999.11.11
- 入手方法：No Data

No.1341 明星食品　4 902881 043526
チャルメラ 焼豚めんまラーメン
鶏ガラしょうゆ味

- ジャンル：ラーメン　■製法：油揚げめん
- 調理方法：熱湯3分　■付属品：粉末スープ、かやく（焼豚・メンマ・なると・ねぎ）、特製調味油　■総質量(麺)：90g(60g)　■カロリー：360kcal
- 麺：ちょっと頼りない、あまり特徴のない麺。気泡感あり　■つゆ：素直なガラだし醤油味だが、何となくぼやっぽいのが惜しい　■その他：焼豚は小さくて印象に残らない。具ももう一息だな
- 試食日：1999.7.9　■賞味期限：1999.9.21
- 入手方法：Seifu ¥143

No.1345 サンヨー食品　4 901734 002789
サッポロ一番 こだわりのラーメン 麺屋佐吉
旨みしょうゆ

- ジャンル：ラーメン　■製法：油揚げめん
- 調理方法：熱湯3分　■付属品：なし。粉末スープ、かやく（豚肉・コーン・ねぎ・メンマ）は混込済　■総質量(麺)：69g(55g)　■カロリー：285kcal
- 麺：安っぽい麺だが湿っぽくなく嫌味な印象を与えない。やや細め　■つゆ：濁っているが複雑な香りがあり、ラーメンの汁みたい。予想を良い方に裏切る　■その他：具も安っぽいが、安カップ麺にうまく全体のバランスをとっている
- 試食日：1999.7.13　■賞味期限：1999.11.6
- 入手方法：セブンイレブン ¥143

No.1359 東洋水産　4 901990 520416
山づくし しょうゆラーメン
山の具たっぷり

- ジャンル：ラーメン　■製法：油揚げめん
- 調理方法：熱湯3分　■付属品：粉末スープ、香味油、かやく（椎茸・キャベツ・メンマ・キクラゲ・人参・ねぎ）　■総質量(麺)：83g(65g)　■カロリー：389kcal
- 麺：「海」（同シリーズ塩ラーメン）と同様の軽い麺。ラーメンと言うよりヌードルだ　■つゆ：香味油とスパイスでバランスをとっており、それなりに複雑な味となっている　■その他：具の椎茸やキャベツは効果的なので、麺入りスープと考えれば納得できる
- 試食日：1999.7.23　■賞味期限：1999.11.29
- 入手方法：am-pm ¥143

しょうゆ味

No.1369 日清食品　4 902105 022504

日清の中華そば
横浜しょうゆ 生めん感覚

- ジャンル：ラーメン　製法：油揚げめん
- 調理方法：熱湯4分　付属品：液体スープ、粉末スープ、のり、かやく（メンマ・コーン・ねぎ・魚肉練り製品）　総質量(麺)：87g(65g)　カロリー：319kcal
- 麺：太くて堅くてしなやかだ。ラーメンと呼ぶにふさわしい食感。量が物足りないのが残念　つゆ：わずかに濁っているが、ダブルスープでコク深め。ちょっと人工的かな　その他：＋1分待つ価値あり、チャーシューがあればなあ。海苔が厚い
- 試食日：1999.8.6　賞味期限：1999.12.18
- 入手方法：会社の売店 ¥140

No.1371 カネボウフーズ　4 902552 113743

アジア発 ひき肉煮込みラーメン
辛口しょうゆ味

- ジャンル：ラーメン　製法：ノンフライめん
- 調理方法：熱湯5分　付属品：液体スープ、調理済かやく（鶏肉・豚肉・玉葱・ニンニク）、かやく（煎りごま・ローストネギ・ニラ・赤唐辛子）　総質量(麺)：149g(85g)　カロリー：450kcal
- 麺：カネボウ的ノンフライ麺はやや扁平、柔らかいがしっかりしている　つゆ：う〜ん・・雑多で強い味がする、面白さと珍しさは十分ある　その他：人や状況を選ぶ。食欲・体力が減退しているときは避けるべき
- 試食日：1999.8.11　賞味期限：1999.12.26
- 入手方法：ローソン

No.1372 十勝新津製麺　4 904856 001463

こだわりのご当地ラーメン 尾道
しょうゆ味

- ジャンル：ラーメン　製法：ノンフライめん
- 調理方法：熱湯4分　付属品：液体スープ、レトルト具（豚肉・メンマ・玉ねぎ）、ネギ、胡椒　総質量(麺)：173g(60g)　カロリー：383kcal
- 麺：幅5mmの扁平ノンフライ麺は腰があり存在感がある。がしかし量が少ない　つゆ：透明感があるが背脂こってり、魚のダシと胡椒でバランスを取っている。力強い　その他：価格相応の品質、しかし麺が少ないのでちょっと欲求不満
- 試食日：1999.8.19　賞味期限：1999.12.7
- 入手方法：サンクス ¥248

No.1379 カネボウフーズ　4 902552 113668

ラーメン処 中華八十八番 昔の値段でやって□　しょうゆ味

- ジャンル：ラーメン　製法：ノンフライめん
- 調理方法：熱湯4分　付属品：粉末スープ、かやく（煎りごま・肉そぼろ・卵・ねぎ）　総質量(麺)：75g(65g)　カロリー：234kcal
- 麺：気泡感の全くないノンフライ麺は輪郭がはっきり。一方ゴムっぽさも感じる　つゆ：最初の一口はニンニク臭さを結構感じる。それ以外は素直。透明度50％　その他：麺にコストを喰われたのか、具は貧弱な方だな。驚きの価格！
- 試食日：1999.8.26　賞味期限：1999.12.8
- 入手方法：ファミリーマート ¥88

No.1380 十勝新津製麺　4 904856 001456

こだわりのご当地ラーメン 八王子
しょうゆ味

- ジャンル：ラーメン　製法：ノンフライめん
- 調理方法：熱湯4分　付属品：液体スープ、レトルト具（豚肉・玉ねぎ・メンマ）、かやく（ねぎ）、スパイス　総質量(麺)：155g(60g)　カロリー：375kcal
- 麺：ノンフライ麺は存在感があるが、大きな剪断力が必要　つゆ：堅実なしょうゆ味。透明感がある、スパイス強し　その他：こってりパワフルチャーシューは麺・つゆとの対比が激しくて面白い
- 試食日：1999.8.27　賞味期限：2000.1.10
- 入手方法：サンクス ¥248

No.1382 カネボウフーズ　4 901551 113590

豚の背脂でこってり仕上げ 豚肉キムチラーメン　しょうゆ味

- ジャンル：ラーメン　製法：ノンフライめん
- 調理方法：熱湯5分　付属品：液体スープ、かやく（豚肉・キムチ・ごま・赤ピーマン・ニラ）　総質量(麺)：132g(85g)　カロリー：452kcal
- 麺：ノンフライ麺は密度高し、伸びにくい。やや扁平味大　つゆ：豆板醤全開で気持ちよい辛さ。脂っぽさは気にならないしこってりしてないよ　その他：白菜は小さいが歯ごたえ良し。ニラたくさん、肉少し
- 試食日：1999.8.31　賞味期限：1999.11.13
- 入手方法：No Data

No.1384 十勝新津製麺　4 904856 001487
こだわりのご当地ラーメン 横浜
とんこつしょうゆ味

- ジャンル：ラーメン　■製法：ノンフライめん
- ■調理方法：熱湯5分　■付属品：液体スープ、レトルト具（豚肉・玉ねぎ・メンマ）、のり、ほうれん草、スパイス　■総質量（麺）：173g（60g）　■カロリー：364kcal
- ■麺：扁平ノンフライ麺はしっかり腰がある　■つゆ：ラーメン屋の、豚を煮る匂いがする　■その他：価格に見合った力作。豪快なようでいても根は上品。七回も封を開けるのは面倒
- ■試食日：1999.9.3　■賞味期限：2000.1.29
- ■入手方法：サンクス ¥258

No.1387 日清食品　4 902105 020173
カップヌードル とろみ中華 広東五目 しょうゆ

- ジャンル：ラーメン　■製法：油揚げめん
- ■調理方法：熱湯3分　■付属品：なし。粉末スープ、かやく（イカ・キクラゲ・魚肉練り製品・キヌサヤ・卵・人参・タケノコ）は混込済　■総質量（麺）：78g（60g）　■カロリー：363kcal
- ■麺：名前通りヌードルの範疇、経時変化が大きい　■つゆ：わずかだがとろみがあり、複雑で濃いのだが、人工的な薬臭さも感じる　■その他：キヌサヤが結構自己主張している、もっとタケノコがあると良いな
- ■試食日：1999.9.6　■賞味期限：2000.1.20
- ■入手方法：No Data

No.1388 ヤマダイ　4 903088 002170
本場仕込み 牛カルビラーメン

- ジャンル：ラーメン　■製法：油揚げめん
- ■調理方法：熱湯3分　■付属品：粉末スープ、牛肉、かやく（赤ピーマン・ねぎ）　■総質量（麺）：87g（70g）　■カロリー：404kcal
- ■麺：気泡感強し。技術的には古風なものだが暗く湿った感じではないのが救い　■つゆ：中華というより朝鮮系、辛さでごまかしている気もする。もっと肉のエキスを！　■その他：事実上唯一の具である牛肉は薄く安っぽいけど面積はある
- ■試食日：1999.9.7　■賞味期限：2000.1.10
- ■入手方法：サンエブリー ¥138

No.1408 カネボウフーズ　4 901551 113811
本格中華拉麺 麻婆茄子拉麺
醤油味

- ジャンル：ラーメン　■製法：ノンフライめん
- ■調理方法：熱湯5分　■付属品：液体スープ、かやく（揚げ茄子・ガーリック・赤唐辛子・ニラ）、かやく2（味付肉そぼろ・ネギ）　分類が不正確　■総質量（麺）：130g（85g）　■カロリー：408kcal
- ■麺：このシリーズ共通のしっかりノンフライ麺、ちょっとほぐれにくい　■つゆ：これ以上強いと嫌だな、という位の辛さとニンニク臭さ。割り切っており良いと思うが　■その他：茄子は大きいし食感はリアル。肉そぼろは鬱陶しくもある
- ■試食日：1999.9.27　■賞味期限：2000.1.18
- ■入手方法：ローソン ¥248

No.1414 日清食品　4 902105 022511
日清の中華そば 神戸元町しょうゆ

- ジャンル：ラーメン　■製法：ノンフライめん
- ■調理方法：熱湯4分　■付属品：液体スープ、粉末スープ、かやく（チャーシュー・コーン・メンマ・ねぎ）　■総質量（麺）：89g（65g）　■カロリー：316kcal
- ■麺：メリハリがあるというか、コントラストの強いノンフライ麺。堅めだが粘りもある　■つゆ：やや濁ってはいるが、直球勝負の中華そばスープ！という感じ。スパイスで調整　■その他：具は安っぽい。重厚さを追求しない点で「麺達」との棲み分けが出来ているな
- ■試食日：1999.10.5　■賞味期限：2000.1.3
- ■入手方法：No Data

No.1419 東洋水産　4 901990 520553
通のこだわりシリーズ 徳島ラーメン 豚骨醤油味

- ジャンル：ラーメン　■製法：油揚げめん
- ■調理方法：熱湯3分　■付属品：液体スープ、粉末スープ、レトルト味付豚肉。かやく（もやし・メンマ・ねぎ）は混込済　■総質量（麺）：117g（80g）　■カロリー：518kcal
- ■麺：太いがソフト。昔の同社「激めん」あたりと良く似ている。安っぽい　■つゆ：それなりに複雑なのだが人工的で粉末っぽい　■その他：評価出来るのはレトルトのチャーシューくらい。高い分だけ頑張って
- ■試食日：1999.10.12　■賞味期限：2000.1.24
- ■入手方法：am-pm ¥198

しょうゆ味

しょうゆ味

No.1420 東洋水産　4 901990 520874
ラーメンの王道 恵比寿
すっきり醤油

- ジャンル：ラーメン
- 製法：油揚げめん
- 調理方法：熱湯3分
- 付属品：液体スープ、粉末スープ、かやく（チャーシュー・ねぎ）、焼のり。メンマは混込済
- 総質量（麺）：122g（90g）
- カロリー：495kcal
- 麺：気泡が多く軽量級、先日食べた同社徳島とは似てるけど若干違うな
- つゆ：透明度高し、直球勝負のつゆだがこの手の下で良くある薬臭い刺激は幸いに殆ど無い
- その他：新しい工夫は何もない。チャーシューが妙に固かった
- 試食日：1999.10.14
- 賞味期限：2000.2.20
- 入手方法：セブンイレブン ¥195

No.1425 ダイエー　4 909609 505373
SAVINGS しょうゆラーメン

- ジャンル：ラーメン
- 製法：油揚げめん
- 調理方法：熱湯3分
- 付属品：なし。粉末スープ、かやく（豚肉・エビ・卵・ねぎ）は混込済
- 総質量（麺）：76g（65g）
- カロリー：355kcal
- 麺：ヌードル的。意外に歯ごたえがあった。どこか当たりが優しい
- つゆ：いかにも！ヌードル的しょうゆ味スープ。予想できる範囲内
- その他：具は元祖カップヌードルと似てるが量が貧弱、価格差は妥当か
- 試食日：1999.10.18
- 賞味期限：2000.1.9
- 入手方法：マルエツ

No.1426 東洋水産　4 901990 520324
しょうゆ味ラーメン

- ジャンル：ラーメン
- 製法：油揚げめん
- 調理方法：熱湯3分
- 付属品：なし。粉末スープ、かやく（焼豚・卵・ねぎ・茎わかめ・なると）は混込済
- 総質量（麺）：69g（60g）
- カロリー：304kcal
- 麺：気泡感たっぷり、安っぽくて軽い麺
- つゆ：類型的な縦型カップしょうゆ味スープ、期待以上でも以下でもない
- その他：しかし！茎わかめが入っておりしょうゆ味では珍しい磯の香りが微かに漂う、他には無い
- 試食日：1999.10.20
- 賞味期限：1999.11.1
- 入手方法：No Data

No.1428 エースコック　4 901071 230425
ラーメンの王道 徳島 煮豚しょう油

- ジャンル：ラーメン
- 製法：油揚げめん
- 調理方法：熱湯3分
- 付属品：液体スープ、粉末スープ、かやく（味付豚肉・ねぎ・もやし・メンマ）
- 総質量（麺）：123g（90g）
- カロリー：535kcal
- 麺：気泡が多いが太いので食べ応えはある。スープが絡みやすいめん
- つゆ：多少人工的だが深くて濃い、「溜まった」感じが出ている
- その他：干からびているような肉入り。もやしはこの3倍は欲しいな
- 試食日：1999.10.22
- 賞味期限：2000.2.21
- 入手方法：セブンイレブン ¥195

No.1433 良品計画RD08　4 934761 710259
無印良品 わかめ入しょうゆラーメン

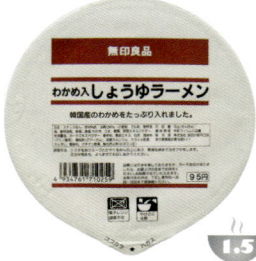

- ジャンル：ラーメン
- 製法：油揚げめん
- 調理方法：熱湯3分
- 付属品：粉末スープ（かやく（わかめ・ごま・ねぎ）入り）
- 総質量（麺）：76g（65g）
- カロリー：No Data
- 麺：軽量級、どちらかと言えばヌードルよりラーメン、工業製品という感じの味気なさ
- つゆ：変な癖はないものの、あまり論評する部分はない
- その他：わかめの食感とゴマの香りだけが救い
- 試食日：1999.10.28
- 賞味期限：2000.1.29
- 入手方法：無印良品藤沢店 ¥95

No.1441 カネボウフーズ　4 901551 113842
当店自慢 コクしょうゆラーメン

- ジャンル：ラーメン
- 製法：ノンフライめん
- 調理方法：熱湯4分
- 付属品：粉末スープ（かやく（肉そぼろ・ねぎ・玉ねぎ・ガーリック・赤唐辛子）入り）
- 総質量（麺）：78g（65g）
- カロリー：245kcal
- 麺：ノンフライ麺はややしなやかさに欠けるか
- つゆ：油っぽさは少ないがニンニク臭ぷんぷん、単調でなく癖と個性がある
- その他：若干具が違うけれど「中華八十八番」に近い。この内容でこの値段！利益出るの？
- 試食日：1999.11.4
- 賞味期限：2000.2.9
- 入手方法：ファミリーマート ¥98

しょうゆ味

No.1444 エースコック　4 901071 225513
麺の宿 東京築地 しょうゆラーメン

- ジャンル：ラーメン　製法：油揚げめん
- 調理方法：熱湯3分　付属品：粉末スープ、調味油、かやく（焼豚・ねぎ・メンマ）　総質量(麺)：83g(65g)　カロリー：378kcal
- 麺：同社「福岡天神とんこつ」と酷似、軽量級で食感は許容範囲最低限のレベル　つゆ：確かに横浜ではなく東京だ、粉っぽさが少ない。実は結構複雑　その他：具は同じ、油が多いのか純粋さがもう一歩
- 試食日：1999.11.8　賞味期限：2000.2.17
- 入手方法：ファミリーマート ¥143

No.1446 明星食品　4 902881 049160
入魂中華 麺力 鶏ガラ揚げネギしょうゆ味

- ジャンル：ラーメン　製法：ノンフライめん
- 調理方法：熱湯4分　付属品：液体スープ、かやく（チャーシュー・メンマ・揚げねぎ・ねぎ）　総質量(麺)：90g(60g)　カロリー：306kcal
- 麺：細めだが堅いノンフライ。戻りきっていないような感じもある　つゆ：魚系の香り高し。同シリーズの塩味とは逆にちょっと単純。嫌味は少ないが妙に油っぽい　その他：やや淋しさを感じる具だな
- 試食日：1999.11.11　賞味期限：2000.2.9
- 入手方法：ファミリーマート ¥143

No.1447 エースコック　4 901071 230418
スーパーカップ1.5 とろうま醤油ラーメン

- ジャンル：ラーメン　製法：油揚げめん
- 調理方法：熱湯3分　付属品：液体スープ、粉末スープ、かやく（焼豚一枚・ねぎ・メンマ）　総質量(麺)：128g(90g)　カロリー：559kcal
- 麺：太い！気泡感と湿っぽさは揚げ麺特有のものだが、鈍の切れ味だな　つゆ：蓋の記載通り鶏が主で豚が従。臭みは無いが濃い感じは十分出ている。後味がやや人工的　その他：ネギが大きい。豪快な方向性が明確。もっとチャーシューを！
- 試食日：1999.11.12　賞味期限：2000.2.29
- 入手方法：ファミリーマート ¥168

No.1451 東洋水産　4 901990 520912
屋台仕立てのうまコク中華そば 東京発

- ジャンル：ラーメン　製法：油揚げめん
- 調理方法：熱湯3分　付属品：液体スープ、粉末スープ、かやく（焼豚・メンマ・ねぎ）、焼のり　総質量(麺)：103g(80g)　カロリー：435kcal
- 麺：太いが軽い。ソフトな食感　つゆ：心持ちとろみがある。臭みのない万人向け豚骨。少し唇に油が残る感じ有　その他：具は同じ「東京発」シリーズ「うまコク中華そば豚骨醤油」の使い回しだが全体の印象は大きく異なる
- 試食日：1999.11.16　賞味期限：2000.2.24
- 入手方法：ファミリーマート ¥178

No.1460 日清食品　4 902105 022825
チキンラーメン プラスワンタン

- ジャンル：ラーメン　製法：油揚げめん
- 調理方法：熱湯3分　付属品：なし。粉末スープ、かやく（ワンタン・ねぎ・なると・人参）は混込済　総質量(麺)：91g(80g)　カロリー：429kcal
- 麺：同ブランドの袋版とカップ版でイメージが似ている数少ない例、生麺を目指していないからか　つゆ：袋版より複雑だが不純物が多い印象もある　その他：肉入りワンタンが4個、卵多し。従来のものよりは豪華になったな
- 試食日：1999.11.24　賞味期限：2000.3.18
- 入手方法：ミニストップ ¥143

No.1462 サンヨー食品　4 901734 002970
サッポロ一番 激戦区 環七通りのこってりラーメン しょうゆとんこつ

- ジャンル：ラーメン　製法：油揚げめん
- 調理方法：熱湯3分　付属品：液体スープ、粉末スープ、かやく（焼豚・ねぎ・メンマ・味付挽肉）　総質量(麺)：105g(70g)　カロリー：460kcal
- 麺：やや太く存在感がありスープが良く絡む。環七豚骨味とは別物で、あれ程の歯切れはない　つゆ：豚骨より匂いは穏やかで一般的。溜まった濃い感じは出ている　その他：焼豚は長方形が一枚。挽肉が目立たないメンマは細かい。このシリーズはパワフルだ
- 試食日：1999.11.26　賞味期限：2000.3.30
- 入手方法：セブンイレブン ¥168

しょうゆ味

No.1465 日清食品　4 902105 025673
出前一丁 五目あんかけしょうゆ味
ごまラー油つき

- ジャンル：ラーメン　■製法：油揚げめん
- ■調理方法：熱湯3分　■付属品：粉末スープ、かやく（キャベツ・焼豚・キクラゲ・コーン・人参・なると）、ごまラー油　■総質量(麺)：90g(70g)　■カロリー：398kcal
- ■麺：太いがやや軽い。ある程度の食感は確保されている　■つゆ：ややとろみ有り、透明度は低い変化球ばかりで、ラー油の香りは有効　■その他：焼豚は小さい。五目と銘打つには圧倒的な具で攻めて欲しいな
- ■試食日：1999.11.29　■賞味期限：2000.3.20
- ■入手方法：ミニストップ ¥143

No.1466 エースコック　4 901071 230487
幕末土佐 鰹だししょうゆラーメン
数量限定品

- ジャンル：ラーメン　■製法：油揚げめん
- ■調理方法：熱湯3分　■付属品：粉末スープ、調味油、かやく（焼豚・ねぎ・にんにく）、直火焼本かつお　■総質量(麺)：112g(90g)　■カロリー：495kcal
- ■麺：太め、気泡感はあるがじわっとした重たく眠い歯切れ。量多し　■つゆ：脂と肉エキスを抜いたらそばつゆになるかもしれない。その透明度　■その他：鰹節は悪くはないがそれ程効果的でもない。ニンニクはちょっと疑問だな
- ■試食日：1999.11.30　■賞味期限：2000.4.2
- ■入手方法：サークルK ¥188

No.1467 エースコック　4 901071 230470
幕末水戸 しょうゆラーメン
数量限定品

- ジャンル：ラーメン　■製法：油揚げめん
- ■調理方法：熱湯3分　■付属品：液体スープ、調味油、かやく（焼豚・ねぎ・にんにく・らっきょう・椎茸・にら）　■総質量(麺)：130g(90g)　■カロリー：497kcal
- ■麺：蓮根混ぜ込みは判別できない。まー標準的の油揚げカップ麺の範疇　■つゆ：こちらは標準を外れる、根菜系漬け物？の香り。スープの本質は力強い直球勝負なのだが　■その他：日本的辛料が実に賑やかで面白い。らっきょうは斬新、匂い（だけ）で勝負！
- ■試食日：1999.12.1　■賞味期限：2000.4.2
- ■入手方法：サークルK ¥188

No.1474 明星食品　4 902881 049467
亜細亜麺紀行 韓国風 ニンニクキムチラーメン しょうゆ 数量限定品

- ジャンル：ラーメン　■製法：油揚げめん
- ■調理方法：熱湯3分　■付属品：粉末スープ、かやく（白菜キムチ・ごま・フライドガーリック・ねぎ・赤唐辛子）、特製コクのタレ　■総質量(麺)：96g(65g)　■カロリー：417kcal
- ■麺：同シリーズ「印度風カレー」と同じ印象だな。軽くはないがごわごわする　■つゆ：ニンニクと唐辛子が激しく衝突する。印度に負けじ韓国も熱いぜ！濃っぽい辛さ　■その他：白菜は肉厚で歯応えがある。具よりも思い切りの良さを評価、周囲がニンニク臭い～ (-0.5 点)
- ■試食日：1999.12.10　■賞味期限：2000.3.20
- ■入手方法：サークルK ¥188

No.1476 十勝新津製麺　4 904856 001234
こだわりのご当地ラーメン 天理
しょうゆ味

- ジャンル：ラーメン　■製法：ノンフライめん
- ■調理方法：熱湯4分　■付属品：液体スープ、かやく（豚肉・玉ねぎ）、かやく（白菜・人参・行者ニンニク・ナンバン）　■総質量(麺)：132g(60g)　■カロリー：319kcal
- ■麺：冷凍ノンフライ麺は硬質ゴムのような食感。重量感はあるがちょっとしなやかさが　■つゆ：オレンジ色の油が浮いて辛そうだが実際はそれほどでもない。それ以外は焦点が甘いな。臭くな　■その他：豚肉はリアルだが量が少ない。レトルトの必然を余り感じない。これが天理かぁ～
- ■試食日：1999.12.12　■賞味期限：2000.4.26
- ■入手方法：サンクス ¥258

No.1478 東洋水産　4 901990 520935
大盛 七目中華麺 食べチャイナ

- ジャンル：ラーメン　■製法：油揚げめん
- ■調理方法：熱湯3分　■付属品：なし。粉末スープ、かやく（豚肉・キャベツ・山東菜・卵・人参・キクラゲ・ネギ）は混込済　■総質量(麺)：103g(85g)　■カロリー：482kcal
- ■麺：細めでソフト、というシナシナ麺。気泡感は少ない、量は多い　■つゆ：確かに中華風。オイスターソースでもはいっているのか？後味がやや人工的　■その他：七目と言ってもエビがないのでがっかり。野菜ラーメンだよ。ネギは大きめ
- ■試食日：1999.12.14　■賞味期限：2000.4.18
- ■入手方法：サークルK ¥168

しょうゆ味

No.1482 エースコック
ラーメン列伝 その1 醤油編 すっきりスープの正統派中華そば

- ジャンル：ラーメン
- 製法：油揚げめん
- 調理方法：熱湯3分　付属品：粉末スープ、かやく（焼豚一枚・メンマ・ネギ）、調味油、焼のり三枚　総質量（麺）：117g(70g)　カロリー：399kcal
- 麺：きめが細かく質感が高い。蓋にかかれている口上とは違いソフト気味。やや細め
- つゆ：醤油の溜まった感じが出ている。黒くて透明。脂っぽさは少ない。後味がやや人工的
- その他：焼豚はちゃんとした味がする。海苔は厚い。志は高いと思う
- 試食日：1999.12.19　賞味期限：2000.4.3
- 入手方法：am-pm ¥188

No.1483 カネボウフーズ
全国ラーメン食べある紀 東京 荻窪中華そば　コクしょうゆ味

- ジャンル：ラーメン
- 製法：ノンフライめん
- 調理方法：熱湯4分　付属品：液体スープ、かやく（チャーシュー・メンマ・なると・ねぎ）　総質量（麺）：104g(70g)　カロリー：324kcal
- 麺：気のせい？いつものカネボウ麺よりふくよかな気がする
- つゆ：魚系の香りがあるね。やや透明。あっさり素直、脂っぽさ微少、嫌なクセが無い
- その他：具もあっさり最小限。パワー感には欠けるな
- 試食日：1999.12.20　賞味期限：2000.4.10
- 入手方法：サークルk ¥143

No.1487 サンポー食品
九州・肥前 醤油ラーメン
なつかしのあっさりしょうゆ味

- ジャンル：ラーメン
- 製法：油揚げめん
- 調理方法：熱湯3分　付属品：粉末スープ、かやく（焼豚・メンマ・揚げ玉・ねぎ）　総質量（麺）：82g(65g)　カロリー：390kcal
- 麺：やや細めが意外になめらか。気泡感は気にならない程度
- つゆ：九州のしょうゆ味は優しく刺激が少ない、上品なスープ
- その他：見た目ほど安っぽい味じゃない。具はひからびた感じ。揚げ玉が隠れた効果をあげている
- 試食日：1999.12.25　賞味期限：2000.1.10
- 入手方法：高岡さんよりいただく

No.1498 ㈱おやつカンパニー
発売40周年のありがとう CUP RAMEN ベビースターラーメン

- ジャンル：ラーメン
- 製法：油揚げめん
- 調理方法：熱湯3分　付属品：なし。粉末スープ、かやく（卵・なると・鶏肉・ねぎ）は混込済　総質量（麺）：67g(55g)　カロリー：279kcal
- 麺：意外に太く存在感があるが、重たい印象
- つゆ：確かにベビースターを彷彿させる部分はある。それ以上に日清チキンラーメンっぽいな
- その他：絵入りなるとは沢山。食事というよりも社名通りおやつ感覚。カップが金色で立派過ぎる
- 試食日：2000.1.12　賞味期限：2000.5.3
- 入手方法：セブンイレブン

No.1499 まるか食品
ペヤング 味道好 広東風 雲呑麺
しょうゆ味

- ジャンル：ラーメン
- 製法：油揚げめん
- 調理方法：熱湯3分　付属品：粉末スープ、かやく（ちんげん菜・椎茸・人参・ねぎ）。ワンタンは混込済　総質量（麺）：96g(60g)　カロリー：420kcal
- 麺：古風というか、チープな香りが漂う細麺。でもスープや具との相性は良い
- つゆ：やや とろみがある。基本的には華やかな味だがスパイスで活入れ
- その他：ワンタンは強度弱く崩れると無価値になる。細かな野菜も沢山ありがらくた箱のように賑やか
- 試食日：2000.1.9　賞味期限：2000.4.27
- 入手方法：サンクス ¥248

No.1500 ヤマダイ
ニュータッチ 生粋麺 中華そば
しょうゆ味 麺の違いが味に出る

- ジャンル：ラーメン
- 製法：ノンフライめん
- 調理方法：熱湯5分　付属品：液体スープ、レトルト具（チャーシュー・うずら卵・味付けメンマ・玉ねぎ）、かやく（ねぎ・わかめ）、のり　総質量（麺）：180g(60g)　カロリー：532kcal
- 麺：見た麺は丹頂の舞本舗っぽいが、しなやかさ・自然さでこちらの方が一枚上手
- つゆ：醤油というより豚骨寄りだな。コクは出ているがやや塩辛い。後味がちょっと人工的
- その他：小さくとも卵の存在はいい。具は豪華で高質といえる。価格も良いが…
- 試食日：2000.1.15　賞味期限：2000.4.20
- 入手方法：am-pm ¥278

しょうゆ味

No.1503 明星食品 4 902881 405010

新しい醤油ラーメンできました。
シャキシャキ旨いもやし入り 深い旨みをじっくり味わう コク旨み醤油味

評価：3.5

- ジャンル：ラーメン ■製法：ノンフライめん
- ■調理方法：熱湯4分 ■付属品：スープ、かやく（チャーシュー・もやし・揚げねぎ・ねぎ）、特製コクのたれ ■総質量（麺）：85g（60g） ■カロリー：300kcal
- ■麺：同シリーズの塩麺とほぼ同傾向。もうちょいしなやかさがほしいノンフライ ■つゆ：揚げねぎの香ばしさが効果的。味わい深くかつ嫌味さが少ない ■その他：もやしの外観はショボいが不自然な程しゃきっとしている。チャーシューは塩味と同じ
- ■試食日：2000.1.18 ■賞味期限：2000.5.14
- ■入手方法：ファミリーマート ¥143

No.1511 カネボウフーズ 4 901551 119042

四川風 麻辣麺
しょうゆ味 本場四川の刺激的な旨さ！花椒の辛さ 赤唐辛子の辛さ

評価：3.5

- ジャンル：ラーメン ■製法：ノンフライめん
- ■調理方法：熱湯4分 ■付属品：液体スープ、かやく（キャベツ・肉そぼろ・竹の子・ねぎ・赤唐辛子）、スパイス ■総質量（麺）：110g（75g） ■カロリー：360kcal
- ■麺：いつものカネボウノンフライ麺 ■つゆ：のどを容赦無く攻撃する中華＋洋風の辛さ！は爽快喜快感。ダシも結構出ている ■その他：キャベツはいっぱい。辛さの耐性が無い人は避けるべし。マゾな人向け？
- ■試食日：2000.1.27 ■賞味期限：2000.6.5
- ■入手方法：デイリーストア ¥158

No.1519 東洋水産 4 901990 521147

麺づくり これがうわさの広東醤麺
炒め野菜の香味と旨みのとろみスープ

評価：3

- ジャンル：ラーメン ■製法：ノンフライめん
- ■調理方法：熱湯4分 ■付属品：粉末スープ、かやく（キャベツ・卵・人参・きくらげ・ねぎ）、おこのみ油 ■総質量（麺）：84g（65g） ■カロリー：319kcal
- ■麺：ノンフライ扁平麺はスープとの親和性が良いね。輪郭ハッキリ ■つゆ：野菜のまろやかな甘みが良く出ている。胡椒でメリハリを付けている。嫌味が無い ■その他：昨日の芝麻醤麺と同様143なら十分納得、こちらは常識的だが
- ■試食日：2000.2.4 ■賞味期限：2000.6.13
- ■入手方法：デイリーストア ¥143

No.1520 東洋水産 4 901990 521239

ふかひれ拉麺
ふかひれの贅沢なあんかけ。鶏、豚、しいたけの旨みたっぷり醤油スープ。

評価：3

- ジャンル：ラーメン ■製法：ノンフライめん
- ■調理方法：熱湯4分 ■付属品：粉末スープ、レトルト具／かやく（フカヒレ・たけのこ・椎茸・山菜・キクラゲ・ねぎ） ■総質量（麺）：172g（75g） ■カロリー：417kcal
- ■麺：同社ノンフライの麺づくりよりやゃふくよか。鋭さが陰を潜めた、扁平が縮れは弱い ■つゆ：フカヒレのコクに頼り切っている。粉末っぽさが残る。変な癖はないが意外に単調な印象 ■その他：竹の子の食感はよいがフカヒレは歯応え無し。肉が無い。価格を考えるともう一頑張り欲しい
- ■試食日：2000.2.5 ■賞味期限：2000.6.18
- ■入手方法：am-pm ¥248

No.1521 日清食品 4 902105 029114

チキンラーメン 春
元祖鶏ガラ 花かまぼこ入り

評価：2.5

- ジャンル：ラーメン ■製法：油揚げめん
- ■調理方法：熱湯3分 ■付属品：なし。スープ、かやく（卵・鶏肉・魚肉練り製品・ねぎ）は混込済 ■総質量（麺）：66g（60g） ■カロリー：299kcal
- ■麺：チープな食感の味付け麺は目隠して食べてもチキンラーメンと判る。袋版と非常に似ている ■つゆ：こちらも袋版に似ている。いかにも人工調味料 ■その他：意外や意外！鶏肉が結構たくさん入っているよ。良くも悪くもチキンラーメンそのものだ
- ■試食日：2000.2.6 ■賞味期限：2000.5.28
- ■入手方法：デイリーストア ¥143

No.1523 明星食品 4 902881 405126

本場もん 新神戸しょうゆ
牛だしとろみラーメン

評価：3

- ジャンル：ラーメン ■製法：ノンフライめん
- ■調理方法：熱湯3分 ■付属品：粉末スープ、かやく（味付牛肉・白菜・人参・ねぎ・ニンニク・ニラ）、特製コクのタレ ■総質量（麺）：87g（60g） ■カロリー：328kcal
- ■麺：新東京との違いは判らないな。やや固めノンフライ ■つゆ：おー、ニンニク、ニラ＋漬け物の白菜の香りは結構強烈だ。牛肉主体スープはしつこくない ■その他：ユニークな個性派。牛肉は野菜に隠れる印象。好き嫌いが分かれそう
- ■試食日：2000.2.8 ■賞味期限：2000.6.12
- ■入手方法：デイリーストア ¥158

しょうゆ味

No.1529 カネボウフーズ　4 901551 119066
全国人気のご当地ラーメン 徳島
中華そばしょうゆ味

- ジャンル：ラーメン　製法：ノンフライめん
- ■調理方法：熱湯5分　■付属品：液体スープ、調理かやく(豚肉)、かやく(もやし・メンマ・ねぎ)
- ■総質量(麺)：140g(85g)　■カロリー：458kcal
- ■麺：このシリーズの他製品とやや違う。もちもち感が出ており噛むのに剪断力を要す。存在感大　■つゆ：魚系のダシを感じる。醤油の酸味が強調、味わえる。人工的な臭みは少ない　■その他：もやしのシャキシャキ感は不自然さ出ず。肉は効果的。このシリーズがみな価格相応
- ■試食日：2000.2.15　■賞味期限：2000.5.23
- ■入手方法：ローソン ¥248

No.1531 日清食品　4 902105 020302
Cup Noodle 旨ダレ中華 焼豚
チャーシューショウユ

- ジャンル：ラーメン　製法：油揚げめん
- ■調理方法：熱湯3分　■付属品：なし。粉末スープ、かやく(焼豚・ねぎ・きくらげ)は混ズ済　■総質量(麺)：77g(60g)　■カロリー：370kcal
- ■麺：ヌードル麺としてはやや硬派寄り、だらけた感じが少ない　■つゆ：ちょっとスパイシー。コクが出ている、嫌味はないがやや単調　■その他：ハム状の肉一枚。厚さはもう一息欲しい。閉じこもった?印象
- ■試食日：2000.2.17　■賞味期限：2000.6.24
- ■入手方法：am-pm ¥143

No.1537 東洋水産　4 901990 521192
富良野 コクしょうゆラーメン
(ローソン限定販売)

- ジャンル：ラーメン　製法：油揚げめん
- ■調理方法：熱湯3分　■付属品：なし。粉末スープ、かやく(チャーシュー・メンマ・ねぎ)は混ズ済　■総質量(麺)：101g(85g)　■カロリー：456kcal
- ■麺：ちょっとしたうどん並の太さと扁平度。しかし気泡感があり食感は軽い　■つゆ：まろやかで十分なコクが出ている。溜まった感じ　■その他：具はベーコン状の肉一枚がメイン、麺がもっとしっかりしていれば具は無くてもいいのに
- ■試食日：2000.2.21　■賞味期限：2000.5.22
- ■入手方法：ローソン ¥168

No.1540 東洋水産　4 901990 521215
大阪 あっさり味 しょうゆラーメン
(ローソン限定販売)

- ジャンル：ラーメン　製法：油揚げめん
- ■調理方法：熱湯3分　■付属品：なし。粉末スープ、かやく(豚肉・キャベツ・なると・ねぎ)は混ズ済　■総質量(麺)：102g(85g)　■カロリー：463kcal
- ■麺：細麺、柔らかく軽量級だが比較的輪郭がハッキリ。シリーズ中唯一期待外れ感がない　■つゆ：やや控えめで押しつけがましくない分好印象、魚系のダシを検知した　■その他：この豚肉は他製品でも見掛けたた。キャベツは効果的
- ■試食日：2000.2.24　■賞味期限：2000.6.6
- ■入手方法：ローソン ¥168

No.1547 カネボウフーズ　4 901551 119035
ホームラン軒 素材限定スープ
しょうゆラーメン

- ジャンル：ラーメン　製法：ノンフライめん
- ■調理方法：熱湯4分　■付属品：液体スープ、かやく(チャーシューチップ・卵・なると・キクラゲ・ねぎ)　■総質量(麺)：109g(70g)　■カロリー：342kcal
- ■麺：密度の高いノンフライ、安心品質　■つゆ：第一印象はおとなしい。脂っぽくはないがエキスが出ている。自然な感じ　■その他：肉質はまあまあだが量が物足りない。紳士的なラーメン
- ■試食日：2000.3.3　■賞味期限：2000.6.18
- ■入手方法：am-pm ¥143

No.1552 東洋水産　4 901990 521116
がんこ軒 醤油とんこつらーめん

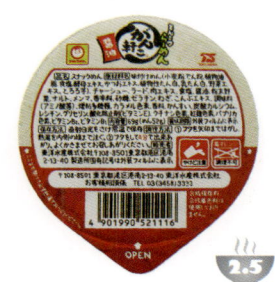

- ジャンル：ラーメン　製法：ノンフライめん
- ■調理方法：熱湯4分　■付属品：なし。粉末スープ、かやく(チャーシュー・なると・メンマ・ねぎ・うまみカプセル)は混ズ済　■総質量(麺)：69g(52g)　■カロリー：269kcal
- ■麺：ノンフライ麺は曖昧さが無いけれど、しなやかさに乏しい　■つゆ：とろみのある舌触り及び香り全体が人工的に感じる。薬臭さは無いが頑固さを緩めてもっと客観的にならなきゃ　■その他：チャーシューは何故か魚の匂いを感じた。頑固さを緩めてもっと客観的にならなきゃ
- ■試食日：2000.3.9　■賞味期限：2000.6.15
- ■入手方法：デイリーストア ¥143

しょうゆ味

No.1558 カネボウフーズ　4 901551 119097
背脂を使ったピリッと辛いねぎラーメン　しょうゆ味 細切りチャーシュー入り

- **ジャンル**：ラーメン　**製法**：ノンフライめん
- **調理方法**：熱湯5分　**付属品**：液体スープ、かやく（チャーシュー・ねぎ・赤唐辛子）
- **総質量（麺）**：142g(85g)　**カロリー**：467kcal
- **麺**：引っ張り強度がやや強いが、完成された品質のノンフライ、質感高く存在感がある
- **つゆ**：ラーメン屋の扉を開けた際の感覚が再現できている、突出はしていないが十分深い
- **その他**：赤唐辛子は蛇足かな、ネギはもっとデカくて大量でもいいと思う
- **試食日**：2000.3.16　**賞味期限**：2000.6.20
- **入手方法**：サークルK ¥248

No.1564 サンヨー食品　4 901734 003342
激戦区 渋谷界隈のコクうまラーメン　揚げネギしょうゆ

- **ジャンル**：ラーメン　**製法**：油揚げめん
- **調理方法**：熱湯3分　**付属品**：液体スープ、粉末スープ、かやく（もやし・揚げネギ・豚肉・ネギ）
- **総質量（麺）**：108g(70g)　**カロリー**：479kcal
- **麺**：同シリーズ味噌味とは全然違う幅広麺、気泡感も殆ど感じない、こっちの方が良い
- **つゆ**：揚げネギと醤油の香ばしさを強調、不自然な程に、でも嫌味には至っていない
- **その他**：「渋谷」シリーズは香りが個性的、もやしは見た目がショボいが歯ごたえは良い、肉片もまとも
- **試食日**：2000.3.23　**賞味期限**：2000.7.29
- **入手方法**：デイリーストア ¥168

No.1567 東洋水産　4 901990 521253
具どっさり、まるごとうまい！肉そぼろラーメン　ごま風味しょうゆ味

- **ジャンル**：ラーメン　**製法**：油揚げめん
- **調理方法**：熱湯3分　**付属品**：粉末スープ、かやく（ニンニクの芽・豚肉そぼろ・キクラゲ・ネギ・唐辛子）、調味油　**総質量（麺）**：83g(65g)　**カロリー**：393kcal
- **麺**：やや細め、軽量級だが気泡感は少ない
- **つゆ**：いかにも粉末スープらしい、胡椒で締めているが素性はマイルド、不自然っぽさは無い
- **その他**：肉そぼろの量はまあまあだが人造的、ニンニクの芽とキクラゲの歯切れは良い、安上がりな印象
- **試食日**：2000.3.27　**賞味期限**：2000.6.29
- **入手方法**：会社の売店 ¥140

No.1573 明星食品　4 902881 402019
黒いぜ！一平ちゃん　しょうゆ味 黒い！濃い！スパイシー！こってり黒ダレ

- **ジャンル**：ラーメン　**製法**：油揚げめん
- **調理方法**：熱湯3分　**付属品**：粉末スープ、かやく（キャベツ・揚げ玉・味付豚挽肉・メンマ・フライドオニオン・フライドガーリック・ねぎ・赤唐辛子）、調味油、特製こくのたれ
- **総質量（麺）**：105g(65g)　**カロリー**：487kcal
- **麺**：やや重たく寝ぼけたような感じ
- **つゆ**：コクのタレは焦げ臭い、油（脂ではない）ぎっている、胡椒バババ入り、繊細さ無し
- **その他**：麺・つゆ・具とも「とんこつ味」と印象が酷似、両方試食する必要は無い
- **試食日**：2000.4.6　**賞味期限**：2000.7.15
- **入手方法**：デイリーストア ¥168

No.1579 カネボウフーズ　4 901551 119127
肉だれ 坦々麺　たっぷりのたれをからめて食べる

- **ジャンル**：ラーメン　**製法**：ノンフライめん
- **調理方法**：熱湯4分（お湯切り不要）　**付属品**：液体スープ、粉末スープ（味付肉そぼろ・ちんげん菜）、ふりかけ（ごま）　**総質量（麺）**：138g(90g)　**カロリー**：456kcal
- **麺**：幅広ノンフライ麺はソフトでほぐれにくいが、素材としては強い、タレが絡みやすい
- **つゆ**：ごまとピーナッツをすりつぶした感じ、ほどほどの辛さ、どろどろと重たく湿った食感
- **その他**：人によって好き嫌いが別れそう、意外に充足感が得られた、ちんげん菜は大きいが少ない
- **試食日**：2000.4.14　**賞味期限**：2000.8.8
- **入手方法**：デイリーストア ¥168

No.1580 エースコック　4 901071 230432
ラーメンの王道 京都　鶏油醤油

- **ジャンル**：ラーメン　**製法**：油揚げめん
- **調理方法**：熱湯3分　**付属品**：液体スープ、かやく（焼豚・メンマ・ねぎ）、調味油　**総質量（麺）**：133g(90g)　**カロリー**：528kcal
- **麺**：細麺は軽くはない程度の密度感がある、量は多い　**つゆ**：鶏ガラだが良く出ており深いのだが、一方で京都を意識したのか無理矢理あっさり感を出して人工的　**その他**：焼豚は肉らしい味がするが薄い、メンマは痩せている
- **試食日**：2000.4.15　**賞味期限**：2000.8.3
- **入手方法**：イトーヨーカ堂 ¥195

しょうゆ味

No.1583 東洋水産　4 901990 521482
このダシええやんか 煮玉子でっせ
和風すっきり味のしょうゆラーメン

3

- ジャンル：ラーメン　製法：油揚げめん
- 調理方法：熱湯3分　付属品：粉末スープ、レトルト調理品（味付たまご半個）。ねぎは混込済　総質量（麺）：94g（65g）　カロリー：382kcal
- 麺：非常に食感の軽い気泡麺、高級麺無し、でもスープとの相性は良い　つゆ：極めてあっさり、喉に引っかかる部分が皆無、味のバランスは取れている、自然な感じ　その他：他が控えめな分玉子の存在が大きい、体が弱っている際の軽い食事向け
- 試食日：2000.4.18　賞味期限：2000.8.9
- 入手方法：デイリーストア ¥143

No.1584 明星食品　4 902881 408011
味の三代目 うま口しょうゆ味 生まれた時から、ラーメン屋。鶏がらラーメン

2.5

- ジャンル：ラーメン　製法：油揚げめん
- 調理方法：熱湯3分　付属品：粉末スープ、かやく（ごま・メンマ・ねぎ・アオサ）、調味油、ふりかけ（青のり）　総質量（麺）：84g（65g）　カロリー：374kcal
- 麺：気泡感があり軽いのだが不思議と存在感はある、当たりがマイルド　つゆ：しつこくないあっさりスープ、毒気なし、パワー感も無いけど　その他：ふりかけの青のりは意表を突かれたが味には寄与していない、煎りごまは効果的
- 試食日：2000.4.20　賞味期限：2000.8.14
- 入手方法：デイリーストア ¥143

No.1586 十勝新津製麺／大畑屋　4 904856 001074
尾道ラーメン
しょうゆ味 背脂とろ〜り

3.5

- ジャンル：ラーメン　製法：ノンフライめん
- 調理方法：熱湯4分　付属品：液体スープ、レトルト具（豚肉・メンマ・玉ねぎ）、かやく（ねぎ）　総質量（麺）：173g（60g）　カロリー：383kcal
- 麺：多少扁平、ゴム質が詰まった感じ、いつもの十勝新津製麺品質　つゆ：背脂は強力だが、本質的には上品、魂を揺さぶる迫力には欠ける　その他：この大畑屋版と丹頂の舞本舗版との差は殆ど無い。十勝新津のイメージが散乱する
- 試食日：2000.4.22　賞味期限：2000.8.14
- 入手方法：ローソン ¥248

No.1593 ヤマダイ　4 903088 002101
ニュータッチ 旨い辛いキムチ
醤油味ラーメン 自然の恵みがピリッときいてる

2.5

- ジャンル：ラーメン　製法：油揚げめん
- 調理方法：熱湯3分　付属品：液体スープ、かやく（白菜キムチ・ごま）　総質量（麺）：98g（70g）　カロリー：410kcal
- 麺：細くて軽いが、表面の平滑度が意外に高く舌触りがつるつるしている、ちぢれが程度なのも効いているか　つゆ：辛さは程々に抑えてある　その他：キムチは発酵臭が一応あり結構それらしい、肉は無い
- 試食日：2000.4.30　賞味期限：2000.7.21
- 入手方法：ミートハウス宝屋 ¥98

No.1596 エースコック　4 901071 230555
ラーメン列伝 丸鶏炊き出し
コク醤油味

2.5

- ジャンル：ラーメン　製法：油揚げめん
- 調理方法：熱湯3分　付属品：液体スープ、粉末スープ、かやく（焼豚・メンマ・ねぎ）、調味油　総質量（麺）：111g（70g）　カロリー：460kcal
- 麺：滑らかだがしなしな頼りない、もうちょい堅めのほうがいい　つゆ：ややとろみあり、コク・深みはあるがその出し方がやや人工的に思える　その他：ちょっと高めの価格を説明できない
- 試食日：2000.5.3　賞味期限：2000.8.28
- 入手方法：am-pm ¥168

No.1601 東洋水産　4 901990 521352
食べチャイナ 大盛 大玉天津麺

2.5

- ジャンル：ラーメン　製法：油揚げめん
- 調理方法：熱湯3分　付属品：なし。粉末スープ、かやく（たまごに様かまぼこ・ネギ・椎茸）は混込済　総質量（麺）：104g（85g）　カロリー：479kcal
- 麺：細めでソフト、弾性強し、量は多い、情緒に欠ける　つゆ：嫌な癖は少ないものの、平板で奥行きがない　その他：唯一最大のポイントである天津玉子は台所のスポンジみたい、全体的にチープな感じ
- 試食日：2000.5.8　賞味期限：2000.7.10
- 入手方法：デイリーストア ¥168

しょうゆ味

No.1603 サンヨー食品　4 901734 003397
サッポロ一番 チリガーリック
RED HOT

- **ジャンル**：ラーメン　**製法**：油揚げめん
- **調理方法**：熱湯3分　**付属品**：なし。粉末スープ、かやく（コーン・にんにく・キャベツ・玉葱・唐辛子）は混込済　**総質量（麺）**：80g(55g)　**カロリー**：343kcal
- **麺**：細いけれど軽くはない、決して高級ではないが、この麺質が全体の印象を底上げしている　**つゆ**：ニンニクの投下量は豪快！やや酸味気、心地よい辛さ、日清とうがらし麺と一脈通じるな　**その他**：サッポロ一番の文字はちっちゃい、このシリーズは意外に存在感がある
- **試食日**：2000.5.11　**賞味期限**：2000.8.18
- **入手方法**：ファミリーマート ¥143

No.1604 東洋水産　4 901990 521475
これぞ！北のげんこつ
醤油ラーメン

- **ジャンル**：ラーメン　**製法**：油揚げめん
- **調理方法**：熱湯3分　**付属品**：液体スープ、粉末スープ、かやく（チャーシュー一枚・ねぎ・メンマ）　**総質量（麺）**：111g(80g)　**カロリー**：532kcal
- **麺**：太めだがソフト気味、歯切れが悪い　**つゆ**：焦げたような香りは不自然、とろみが邪魔に感じる、ややニンニク臭あり、「室蘭風」とのこと　**その他**：薄い乾燥海苔は妙にリアル、力はそこそこあるが「北の」雰囲気が漂ってこないよ
- **試食日**：2000.5.13　**賞味期限**：2000.8.17
- **入手方法**：ファミリーマート ¥198

No.1607 ヤマダイ　4 903088 002378
ニュータッチ 懐かしの即席ラーメン
香ばしいしょうゆの味付き麺

- **ジャンル**：ラーメン　**製法**：油揚げめん
- **調理方法**：熱湯3分　**付属品**：粉末スープ（かやく（豚肉・卵・なると・ねぎ）入り）　**総質量（麺）**：78g(70g)　**カロリー**：342kcal
- **麺**：製品名や価格から想像するほど安っぽくはなかった、勿論現在の水準下ではあるが　**つゆ**：平板な香り、透明度高し、20年前のカップ麺スープ？　**その他**：カップヌードルとチキンラーメンの中間、意外に具もまとも、空腹時には十分価値がある
- **試食日**：2000.5.15　**賞味期限**：2000.8.23
- **入手方法**：ファミリーマート ¥118

No.1610 エースコック　4 901071 233013
昭和の中華そば
しょうゆ味 仕上げ香味料つき

- **ジャンル**：ラーメン　**製法**：油揚げめん
- **調理方法**：熱湯3分　**付属品**：液体スープ、仕上げ香味料、かやく（焼豚・なると・メンマ・ねぎ）、焼のり6枚　**総質量（麺）**：91g(65g)　**カロリー**：336kcal
- **麺**：商品名より軽い麺を想像していたが、適度な重量感があった、気泡感は認められる　**つゆ**：透明度が高い、醤油のストレートな香り、胡椒で調整、素朴というか平板、コクは浅い　**その他**：6枚海苔は迫力、焼豚は安ハムみたいな味、(実際に少ないが) カロリーが少なさそう
- **試食日**：2000.5.19　**賞味期限**：2000.8.30
- **入手方法**：am-pm ¥143

No.1613 エースコック　4 901071 233020
香ばし屋 醤油らーめん
炒めオニオンとネギの香ばしさと旨みがスープに溶け込んだ！

- **ジャンル**：ラーメン　**製法**：油揚げめん
- **調理方法**：熱湯3分　**付属品**：液体スープ、仕上げ香味料、かやく（ねぎ・焼豚・玉ねぎ・エシャレット・ニンニク）　**総質量（麺）**：95g(65g)　**カロリー**：364kcal
- **麺**：同社「昭和の中華そば」と印象が酷似、同じものかな？気泡感があるがやや重め　**つゆ**：炒め玉ねぎの香りがちょっと不自然、他の部分は割に素直なんだけれど、適度な力感あり　**その他**：安ハム風焼豚も「昭和の〜」と同じ印象、パーツを共用化してコストダウンしてるな
- **試食日**：2000.5.22　**賞味期限**：2000.9.14
- **入手方法**：デイリーストア ¥143

No.1615 明星食品　4 902881 409018
スタミナにんにくラーメン
しょうゆ味 太麺 黒ごまチリスパイス付

- **ジャンル**：ラーメン　**製法**：油揚げめん
- **調理方法**：熱湯3分　**付属品**：液体スープ、粉末スープ、かやく（ごま・ニンニク・豚肉・赤唐辛子・ニラ）、スパイス　**総質量（麺）**：124g(90g)　**カロリー**：571kcal
- **麺**：同シリーズ「とんこつ」と同じく幅広扁平、気泡感は残るが噛み応えはある　**つゆ**：力強いというかうるさい、とんこつとの差別化要素は少ない、骨格の違いは忠実に　**その他**：ニンニクの総量は2カケくらいあるのでは？全部食べたけど Na 合計 4.6g はちょっと心配
- **試食日**：2000.5.25　**賞味期限**：2000.10.7
- **入手方法**：デイリーストア ¥168

No.1621 サンヨー食品　4 901734 003403
サッポロ一番 中華軒
旨みしょうゆ

- **調理方法**：熱湯3分　　**付属品**：液体スープ、粉末スープ、かやく（豚肉・葱・メンマ）、焼のり3枚　　**総質量（麺）**：122g(70g)　　**カロリー**：460kcal
- **麺**：やや太めでもちもちした食感は袋版サッポロ一番を彷彿、香りも豊富、だが気泡感が残る　　**つゆ**：透明度の高い、真面目な印象のしょうゆ味、正攻法　　**その他**：焼豚は薄いが質感は高い、志は感じるが値段を考えると麺の気泡感が物足りなく残念
- **試食日**：2000.6.1　　**賞味期限**：2000.9.23
- **入手方法**：ファミリーマート ¥198

ジャンル：ラーメン　製法：油揚げめん

No.1625 カネボウフーズ　4 901551 119219
東京 人気のらーめん
和風だし醤油味

- **調理方法**：熱湯4分　　**付属品**：液体スープ、かやく（チャーシュー・メンマ・ねぎ・ゆず）　　**総質量（麺）**：122g(75g)　　**カロリー**：362kcal
- **麺**：ノンフライ麺は曖昧さが無く堅めのゼリーのようでもある、ちょっとぬくもり不足かな　　**つゆ**：透明度高し、魚系ダシと柚子の香りが支配的　　**その他**：動物的ではなく力感に欠ける、上品なんだけど…
- **試食日**：2000.6.5　　**賞味期限**：2000.10.7
- **入手方法**：デイリーストア ¥168

ジャンル：ラーメン　製法：ノンフライめん

No.1626 ヤマダイ　4 903088 002415
ニュータッチ 生粋麺 五目そば
うまさが違う！ 具がたっぷり

- **調理方法**：熱湯5分　　**付属品**：液体スープ、レトルト調理品（うずら卵・竹の子・人参・豚肉・キクラゲ）、かやく（キャベツ・もやし）　　**総質量（麺）**：188g(60g)　　**カロリー**：340kcal
- **麺**：ノンフライの割には曖昧さがある（決して悪い意味ではない）、けど潤いがもう一歩　　**つゆ**：確かに液体スープっぽいが、当たり前すぎる、価格を見直してしまうと、刺激は無い　　**その他**：うずら卵が破裂しており悲しかった、野菜がこの倍ぐらいあったらいいのに
- **試食日**：2000.6.6　　**賞味期限**：2000.9.26
- **入手方法**：ファミリーマート ¥258

ジャンル：ラーメン　製法：ノンフライめん

No.1628 大黒食品工業　4 904511 001098
マイフレンド 東京 チャーシューめん
しょうゆ味 ダブルスープでさっぱりしたコク 大盛1.5

- **調理方法**：熱湯3分　　**付属品**：液体スープ、粉末スープ、かやく（チャーシュー・ごま・なると・オニオン・卵・人参）　　**総質量（麺）**：123g(90g)　　**カロリー**：504kcal
- **麺**：気のせいか同シリーズの豚骨よりソフト、存在感はそこそこあるが、粘性が低いのかな？　　**つゆ**：液体と粉末の二刀流で繊細さと豪快さを両立、レベルは高くないが　　**その他**：径35mmハム風の肉は堅い、終盤は飽きる、一見癖が無いが後々尾を引く、化学調味料かな
- **試食日**：2000.6.9　　**賞味期限**：2000.8.26
- **入手方法**：オリンピック藤沢店 ¥158

ジャンル：ラーメン　製法：油揚げめん

No.1632 明星食品　4 902881 405218
中華珉珉 広東風かき玉麺

- **調理方法**：熱湯4分　　**付属品**：液体スープ、粉末スープ、かやく（卵・味付鶏肉・ねぎ・キクラゲ・フライドオニオン・赤唐辛子）　　**総質量（麺）**：87g(60g)　　**カロリー**：305kcal
- **麺**：ノンフライ麺はそうめんみたいに細いが、不思議とラーメンらしい風味がある　　**つゆ**：重たい唐辛子系の辛さがあるしょうゆ味、胡椒の含有量も多い　　**その他**：ノンフライ305kcalだが、結構満腹感が得られる、かき玉はごもごもして邪魔だな
- **試食日**：2000.6.13　　**賞味期限**：2000.10.11
- **入手方法**：デイリーストア ¥143

ジャンル：ラーメン　製法：ノンフライめん

No.1646 サンヨー食品　4 901734 003489
サッポロ一番 港町 横浜
しょうゆ

- **調理方法**：熱湯3分　　**付属品**：なし。粉末スープ、かやく（コーン・味付挽肉・メンマ・葱・豚肉）は混込済　　**総質量（麺）**：74g(55g)　　**カロリー**：345kcal
- **麺**：シリーズ共通の印象で歯応え、存在感は十分に確保されている　　**つゆ**：前二作よりやまともだが後味は悪い、唐辛子やカレーとは異質の薬臭い感じ、舌がマヒしたようだ　　**その他**：この港町シリーズが抵抗無く受け入れられる人は暫く即席食品を止めて手作りの料理を食べるべきだ
- **試食日**：2000.6.30　　**賞味期限**：2000.9.25
- **入手方法**：サンクス ¥143

ジャンル：ラーメン　製法：油揚げめん

しょうゆ味

しょうゆ味

No.1656 エースコック 4 901071 214043

シャキシャキ！キムチらーめん
しょうゆ味

ジャンル ラーメン　**製法** 油揚げめん

- **調理方法**：熱湯3分　**付属品**：粉末スープ、かやく（ちんげん菜・キムチ・赤ピーマン）　**総質量（麺）**：82g(65g)　**カロリー**：346kcal
- **麺**：高級ではないが、歯応え・食べ応えがあり、ラーメンの麺っぽい　**つゆ**：好き嫌いが分かれるような臭さはない、ダシ成分と良いバランスがとれている、程々な辛さと酸味　**その他**：韓国キムチとは別物だが、安いなりによくまとまっていると思う、最近は辛くて酸っぱいだけのキムチ味が淘汰されてきたかな
- **試食日**：2000.7.11　**賞味期限**：2000.10.30
- **入手方法**：デイリーヤマザキ ¥143

No.1668 東洋水産 4 901990 521697

北の味わい 北の屋 コク醤油ラーメン

ジャンル ラーメン　**製法** 油揚げめん

- **調理方法**：熱湯3分　**付属品**：なし。粉末スープ、かやく（チャーシュー・コーン・メンマ・ねぎ）は混込済　**総質量（麺）**：105g(85g)　**カロリー**：487kcal
- **麺**：太めではっきりした食べ応えがある、強い麺、気泡感殆ど無し　**つゆ**：濃い、まろやかな深みととろみがちょっと人工的、　**その他**：麺も汁も、更に具も強い印象なので最後の方は飽きる、エネルギーを強く欲する時に良い
- **試食日**：2000.7.27　**賞味期限**：2000.11.29
- **入手方法**：エフジーマイチャーミー ¥168

No.1679 サンヨー食品 4 901734 003571

チェキラ！ リズム＆ブルース ショウユ
ニューウェーブラーメン No.07

ジャンル ラーメン　**製法** 油揚げめん

- **調理方法**：熱湯3分　**付属品**：液体スープ、粉末スープ、かやく（味付挽肉・フライドオニオン・メンマ・葱）　**総質量（麺）**：124g(70g)　**カロリー**：525kcal
- **麺**：同シリーズの豚骨よりやや細く軽い気がするが、気泡感が残るところは同様、存在感はあるのだが　**つゆ**：焦げ臭い、パワフルだが癖が強く、繊細さ無し　**その他**：年寄りや病弱者には向かない、「ブルース」ではないと思う、パッケージと中身の印象がほぼ合致する
- **試食日**：2000.8.8　**賞味期限**：2000.12.9
- **入手方法**：コミュニティストア ¥168

No.1680 日清食品 4 902105 020357

CUP NOODLE スタミナ
焼カルビ黒しょうゆ ガーリックパワー

ジャンル ラーメン　**製法** 油揚げめん

- **調理方法**：熱湯3分　**付属品**：なし。粉末スープ、かやく（味付牛肉・葱・ガーリック・レッドベルペッパー・ごま）は混込済　**総質量（麺）**：81g(60g)　**カロリー**：382kcal
- **麺**：扁平ヌードル麺は妙に歯切れが良いが、全体に軽い印象　**つゆ**：下世話な甘さ、焼肉のタレ的、料理ではなくフードだ（？）、パワフルだが人工的　**その他**：薄いが大量のニンニクはリアルだ、濃いけど浅い、大味な商品が今夏の流行りか？
- **試食日**：2000.8.10　**賞味期限**：2000.11.29
- **入手方法**：エフジーマイチャーミー ¥143

No.1683 徳島製粉 4 904760 013033

金ちゃん 徳島ラーメン
こくしょうゆ味 本場の味！

ジャンル ラーメン　**製法** 油揚げめん

- **調理方法**：熱湯3分　**付属品**：液体スープ、粉末スープ、かやく（豚肉・ナルト・メンマ・ねぎ）　**総質量（麺）**：No Data　**カロリー**：466kcal
- **麺**：高級ではないが、口当たりの丸い、憎めない麺　**つゆ**：醤油っぽい味が出ている、生卵がないと締まらないかな？　**その他**：徳島県内ではかなりの高率でこの品が置いてあるね
- **試食日**：2000.8.13　**賞味期限**：2000.12.26
- **入手方法**：UNOMART ¥100

No.1684 サンヨー食品 4 901734 002925

サッポロ一番 ごま味ラーメン

ジャンル ラーメン　**製法** 油揚げめん

- **調理方法**：熱湯3分　**付属品**：液体スープ、粉末スープ、かやく（ごま・豚肉・メンマ・なると・ねぎ）　**総質量（麺）**：82g(65g)　**カロリー**：364kcal
- **麺**：どんぶりカップなのに扁平しなしなヌードル風麺、軽い　**つゆ**：エキス分を多く感じるしょうゆ味、特徴に欠ける　**その他**：ごまはたくさん入っているが、その味と香りが殆ど感じられないのが不思議
- **試食日**：2000.8.15　**賞味期限**：2000.9.2
- **入手方法**：徳島の店 ¥118

しょうゆ味

No.1685 徳島製粉　4 904760 011077
金ちゃんラーメン
卵とじ・肉 屋台味

- **ジャンル**：ラーメン　**製法**：油揚げめん
- ■ 調理方法：熱湯3分　■ 付属品：粉末スープ、かやく（卵・豚肉・ねぎ）　■ 総質量（麺）：89g（72g）　■ カロリー：420kcal
- ■ 麺：湿った感じの麺、あんまし力が入ってないな　■ つゆ：よく言えば優しい、刺激のない味、締まりがないと言うか漠然とした印象　■ その他：豚肉はハムでなく肉っぽい印象、卵は多い
- ■ 試食日：2000.8.16　■ 賞味期限：2000.8.21
- ■ 入手方法：高知の店

No.1699 宝幸水産　4 902431 002508
東京焼豚ラーメン チャーシュー

- **ジャンル**：ラーメン　**製法**：油揚げめん
- ■ 調理方法：熱湯3分　■ 付属品：粉末スープ、かやく（焼豚・ごま・卵・葱・人参）　■ 総質量（麺）：75g（66g）　■ カロリー：349kcal
- ■ 麺：歯ごたえはあるのだが、香りが東南アジア的安物麺だな、味気ない　■ つゆ：個性というか自信の無さそうなノンポリ風味、少ない人参が意外とアクセントになっている　■ その他：焼豚は意外にハード、胡麻は効果なし、購入価格相応
- ■ 試食日：2000.8.28　■ 賞味期限：2000.9.6
- ■ 入手方法：酒DS店（名前忘れた）¥100

No.1702 マルタイ　4 902702 009151
New マルタイラーメン
コクしょうゆ味

- **ジャンル**：ラーメン　**製法**：油揚げめん
- ■ 調理方法：熱湯3分　■ 付属品：粉末スープ、かやく（豚肉・えび・なると・コーン・ねぎ）、調味油　■ 総質量（麺）：90g（70g）　■ カロリー：418kcal
- ■ 麺：湿った感じの歯応え、揚げ油の温度が低いか質が悪い感じだ、でも小麦の香りは一応ある　■ つゆ：マイルドだが「こく」と言う程でもない、醤油成分は控えめ　■ その他：調味油の香りのせいでマルタイ棒ラーメンを彷彿、乾燥えびはヌードルみたい、肉は微量
- ■ 試食日：2000.9.1　■ 賞味期限：2000.11.13
- ■ 入手方法：ジャンボなかむら近江八幡店 ¥98

No.1706 サンヨー食品　4 901734 003519
韓国家庭料理 ユッケジャン味ラーメン 牛バラ風辛口

- **ジャンル**：ラーメン　**製法**：油揚げめん
- ■ 調理方法：熱湯3分　■ 付属品：液体スープ、粉末スープ、かやく（キャベツ・牛肉・味付挽肉・葱・ごま・人参・ニラ）　■ 総質量（麺）：105g（70g）　■ カロリー：461kcal
- ■ 麺：同シリーズ「コムタン塩」同様歯切れ悪し、太くて重量感はある　■ つゆ：辛子味噌の刺激、作為的だが許容範囲か、ややとろみあり　■ その他：三種の肉等具は賑やかで満足感あり、「コムタン塩」に比べ強引で大味な印象、元気のある時に
- ■ 試食日：2000.9.5　■ 賞味期限：2000.11.4
- ■ 入手方法：コミュニティストア ¥168

No.1708 日清食品　4 902105 22863
元祖鶏ガラ 即席 チキンラーメン
しょうが風味 ミレニアム版

- **ジャンル**：ラーメン　**製法**：油揚げめん
- ■ 調理方法：熱湯3分　■ 付属品：なし。粉末スープ、FDかやく（卵・葱・生姜・豚肉・人参）は混込済　■ 総質量（麺）：117g（105g）　■ カロリー：538kcal
- ■ 麺：扁平で輪郭クッキリ、粒状感が少なく硬質ゼリー状、まーいつものチキンラーメン品質　■ つゆ：単調な鶏醤油スープに単調な生姜の刺激、ちょっとすれ違っている印象を受けた　■ その他：量が多いので飽きる、具の量も多いのだが存在感は薄い、ローソン限定
- ■ 試食日：2000.9.8　■ 賞味期限：2001.1.8
- ■ 入手方法：ローソン ¥168

No.1712 エースコック　4 901071 230616
大人の価値あるラーメン 角煮ラーメン しょうゆ味

- **ジャンル**：ラーメン　**製法**：油揚げめん
- ■ 調理方法：熱湯3分　■ 付属品：液体スープ、かやく（メンマ・ねぎ）、レトルト調理品（豚肉）　■ 総質量（麺）：131g（70g）　■ カロリー：421kcal
- ■ 麺：気泡感があり麺質が軽い、残念、小麦の香りはちゃんと出ているのだが　■ つゆ：透明スープは正攻法の造り、角煮の甘みが強い、魚系の香りあり、人工的な分味細工は少ない　■ その他：角煮は中型サイズ一個、赤身は固いが香ばしい脂身が効果的、購買層の絞り込み方は面白い
- ■ 試食日：2000.9.12　■ 賞味期限：2001.1.25
- ■ 入手方法：コミュニティストア ¥198

しょうゆ味

No.1720 十勝新津製麺　4 904856 003146
喜多方 丸見食堂 ねぎラーメン

ジャンル ラーメン　**製法** ノンフライめん

- **調理方法**：熱湯5分　**付属品**：液体スープ、レトルト具（豚肉・メンマ）、乾燥ねぎ　**総質量（麺）**：182g（60g）　**カロリー**：363kcal
- **麺**：喜多方っぽい幅4mm扁平麺は緻密で高質だが、量が少なめ、澱粉質が足りない？のか底力に欠ける　**つゆ**：濃くないが深い、油っぽいがしつこくない、微妙なバランスが取れているがやや迫力不足　**その他**：優等生っぽさは相変わらずだが、他に類を見ない個性がある、製品に明快な目標がある感じ
- **試食日**：2000.9.22　**賞味期限**：2001.2.27
- **入手方法**：ファミリーマート　¥246

No.1728 横山製麺工場　4 903077 200822
八ちゃん 和歌山中華そば
こってりしょうゆスープと特製の麺

ジャンル ラーメン　**製法** フリーズドライめん

- **調理方法**：熱湯3分　**付属品**：液体スープ、焼豚、かやく（メンマ・ナルトカマボコ・ねぎ）　**総質量（麺）**：108g（57g）　**カロリー**：345kcal
- **麺**：やや細めのFD麺はソフトなのにコシがある不思議な食感、もっとハードな方が良い　**つゆ**：コクの深さは不自然に感じる一歩手前で留めてある、人為的なローカル臭は不要だと思う　**その他**：昔の八ちゃんの方がインパクトがあったな、肉は良質だが小さい、麺と汁の方向性が違う
- **試食日**：2000.10.2　**賞味期限**：2000.11.1
- **入手方法**：あかし屋　¥245

No.1742 日清食品　4 902105 025161
FINE NOODLE
しょうゆ味　おいしくてカラダにやさしい

ジャンル ラーメン　**製法** ノンフライめん

- **調理方法**：熱湯3分　**付属品**：なし。粉末スープ、かやく（味付豚肉・コーン・人参・椎茸・ほうれん草・葱）は混込済　**総質量（麺）**：48g（33g）　**カロリー**：152kcal
- **麺**：同シリーズのチキンタンメン同様細く柔らか、麺がほぐれにくいので食べるリズムが崩れる　**つゆ**：重量感が無く存在が希薄、バーチャルリアリティ感覚？脂粉に依存した味わり　**その他**：腹応えが不足、具が細かく邪魔、乾燥臭くないのが救い、減量目的でなければ遠慮
- **試食日**：2000.10.17　**賞味期限**：2000.11.19
- **入手方法**：ファミリーマート

No.1743 明星食品　4 902881 413015
中華三昧 五目野菜麺
野菜と豚肉のネギ油炒め 醤油味

ジャンル ラーメン　**製法** ノンフライめん

- **調理方法**：熱湯4分　**付属品**：液体スープ、粉末スープ、FDかやく（豚肉・白菜・ちんげん菜・ネギ・椎茸・人参・フライドオニオン）　**総質量（麺）**：103g（65g）　**カロリー**：378kcal
- **麺**：ノンフライ麺は気泡感こそ無いが、価格を考慮するとしなやかさふくよかさが欲しい　**つゆ**：人工的な匂いを丁寧に消し、刺激する要素は無いが、訴えかける魅力にも乏しい　**その他**：本製品唯一最大の特徴！大量の野菜とリアルな豚肉が生の野菜炒めと錯覚した、これに見合う麺とスープを望む
- **試食日**：2000.10.19　**賞味期限**：2001.1.27
- **入手方法**：ファミリーマート　¥248

No.1747 日清食品　4 902105 022559
小麦麺職人 醤油ラーメン
素材にこだわった、ゆで上げ仕立て

ジャンル ラーメン　**製法** ノンフライめん

- **調理方法**：熱湯4分　**付属品**：液体スープ、粉末スープ、かやく（チャーシュー・メンマ・コーン・ねぎ）　**総質量（麺）**：89g（65g）　**カロリー**：326kcal
- **麺**：ノンフライだが扁平度は低く、香りよくよかさがある、製造技術は高い　**つゆ**：シンプルというか、あまり小細工のない透明醤油味、胡椒で刺激を付加、やや人工的な　**その他**：シンプルというか貧弱な具、確かに麺だけは¥143クラスで突出した出来
- **試食日**：2000.10.23　**賞味期限**：2001.2.5
- **入手方法**：ファミリーマート　¥143

No.1750 横山製麺工場　4 903077 200976
八ちゃん 徳島
甘辛醤油で煮たバラ肉の旨みが溶け込んだ濃厚とんこつスープ

ジャンル ラーメン　**製法** フリーズドライめん

- **調理方法**：熱湯4分　**付属品**：液体スープ、粉末スープ、レトルトかやく（豚肉・メンマ）、かやく（もやし・ネギ）　**総質量（麺）**：173g（57g）　**カロリー**：519kcal
- **麺**：同その標準的な麺、やや細めのでリアル、小麦の香りも出ているが、湿ったような歯応え　**つゆ**：濃い味だが嫌らしくない、徳島ラーメン自体が人を選ぶがバランスは良い、塩分きつめ　**その他**：肉は量・質共に納得、腹応えは十分、でも価格面での敷居はちょっと高い
- **試食日**：2000.10.27　**賞味期限**：2001.3.13
- **入手方法**：サンクス　¥298

しょうゆ味

No.1759 東洋水産 4 901990 521901
俺のしょうゆ 濃厚うまコク スパイスがきいた醤油とんこつスープよ！

- **ジャンル**：ラーメン **製法**：油揚げめん
- **調理方法**：熱湯3分 **付属品**：なし。粉末スープ、かやく（牛肉・コーン・フライドガーリック・ニンニクの芽・ねぎ）は混込済 **総質量（麺）**：95g（75g） **カロリー**：418kcal
- **麺**：細くて食感が軽い、あまり麺にコストをかけていない印象 **つゆ**：中途半端なとろみは不要、強い味付けだが人工的で繊細さ無く、ターゲットは若者限定かな **その他**：牛肉とニンニクの芽の食感は個性的、「俺の塩」の衝撃には程遠い、体調不良の時は食べたくない
- **試食日**：2000.11.06 **賞味期限**：2001.2.8
- **入手方法**：サンクス ¥168

No.1761 エースコック 4 901071 230678
濃コク鶏湯（チータン）ラーメン 丸鶏と野菜の旨み凝縮スープ

- **ジャンル**：ラーメン **製法**：油揚げめん
- **調理方法**：熱湯3分 **付属品**：液体スープ、粉末スープ、かやく（焼豚・メンマ・ねぎ）、調味油 **総質量（麺）**：118g（70g） **カロリー**：489kcal
- **麺**：細めでソフト、表皮の質感や香りは悪くないので、第一印象がヤワなのが残念 **つゆ**：ややとろみ有り、個性的な香ばしさを感じる、作為的な演出だが嫌らしくはない **その他**：ネギは大きい、崩れる手前の微妙なバランス、麺が骨太なら大分印象が変わったろうに
- **試食日**：2000.11.8 **賞味期限**：2001.2.28
- **入手方法**：コミュニティストア ¥168

No.1779 日清食品 4 902105 021866
武骨麺 香り立つ旨み 牛骨しょうゆ 麺一本に存在感 新製法「食べごたえ太麺」

- **ジャンル**：ラーメン **製法**：油揚げめん
- **調理方法**：熱湯3分 **付属品**：粉末スープ、かやく（牛肉・ごま・赤ピーマン・ニラ）、調味油 **総質量（麺）**：86g（65g） **カロリー**：394kcal
- **麺**：太くて高密度、重量感があり良い、矛盾するようだがやや気泡感は残る、最近の日清は麺の強さの表現方法を確立したな **つゆ**：牛肉の風味が、高温で溶けたビニールの匂いのように感じられた、唯一最大致命的欠点 **その他**：所詮即席麺の味は合成した物だが、この製品は一歩踏み込み過ぎた感がある、肉は少ない、製造技術の高さは判るが…
- **試食日**：2000.11.25 **賞味期限**：2001.3.23
- **入手方法**：ローソン ¥143

No.1784 サンヨー食品 4 901734 003908
サッポロ一番 長崎の魚系こってり深みしょうゆ 焼きあご（あご＝トビウオ）

- **ジャンル**：ラーメン **製法**：油揚げめん
- **調理方法**：熱湯3分 **付属品**：液体スープ、粉末スープ、かやく（豚肉・ねぎ・メンマ・揚げねぎ） **総質量（麺）**：112g（70g） **カロリー**：515kcal
- **麺**：油揚げめんだがしっかりした存在感がある、自己主張はしないがスープに負けていない **つゆ**：焦げた魚の匂いやダシ・香辛料・酸味等、複雑な要素を人工的な臭みを意識させずにまとめ上げている **その他**：具は標準的、スープが個性的で希少価値あり、もっと脂気を抜いてもいいかな
- **試食日**：2000.11.29 **賞味期限**：2001.3.9
- **入手方法**：サンクス（限定）¥178

No.1785 サンヨー食品 4 901734 003892
サッポロ一番 三陸の魚系すっきりコクしょうゆ 秋刀魚（サンマ）

- **ジャンル**：ラーメン **製法**：油揚げめん
- **調理方法**：熱湯3分 **付属品**：液体スープ、粉末スープ、かやく（豚肉・ねぎ・メンマ）、のり三枚 **総質量（麺）**：99g（70g） **カロリー**：482kcal
- **麺**：同シリーズ「長崎醤油」より存在感が一回り小柄になった感、価格相当の質感はある **つゆ**：素付けの香りを感じた、最初薬臭さを感じたが二口目から気にならなくなった **その他**：海苔の香りが良い、表面的な油っぽさやキレを求める、根はシンプルな醤油味だがちょっと一癖ある
- **試食日**：2000.11.30 **賞味期限**：2001.3.8
- **入手方法**：サンクス（限定）¥178

No.1788 日清食品 4 902105 028414
行列のできる店のラーメン 尾道濃厚しょうゆ

- **ジャンル**：ラーメン **製法**：ノンフライめん
- **調理方法**：熱湯4分 **付属品**：液体スープ、粉末スープ、かやく（チャーシュー・メンマ・ねぎ） **総質量（麺）**：124g（70g） **カロリー**：490kcal
- **麺**：やや扁平ノンフライ麺はしっとり感があるし密度も高いのに、重量感に欠けるのが不思議 **つゆ**：日清¥248 カップ麺の文法通り濃くて深いが、この製品は作為的な味づくりを意識させる **その他**：具は質素、同シリーズ和歌山は革新的だったので期待が大きすぎたのかちょっとがっかり
- **試食日**：2000.12.2 **賞味期限**：2001.3.23
- **入手方法**：ファミリーマート ¥248

しょうゆ味

No.1790 明星食品　4 902881 411219
だし源 醤油らーめん
鶏ガラと魚だし

- ジャンル：ラーメン　製法：ノンフライめん
- 調理方法：熱湯4分　付属品：液体スープ、粉末スープ、かやく（チャーシュー・メンマ・揚げねぎ・卵・ねぎ）　総質量(麺)：99g(60g)　カロリー：333kcal
- 麺：細めノンフライ麺は最初ゴワゴワし、丁度良くなったら、ひ弱さ感じは与えない　つゆ：鰹の香りと旨み、抑制がとれている、やや化学調味料を意識させるのが惜しい　その他：魚系スープだからこそ肉が効果的、もう一歩自然な感じが出ていたら、質実剛健・男のラーメンとして推せるのだが
- 試食日：2000.12.4　賞味期限：2001.3.22
- 入手方法：ファミリーマート ¥178

No.1791 明星食品　4 902881 471022
旨だしらーめん ガラしょうゆ

- ジャンル：ラーメン　製法：油揚げめん
- 調理方法：熱湯3分　付属品：液体スープ、かやく（チャーシュー・メンマ・ねぎ・赤唐辛子）、かつおぶし　総質量(麺)：102g(65g)　カロリー：420kcal
- 麺：油揚げめんはやや スポンジだが香りが濃厚で質感は決して悪くない　つゆ：人工的な感じを抱かせず穏やか、やや曖昧な部分を唐辛子で締めている、脂っぽさが少なくすっきり　その他：同社「だし源」が剛ならこれは柔、評価点は同じでも日本海の荒海と午後の陽だまりくらいの差がある
- 試食日：2000.12.5　賞味期限：2001.3.11
- 入手方法：サンクス（限定）¥178

No.1799 日清食品　4 902105 029671
香りだしらあめん
香味醤油 小麦が香るノンフライ麺

- ジャンル：ラーメン　製法：ノンフライめん
- 調理方法：熱湯4分　付属品：液体スープ、粉末スープ、かやく（焼豚・揚げ玉・ねぎ）　総質量(麺)：108g(70g)　カロリー：422kcal
- 麺：良い。しっかりしているのにしなやか、ふくよか、香りを味わえる　つゆ：日清の高級カップとしては軽めだが、十分に深い、やや お節介が過ぎる印象もある、表面的な油分がちょっと多い　その他：揚げ玉は一見貧相だが効果的、肉も微少片が香りが出ている
- 試食日：2000.12.14　賞味期限：2001.3.13
- 入手方法：サンクス（限定）¥198

No.1804 カネボウフーズ　4 901551 119479
ホームラン軒 ねぎラーメン
背脂しょうゆ味

- ジャンル：ラーメン　製法：ノンフライめん
- 調理方法：熱湯4分　付属品：液体スープ、かやく（ねぎ・チャーシューチップ・人参・赤唐辛子）　総質量(麺)：106g(70g)　カロリー：356kcal
- 麺：扁平ノンフライ麺は量感に欠けるが、適度な柔軟性がある、スーパー等の製品間格差が少ないな　つゆ：良くも悪くも突出部の無い醤油味ベースだが、鋭い辛さとねぎの香りが暴れる感じ、この対比が面白い　その他：ブランド名通り、小さなラーメン屋の前を通る時の匂いを感じる、肉ек微細、この購入価格なら満足
- 試食日：2000.12.18　賞味期限：2001.4.17
- 入手方法：セイフー鎌倉店 ¥118

No.1806 エースコック　4 901071 230708
炒り鰹醤油ラーメン
鰹の節を炒めたコクとうまみの和風だし醤油スープ

- ジャンル：ラーメン　製法：油揚げめん
- 調理方法：熱湯3分　付属品：液体スープ、調味油、花かつお、かやく（焼豚・ねぎ・メンマ）　総質量(麺)：112g(70g)　カロリー：412kcal
- 麺：油揚げめんだが気泡感は少なくしなやか、もうちょい歯応えがあっても良い　つゆ：鰹っぽさが強い、こりゃ蕎麦つゆに近いよ、畜肉っぽさは希少、ダシの表現やや お節介　その他：鰹の味付けは流行りだが、その中でも特に突出している、ユニークな個性と言える
- 試食日：2000.12.21　賞味期限：2001.4.8
- 入手方法：セイフー ¥138

No.1811 明星食品　4 902881 412018
超わかめラーメン
しょうゆ味 大盛（当社比）

- ジャンル：ラーメン　製法：油揚げめん
- 調理方法：熱湯3分　付属品：粉末スープ（後入れ）、かやく（ごま・白ごま揚げ玉・ねぎ・魚肉練り製品）、わかめ　総質量(麺)：117g(90g)　カロリー：517kcal
- 麺：軽い、最低限の歯応えは一応確保、良くも悪くも油揚げめん臭い、大量、大衆向き　つゆ：薄茶不透明でやや粉性あり、醤油成分が間接的、マイルド、塩味との中間的性格、ちょっと類型から外れている　その他：怒大量のわかめだけだで満腹、肉無しで華に欠けるが、学生のエネルギ補給用かな
- 試食日：2000.12.26　賞味期限：2001.1.23
- 入手方法：ドラゴンさんよりいただく

しょうゆ味

No.431 日清食品 4 902105
CUP NOODLE 八宝菜

- ジャンル：ラーメン
- 製法：油揚げめん
- 調理方法：熱湯3分
- 付属品：なし。粉末スープ、かやく（豚肉・卵・魚肉練り製品・いか・人参・キクラゲ・キヌサヤ・ネギ・生姜）は混込済
- 総質量（麺）：77g（60g）

No.432 日清食品 4 902105
CUP NOODLE Chicken & Pepper
チキン&ペパーヌードル

- ジャンル：ラーメン
- 製法：油揚げめん
- 調理方法：熱湯3分
- 付属品：なし。粉末スープ、かやく（鶏唐揚げ・キャベツ・人参・玉ねぎ・ネギ）は混込済
- 総質量（麺）：77g（60g）

No.433 日清食品 4 902105
CUP NOODLE Vegetable
ベジタブルヌードル

- ジャンル：ラーメン
- 製法：油揚げめん
- 調理方法：熱湯3分
- 付属品：なし。粉末スープ、かやく（キャベツ・ブロッコリー・卵・ほうれん草・えび入りボール・玉ねぎ・人参・豚肉）は混込済
- 総質量（麺）：74g（60g）

No.434 日清食品 4 902105
CUP NOODLE 二十周年記念カップヌードル ご祝辞 ドラえもん

- ジャンル：ラーメン
- 製法：油揚げめん
- 調理方法：熱湯3分
- 付属品：No Data
- 総質量（麺）：No Data

No.436 日清食品 4 902105
CUP NOODLE China 芙蓉蟹麺
トキ玉子とカニのヌードル

- ジャンル：ラーメン
- 製法：油揚げめん
- 調理方法：No Data
- 付属品：No Data
- 総質量（麺）：No Data

No.438 日清食品 4 902105
CUP NOODLE 蟹玉

- ジャンル：ラーメン
- 製法：油揚げめん
- 調理方法：熱湯3分
- 付属品：なし。粉末スープ、かやく（カニタマ・魚肉練り製品・椎茸・ネギ）は混込済
- 総質量（麺）：77g（60g）

No.439 日清食品 4 902105
CUP NOODLE チリ Garlic PORK

- ジャンル：ラーメン
- 製法：油揚げめん
- 調理方法：熱湯3分
- 付属品：なし。粉末スープ、かやく（チャーシュー・卵・ニンニク・ニンニクの芽・人参・レッドベルペパー）は混込済
- 総質量（麺）：76g（60g）

No.450 日清食品 4 902105 002605
チキンラーメン
ふんわりタマゴ 鶏のささみ入り

- ジャンル：ラーメン
- 製法：油揚げめん
- 調理方法：熱湯3分
- 付属品：No Data
- 総質量（麺）：No Data

No.451 日清食品 4 902105 014769
チキンラーメン チキンナゲット

- ジャンル：ラーメン
- 製法：油揚げめん
- 調理方法：熱湯3分
- 付属品：No Data
- 総質量（麺）：No Data

しょうゆ味

No.452 日清食品 　4 902105 013588
日清のラーメン屋さん　とりだし　ちょい辛
本格しょうゆ味ワンタン入り

- ジャンル：ラーメン　製法：油揚げめん
- 調理方法：熱湯3分　付属品：No Data
- 総質量（麺）：No Data

No.455 日清食品 　4 902105 002919
こってりんこ
ブタあげ玉入り　しょうゆ味

- ジャンル：ラーメン　製法：油揚げめん
- 調理方法：熱湯3分　付属品：No Data
- 総質量（麺）：No Data

No.460 日清食品 　4 902105 002520
トキタマラーメン

- ジャンル：ラーメン　製法：油揚げめん
- 調理方法：熱湯3分　付属品：粉末スープ、かやく（卵・ネギ・しいたけ）
- 総質量（麺）：78g（60g）

No.461 日清食品 　4 902105 002407
めんコク わかめラーメン
はらペコに効く、おいしさ大満足。

- ジャンル：ラーメン　製法：油揚げめん
- 調理方法：熱湯3分　付属品：粉末スープ、かやく（わかめ・卵・なると・人参）
- 総質量（麺）：83g（65g）

No.466 日清食品 　4 902105 002445
初恋タッチ　チャーシューメンしょうゆ味 MINAMI & TATSUYA

- ジャンル：ラーメン　製法：油揚げめん
- 調理方法：熱湯4分　付属品：粉末スープ、かやく（焼豚・なると・ねぎ）
- 総質量（麺）：81g（65g）

No.472 明星食品 　4 902881
チャルメラ エビイカわかめ
チキンしょうゆ味

- ジャンル：ラーメン　製法：油揚げめん
- 調理方法：熱湯3分　付属品：なし。粉末スープ、かやくは混込済
- 総質量（麺）：No Data

No.476 明星食品 　4 902881
ラーの道　しょうゆラーメン
麺は細打ち、スープはコクうまのこと。

- ジャンル：ラーメン　製法：ノンフライめん
- 調理方法：熱湯3分　付属品：なし。粉末スープ、かやくは混込済
- 総質量（麺）：No Data

No.477 明星食品 　4 902881
Golden Noodle　ごま香味チキン
香港・黄金の麺

- ジャンル：ラーメン　製法：ノンフライめん
- 調理方法：熱湯3分　付属品：なし。粉末スープ、かやく（鶏肉・卵・ごま・赤ピーマン・ネギ）は混込済
- 総質量（麺）：69g（53g）

No.481 明星食品 　4 902881
China Towa　チャーシュー味ラーメン
中華の香味カプセル入り

- ジャンル：ラーメン　製法：油揚げめん
- 調理方法：熱湯3分　付属品：粉末スープ、かやく（チャーシュー・メンマ・卵焼き・ねぎ）
- 総質量（麺）：77g（60g）

しょうゆ味

No.485 明星食品	4980 6915

青春という名のラーメン 胸さわぎチャーシュー しょうゆ味

- ジャンル：ラーメン
- 製法：油揚げめん
- 調理方法：熱湯3分
- 付属品：なし。粉末スープ、かやく（チャーシュー・メンマ・なると・ネギ）は混込済
- 総質量（麺）：70g(60g)

No.489 明星食品	4 902881 041119

一平ちゃん 炒めブタ脂入 しょうゆ味 超こってりのラーメン屋

- ジャンル：ラーメン
- 製法：油揚げめん
- 調理方法：熱湯3分
- 付属品：No Data
- 総質量（麺）：No Data

No.491 明星食品	4 902881 040716

一平ちゃん コクしょうゆ味 チャーシュー入 市場通りのラーメン屋

- ジャンル：ラーメン
- 製法：油揚げめん
- 調理方法：熱湯3分
- 付属品：No Data
- 総質量（麺）：No Data

No.503 明星食品	4 902881 040402

わかめワンタンめん しょうゆ味 磯のおいしさたっぷり

- ジャンル：ラーメン
- 製法：油揚げめん
- 調理方法：熱湯3分
- 付属品：No Data
- 総質量（麺）：No Data

No.504 明星食品	4980 7158

味の一徹 しょうゆ味 焼きチャーシュー入り・秘伝タレ付

- ジャンル：ラーメン
- 製法：ノンフライめん
- 調理方法：熱湯4分
- 付属品：No Data
- 総質量（麺）：No Data

No.507 明星食品	4 902881 047517

豪華逸品 チャーシューめん

- ジャンル：ラーメン
- 製法：油揚げめん
- 調理方法：熱湯3分
- 付属品：スープ、かやく（チャーシュー・メンマ・卵・ほうれん草・のり）、調味油
- 総質量（麺）：101g(65g)

No.509 明星食品	4 902881 044042

個性派あつめた 麺's 倶楽部 3枚チャーシューめん

- ジャンル：ラーメン
- 製法：油揚げめん
- 調理方法：熱湯4分
- 付属品：スープ、調味油
- 総質量（麺）：No Data

No.510 明星食品	4 902881 045216

夜食亭 しょうゆラーメン ぼりゅーむチャーシュー メンマナルト入り 大盛1.5倍

- ジャンル：ラーメン
- 製法：油揚げめん
- 調理方法：熱湯3分
- 付属品：No Data
- 総質量（麺）：No Data

No.532 東洋水産	4 901990 027694

ビッグ料理長 コチュジャン 醤油

- ジャンル：ラーメン
- 製法：油揚げめん
- 調理方法：熱湯3分
- 付属品：調味液。粉末スープ、かやく（豚肉・卵・人参・ねぎ・わかめ）は混込済
- 総質量（麺）：106g(85g)

しょうゆ味

No.536 東洋水産 4 901990 028653
HOT NOODLE 大盛 にんにく

- ジャンル ラーメン 製法 油揚げめん
- ■調理方法：熱湯3分 ■付属品：香味油。粉末スープ、かやく（豚肉・卵・フライドガーリック・にんにくの芽）は混込済 ■総質量(麺)：102g(85g)

No.539 東洋水産 4 901990 020909
L.L.Noodle しょうゆ

- ジャンル ラーメン 製法 油揚げめん
- ■調理方法：熱湯3分 ■付属品：なし。粉末スープ、かやく（豚肉・えび・卵・植物たんぱく・ネギ）は混込済 ■総質量(麺)：84g(75g)

No.545 東洋水産 4 901990 021913
Avg. NOODLE アベレッジ チキン

- ジャンル ラーメン 製法 油揚げめん
- ■調理方法：熱湯3分 ■付属品：なし。粉末スープ、かやく（鶏肉・えび・卵・ネギ）は混込済 ■総質量(麺)：73g(68g)

No.546 東洋水産 4 901990 021920
Avg. NOODLE アベレッジ ポーク

- ジャンル ラーメン 製法 油揚げめん
- ■調理方法：熱湯3分 ■付属品：なし。粉末スープ、かやく（豚肉・コーン・人参・ネギ）は混込済 ■総質量(麺)：74g(68g)

No.547 東洋水産 4 901990 020169
えびラーメン しょうゆ味

- ジャンル ラーメン 製法 油揚げめん
- ■調理方法：熱湯3分 ■付属品：なし。粉末スープ、かやく（えび・コーン・ネギ）は混込済 ■総質量(麺)：78g(65g)

No.548 東洋水産 4 901990 020152
えびラーメン チリソース味

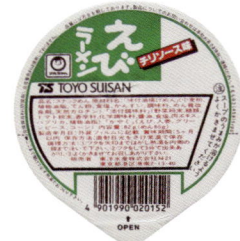

- ジャンル ラーメン 製法 油揚げめん
- ■調理方法：熱湯3分 ■付属品：なし。粉末スープ、かやく（えび・人参・グリーンピース・コーン）は混込済 ■総質量(麺)：82g(65g)

No.549 東洋水産 4 901990 050050
ヌードルワンタン しょうゆ味

- ジャンル ラーメン 製法 油揚げめん
- ■調理方法：No Data ■付属品：No Data ■総質量(麺)：No Data

No.551 東洋水産 4 901990
わかめラーメン BAD BADTZ-MARU

- ジャンル ラーメン 製法 油揚げめん
- ■調理方法：熱湯3分 ■付属品：No Data ■総質量(麺)：No Data

No.556 東洋水産 4 901990
日本全国ラーメンめぐり 東京しょうゆラーメン BAD BADTZ-MARU

- ジャンル ラーメン 製法 油揚げめん
- ■調理方法：熱湯3分 ■付属品：No Data ■総質量(麺)：No Data

しょうゆ味

No.557 東洋水産 　4 901990
日本全国ラーメンめぐり 京風らーめん Hello Kitty

- ジャンル：ラーメン
- 製法：油揚げめん
- 調理方法：熱湯3分
- 付属品：No Data
- 総質量(麺)：No Data

No.560 東洋水産 　4 901990 021951
麺づくり しょうゆラーメン
特製なま味仕立て

- ジャンル：ラーメン
- 製法：ノンフライめん
- 調理方法：熱湯4分
- 付属品：No Data
- 総質量(麺)：No Data

No.565 東洋水産 　4 901990 020121
味の市 ワンタンめん しょうゆ

- ジャンル：ラーメン
- 製法：油揚げめん
- 調理方法：熱湯3分
- 付属品：No Data
- 総質量(麺)：No Data

No.567 東洋水産 　4 901990 29261
肉入り ワンタン麺

- ジャンル：ラーメン
- 製法：油揚げめん
- 調理方法：熱湯3分
- 付属品：No Data
- 総質量(麺)：No Data

No.569 東洋水産 　4 901990 021791
大盛り でかまる 五目しょうゆラーメン

- ジャンル：ラーメン
- 製法：油揚げめん
- 調理方法：熱湯3分
- 付属品：No Data
- 総質量(麺)：No Data

No.570 東洋水産 　4 901990 025881
でかまる 大盛り 角煮ラーメン しょうゆ 本格レトルト具材使用

- ジャンル：ラーメン
- 製法：油揚げめん
- 調理方法：熱湯3分
- 付属品：No Data
- 総質量(麺)：No Data

No.576 東洋水産 　4 901990 020312
猪八戒 チャーシューラーメン
もやし風味

- ジャンル：ラーメン
- 製法：No Data
- 調理方法：熱湯4分
- 付属品：No Data
- 総質量(麺)：No Data

No.579 東洋水産 　4 901990 020077
一杯の幸せ しょうゆラーメン

- ジャンル：ラーメン
- 製法：油揚げめん
- 調理方法：熱湯3分
- 付属品：No Data
- 総質量(麺)：No Data

No.588 エースコック 　4 901071 270018
ヌードル大学 たっぷり ねぎ肉しょうゆ 学生食堂の人気メニュー

- ジャンル：ラーメン
- 製法：油揚げめん
- 調理方法：熱湯3分
- 付属品：なし。粉末スープ、かやく(豚肉・卵・ネギ・人参)は混込済
- 総質量(麺)：73g(62g)

しょうゆ味

No.591 エースコック 4 901071 —
北海道ヌードル 焼きとうもろこしだコーン しょうゆ味
ジャンル：ラーメン　製法：油揚げめん
■調理方法：熱湯3分　■付属品：なし。粉末スープ、かやく（焼きとうもろこし・ベーコン・きぬさや）は混込済　■総質量(麺)：76g(60g)

No.596 エースコック 4 901071 263003
夜鳴き屋 鶏ガラと煮干の すっきり 東京下町しょうゆ こだわりの細麺
ジャンル：ラーメン　製法：油揚げめん
■調理方法：熱湯3分　■付属品：No Data　■総質量(麺)：No Data

No.602 エースコック 4 901071 230012
スーパー1.5倍 チャーシューラーメン 生しょうゆ仕立て
ジャンル：ラーメン　製法：油揚げめん
■調理方法：熱湯3分　■付属品：No Data　■総質量(麺)：No Data

No.604 エースコック 4 901071 230067
スーパーカップ1.5 こく搾りラーメン こくだししょうゆ味
ジャンル：ラーメン　製法：油揚げめん
■調理方法：熱湯3分　■付属品：No Data　■総質量(麺)：No Data

No.609 エースコック 4 901071 244002
ワンタンメン しょうゆ味 ブタ ブタ 子ブタ
ジャンル：ラーメン　製法：油揚げめん
■調理方法：熱湯3分　■付属品：No Data　■総質量(麺)：No Data

No.611 エースコック 4 901071 223014
走れ!! 牛ちゃん 牛肉100% しょうゆ味 肉ラーメン
ジャンル：ラーメン　製法：油揚げめん
■調理方法：No Data　■付属品：No Data　■総質量(麺)：No Data

No.612 エースコック 4 901071 273002
牛ちゃん 牛肉100% 焼肉ラーメン しょうゆ味
ジャンル：ラーメン　製法：油揚げめん
■調理方法：熱湯3分　■付属品：No Data　■総質量(麺)：No Data

No.615 エースコック 4 901071 282004
浪花のラーメン どやっ! まったり しょうゆ仕上げ
ジャンル：ラーメン　製法：油揚げめん
■調理方法：熱湯3分　■付属品：No Data　■総質量(麺)：No Data

No.623 サンヨー食品 4 901734 002017
CupStar お弁当にあう スープヌードル チャーシューしょうゆ味
ジャンル：ラーメン　製法：油揚げめん
■調理方法：熱湯1分　■付属品：No Data　■総質量(麺)：No Data

しょうゆ味

No.628 サンヨー食品　4988 5224
サッポロ一番 ミニカップ ビーフヌードル

- ジャンル：ラーメン　製法：油揚げめん
- 調理方法：熱湯3分
- 付属品：なし。粉末スープ、かやく（豚肉・卵・青梗菜・人参・植物蛋白）は混込済
- 総質量(麺)：36g (30g)

No.629 サンヨー食品　4988 5200
サッポロボーイ 男の子 おもしろカップ　おいしいラーメンとプラスチックモデルいり

- ジャンル：ラーメン　製法：油揚げめん
- 調理方法：熱湯3分
- 付属品：プラスチックモデル
- 総質量(麺)：No Data

No.631 サンヨー食品　4980 3846
サッポロ一番 どんぶり感情 …どーんと！… チャーシュウめん

- ジャンル：ラーメン　製法：油揚げめん
- 調理方法：熱湯3分
- 付属品：粉末スープ、かやく
- 総質量(麺)：No Data

No.634 サンヨー食品　4980 3907
サッポロ一番 どん辛 どんぶり感情 辛口ラーメン　正油味

- ジャンル：ラーメン　製法：油揚げめん
- 調理方法：熱湯3分
- 付属品：No Data
- 総質量(麺)：No Data

No.640 サンヨー食品　4 901734 000846
サッポロ一番 からくちラーメン　しょうゆ味 大盛

- ジャンル：ラーメン　製法：油揚げめん
- 調理方法：熱湯3分
- 付属品：No Data
- 総質量(麺)：No Data

No.648 カネボウフーズ　4 901551
カルビラーメン　牛カルビ入り・しょうゆ味

- ジャンル：ラーメン　製法：油揚げめん
- 調理方法：熱湯3分
- 付属品：No Data
- 総質量(麺)：No Data

No.650 カネボウフーズ　4 901551 112449
食べ頃ヌードル ぶたねぎ　しょうゆ

- ジャンル：ラーメン　製法：油揚げめん
- 調理方法：No Data
- 付属品：No Data
- 総質量(麺)：No Data

No.656 カネボウフーズ　4973 1613
とろみがうまみの！広東拉麺　しょうゆ チャーシュー入り

- ジャンル：ラーメン　製法：ノンフライめん
- 調理方法：熱湯4分
- 付属品：No Data
- 総質量(麺)：No Data

No.657 カネボウフーズ　4 901551 112494
広東麺 焼豚醤油　周富徳スペシャル　とろみがうまみの！もも肉焼豚2枚入り　ノンフライ細打麺

- ジャンル：ラーメン　製法：ノンフライめん
- 調理方法：No Data
- 付属品：No Data
- 総質量(麺)：No Data

しょうゆ味

No.662 カネボウフーズ　4 901551 112654
人気の ピリ辛 ねりごま 担々麺
しょうゆ味 大盛 生味ノンフライ麺

- ジャンル：ラーメン　製法：ノンフライめん
- 調理方法：No Data　付属品：No Data
- 総質量(麺)：No Data

No.666 カネボウフーズ　4 901551 112203
鍋焼き味 しょうゆラーメン 煮込み風味 スープがよくのるふっくら麺

- ジャンル：ラーメン　製法：No Data
- 調理方法：No Data　付属品：No Data
- 総質量(麺)：No Data

No.667 カネボウフーズ　4 901551 112258
スタミナ麺バトル 兄弟対決 兄周富徳 醤油拉麺 キレのあるごまダレ 生味ノンフライ麺

- ジャンル：ラーメン　製法：ノンフライめん
- 調理方法：No Data　付属品：No Data
- 総質量(麺)：No Data

No.669 カネボウフーズ　4 901551 112173
季節素材 鴨ねぎ しょうゆラーメン

- ジャンル：ラーメン　製法：No Data
- 調理方法：No Data　付属品：No Data
- 総質量(麺)：No Data

No.670 カネボウフーズ　4 902552 013506
にんにくラーメン 活 しょうゆ味 大盛

- ジャンル：ラーメン　製法：No Data
- 調理方法：No Data　付属品：No Data
- 総質量(麺)：No Data

No.671 カネボウフーズ　4943 1711
ホームラン軒 しょうゆ味 丸大豆しょうゆ使用 生味ノンフライ麺

- ジャンル：ラーメン　製法：ノンフライめん
- 調理方法：No Data　付属品：No Data
- 総質量(麺)：No Data

No.676 カネボウフーズ　4 902552 017108
麺全席 肉醤麺 ポークしょうゆ味 生タイプ からし高菜入り！

- ジャンル：ラーメン　製法：No Data
- 調理方法：No Data　付属品：No Data
- 総質量(麺)：No Data

No.678 カネボウフーズ　4 902552 017900
とことん亭 つくねねぎ しょうゆラーメン大盛 生味 油で揚げないノンフライの太い麺

- ジャンル：ラーメン　製法：ノンフライめん
- 調理方法：No Data　付属品：No Data
- 総質量(麺)：No Data

No.680 カネボウフーズ　4 901551
なま味とことん亭 ギラギラスープ しょうゆ味 油で揚げていないノンフライの太い麺

- ジャンル：ラーメン　製法：ノンフライめん
- 調理方法：No Data　付属品：No Data
- 総質量(麺)：No Data

しょうゆ味

No.688 カネボウフーズ　4973 1675
ULTRAMAN Kids 小さな ワカメラーメン
ふしぎな変身プレートが入っているかも?!

- ジャンル：ラーメン　製法：ノンフライめん
- 調理方法：熱湯3分　付属品：No Data
- 総質量(麺)：No Data

No.692 カネボウフーズ　4973 1583
カラメンテ スパイシー醤油

- ジャンル：ラーメン　製法：ノンフライめん
- 調理方法：熱湯4分　付属品：スープ、かやく(焼豚・乾燥野菜)
- 総質量(麺)：83g(64g)

No.693 カネボウフーズ　4973 1972
カラメンテ 中辛 マイルド
ピリッとしょうゆ味ラーメン

- ジャンル：ラーメン　製法：ノンフライめん
- 調理方法：熱湯4分　付属品：液体スープ、かやく(卵・ニンニクの芽・ねぎ・赤ピーマン)
- 総質量(麺)：93g(64g)

No.696 カネボウフーズ　4973 1897
ほんつるラーメン チャーシュー入り 塩分ひかえめいい塩ばい

- ジャンル：ラーメン　製法：ノンフライめん
- 調理方法：熱湯4分　付属品：No Data
- 総質量(麺)：No Data

No.704 カネボウフーズ　4 901551 013407
焼豚麺 しょうゆ味 麺は大盛
調理済チャーシューメンマ入り スパイス袋付

- ジャンル：ラーメン　製法：油揚げめん
- 調理方法：熱湯3分　付属品：液体スープ、調理済かやく(豚肉・メンマ)、かやく(ねぎ・なると)
- 総質量(麺)：190g(90g)

No.707 ヤマダイ　4 903088 000053
ニュータッチ キムチらーめん
キムチ野菜

- ジャンル：ラーメン　製法：油揚げめん
- 調理方法：熱湯3分　付属品：液体スープ、かやく(白菜・ピーマン・ねぎ)
- 総質量(麺)：98g(65g)

No.708 ヤマダイ　4 903088 000725
ニュータッチ ラーメン仲間
本格派しょうゆ味 焼豚・焼のり付

- ジャンル：ラーメン　製法：油揚げめん
- 調理方法：熱湯3分　付属品：粉末スープ、かやく(豚肉・なると・ねぎ)、焼のり
- 総質量(麺)：80g(65g)

No.709 ヤマダイ　4 903088 001043
ニュータッチ 中華そば 下町の来々軒 なつかしのラーメン 味自慢しょうゆ味
焼豚、焼のり入

- ジャンル：ラーメン　製法：油揚げめん
- 調理方法：No Data　付属品：No Data
- 総質量(麺)：No Data

No.710 ヤマダイ　4 903088 001241
ニュータッチ 辛さほどほど キムチらーめん

- ジャンル：ラーメン　製法：油揚げめん
- 調理方法：No Data　付属品：No Data
- 総質量(麺)：No Data

しょうゆ味

No.712 ヤマダイ 　4 903088 000619
ニュータッチ ねぎ らーめん
ピリット美味しい ねぎ・やき豚

- ジャンル：ラーメン ■製法：油揚げめん
- 調理方法：熱湯3分 ■付属品：液体スープ、かやく（焼豚・ねぎ・赤ピーマン） ■総質量（麺）：100g(70g)

No.718 ヤマダイ 　4 903088 001050
ニュータッチ 中華楼
チャーシューラーメン 豪華版

- ジャンル：ラーメン ■製法：油揚げめん
- 調理方法：熱湯3分 ■付属品：No Data ■総質量（麺）：No Data

No.720 ヤマダイ 　4 903088 000268
ニュータッチ チャーシューメン
本物焼豚入り

- ジャンル：ラーメン ■製法：油揚げめん
- 調理方法：熱湯3分 ■付属品：液体スープ、かやく（焼豚・なると・卵・ねぎ） ■総質量（麺）：100g(70g)

No.727 加ト吉 　4 901520 465682
喜多方ラーメン
あっさりタイプでコクのあるスープ

- ジャンル：ラーメン ■製法：No Data
- 調理方法：熱湯6分 ■付属品：粉末スープ、かやく（チャーシュー・メンマ・蒲鉾・ねぎ） ■総質量（麺）：79g(60g)

No.729 まるか食品 　4 902885 000181
ペヤング nice1.5（当社比） しょうゆラーメン 新しい麺麺線いろいろミックス
麺が生まれた

- ジャンル：ラーメン ■製法：油揚げめん
- 調理方法：熱湯3分 ■付属品：スープ、かやく（チャーシュー・ねぎ・コーン・なると） ■総質量（麺）：118g(90g)

No.732 まるか食品 　4 902885 000488
ペヤング 中華めん
しょうゆ味 こだわりの本格派

- ジャンル：ラーメン ■製法：No Data
- 調理方法：No Data ■付属品：No Data ■総質量（麺）：No Data

No.734 まるか食品 　4 902885 000280
ペヤング 中華めん
なつかしの味 チャーシューメンマ入り

- ジャンル：ラーメン ■製法：ノンフライめん
- 調理方法：熱湯3分 ■付属品：粉末スープ、かやく（味付けメンマ・豚肉・なると・ねぎ） ■総質量（麺）：105g(70g)

No.736 まるか食品 　4 902885 000563
ペヤング亭 しょうゆラーメン
たまらないおしょうゆ風味 昔ながらの秘伝ラーメン

- ジャンル：ラーメン ■製法：油揚げめん
- 調理方法：No Data ■付属品：No Data ■総質量（麺）：No Data

No.739 まるか食品 　4 902885 000174
ペヤング ワンタンめん 旨味発麺

- ジャンル：ラーメン ■製法：油揚げめん
- 調理方法：熱湯3分 ■付属品：粉末スープ、かやく（ワンタン（豚肉ミンチ・オニオン）・卵・なると・ねぎ） ■総質量（麺）：89g(50g)

しょうゆ味

No.742　まるか食品　4 902885 000150
ペヤング わかめラーメン
海の幸「わかめ」たっぷり 小麦胚芽入り

- ジャンル：ラーメン　製法：油揚げめん
- 調理方法：熱湯3分　付属品：スープ、かやく（メンマ・乾燥わかめ・コーン・レッドピーマン）　総質量（麺）：98g(65g)

No.749　まるか食品　4 902885 000051
ペヤング 海人類
しょうゆ味ラーメン

- ジャンル：ラーメン　製法：油揚げめん
- 調理方法：熱湯3分　付属品：粉末スープ、かやく（カニかま・乾燥わかめ・かまぼこ・玉子）　総質量（麺）：87g(55g)

No.752　大黒食品工業　4 904511 000220
マイフレンド 東京チャーシュー麺
しょうゆ味 大盛1.5倍 さっぱりとしたコク とりだしスープ

- ジャンル：ラーメン　製法：油揚げめん
- 調理方法：No Data　付属品：No Data
- 総質量（麺）：No Data

No.753　大黒食品工業　4 904511 000367
マイフレンド チャーシュー麺
しょうゆ味 味は満点

- ジャンル：ラーメン　製法：油揚げめん
- 調理方法：熱湯3分　付属品：スープ、かやく（焼豚・卵・なると・ねぎ）　総質量（麺）：90g(65g)

No.761　大黒食品工業　4 904511 000244
大黒 大もりらーめん
チャーシュー入り しょうゆ味 ボリュームタップリ！

- ジャンル：ラーメン　製法：油揚げめん
- 調理方法：熱湯3分　付属品：スープ（2点）、かやく（焼豚・小松菜・人参・ねぎ・わかめ・なると）　総質量（麺）：103g(88g)

No.762　アカギ　4 902485 001663
AKAGI 喜多方風 老麺亭
こだわりのこってり しょうゆ味

- ジャンル：ラーメン　製法：油揚げめん
- 調理方法：No Data　付属品：No Data
- 総質量（麺）：No Data

No.763　アカギ　4 902485 001809
AKAGI 大市 江戸っ子らーめん
とりがらスープ、昔なつかしい味

- ジャンル：ラーメン　製法：油揚げめん
- 調理方法：熱湯3分　付属品：No Data
- 総質量（麺）：No Data

No.764　アカギ　4 902485 001366
AKAGI ワンタン麺 エビ風味

- ジャンル：うどん　製法：油揚げめん
- 調理方法：熱湯5分　付属品：No Data
- 総質量（麺）：No Data

No.767　アカギ（本庄食品株式会社）　4 902485 001304
AKAGI キムチラーメン
しょうゆ味

- ジャンル：ラーメン　製法：油揚げめん
- 調理方法：熱湯3分　付属品：液体スープ、かやく（白菜・チンゲン菜・レッドピーマン）　総質量（麺）：107g(72g)

しょうゆ味

No.771 横山製麺工場 4 903077 200709
八ちゃん 瀬戸内ラーメン
瀬戸内の小魚エキス しょうゆ味 
- ジャンル：ラーメン
- 製法：フリーズドライめん
- 調理方法：熱湯4分
- 付属品：No Data
- 総質量(麺)：No Data

No.778 横山製麺工場 4 903077 200266
八ちゃん 特製 焼豚ラーメン 
- ジャンル：ラーメン
- 製法：フリーズドライめん
- 調理方法：熱湯4分
- 付属品：粉末スープ、かやく（焼豚・ねぎ・かまぼこ）
- 総質量(麺)：80g(57g)

No.779 横山製麺工場 4 903077 200259
八ちゃん 本造り 焼豚ラーメン 
- ジャンル：ラーメン
- 製法：フリーズドライめん
- 調理方法：熱湯4分
- 付属品：スープ、かやく（焼豚・野菜）
- 総質量(麺)：75g(55g)

No.780 横山製麺工場 4 903077 200195
八ちゃん キムチラーメン 
- ジャンル：ラーメン
- 製法：フリーズドライめん
- 調理方法：熱湯4分
- 付属品：液体スープ、かやく（白菜・レッドピーマン）
- 総質量(麺)：90g(57g)

No.791 マルタイ(泰明堂株式会社) 4 902702 008321
焼豚ラーメン　焼のりつき 
- ジャンル：ラーメン
- 製法：油揚げめん
- 調理方法：熱湯3分
- 付属品：粉末スープ、焼きのり、調味油
- 総質量(麺)：91g(70g)

No.807 サンポー食品 4 901773
元祖 焼豚ラーメン 四川の味 
- ジャンル：ラーメン
- 製法：油揚げめん
- 調理方法：熱湯3分
- 付属品：粉末スープ、かやく（焼豚・卵・わかめ・ねぎ）、調味油
- 総質量(麺)：92g(70g)

No.829 寿がきや食品 4 901677 001887
味の新店 ねぎワンタンラーメン 
- ジャンル：ラーメン
- 製法：油揚げめん
- 調理方法：熱湯3分
- 付属品：粉末スープ、かやく（ワンタン・なると・ねぎ）
- 総質量(麺)：73g(50g)

No.833 寿がきや食品 4 901677 017703
ご当地 飛騨高山 しょうゆラーメン　決め手はだし！ 
- ジャンル：ラーメン
- 製法：油揚げめん
- 調理方法：熱湯3分
- 付属品：No Data
- 総質量(麺)：No Data

No.837 徳島製粉 4 904760 910031
金ちゃん飯店 広東風焼豚ラーメン FD麺フリーズドライ 
- ジャンル：ラーメン
- 製法：ノンフライめん
- 調理方法：熱湯4分
- 付属品：粉末スープ、レトルトかやく（味付豚肉・メンマ）、かやく（わかめ・いりごま・ねぎ）
- 総質量(麺)：143g(58g)

しょうゆ味

No.840 ボーソー東洋　4 960393 100168
銀座 屋台ラーメン
大盛 しょうゆ味 路地裏のあったかスープ

- ジャンル：ラーメン　製法：No Data
- 調理方法：熱湯4分　付属品：No Data
- 総質量(麺)：No Data

No.842 ボーソー東洋　4 960393 100045
札幌ラーメン バターのかくし味 しょうゆ味 コーン ねぎ もやし なると

- ジャンル：ラーメン　製法：No Data
- 調理方法：熱湯4分　付属品：No Data
- 総質量(麺)：No Data

No.851 三共　4 987081 056286
メルビオ 和風ラーメン
しょうゆ味 本梅ぼし入 カロリーひかえめ

- ジャンル：ラーメン　製法：ノンフライめん
- 調理方法：熱湯4分　付属品：No Data
- 総質量(麺)：No Data

No.860 砂押商店（現:麺のスナオシ）　4 973288 600001
麺のスナオシ 正油らーめん

- ジャンル：ラーメン　製法：油揚げめん
- 調理方法：熱湯3分　付属品：粉末スープ（かやく（ごま・わかめ・たまご・ねぎ・人参）入り）　総質量(麺)：77g(65g)

No.869 江原産業　4 973450 092382
地球はおいしい 食の幸 全粒粉 醤油ラーメン

- ジャンル：ラーメン　製法：ノンフライめん
- 調理方法：熱湯4分　付属品：スープ、かやく（メンマ・ほうれん草・人参・わかめ・ねぎ）　総質量(麺)：91g(65g)

No.870 シジシージャパン　4 901870 148358
大韓 キムチ麺
ピリッと辛いキムチのおいしさ

- ジャンル：ラーメン　製法：油揚げめん
- 調理方法：熱湯3分　付属品：粉末スープ。（かやく（キムチ・ねぎ）入り）　総質量(麺)：87g(74.3g)

No.880 明星食品　4 902881 044363
中華三昧 醤肉麺
肉メンマしょうゆラーメン

- ジャンル：ラーメン　製法：ノンフライめん
- 調理方法：熱湯4分　付属品：粉末スープ、かやく（味付け豚肉・メンマ）、やくみ（ねぎ・フライドオニオン）　総質量(麺)：152g(70g)

No.882 明星食品　4 902881 044387
中華三昧 広東麺
レトルト具 こくと旨みのチャーシューだれ

- ジャンル：ラーメン　製法：ノンフライめん
- 調理方法：熱湯4分　付属品：粉末スープ、レトルトかやく（味付け豚肉・メンマ）、やくみ（ねぎ）　総質量(麺)：152g(70g)

No.886 明星食品　4 902881 042369
街の繁盛店
豚バラメンマ醤油ラーメン

- ジャンル：ラーメン　製法：油揚げめん
- 調理方法：熱湯3分　付属品：粉末スープ、調理済かやく（メンマ・味付け豚肉）、やくみ（ねぎ）　総質量(麺)：154g(75g)

59

しょうゆ味

No.903　まるか食品　　4 902885 000631
ペヤング WANTAN NOODLE

- ジャンル：ラーメン　製法：油揚げめん
- 調理方法：熱湯3分　付属品：No Data
- 総質量(麺)：No Data

No.905　横山製麺工場　　4 903077 200013
八ちゃん 新焼豚ラーメン

- ジャンル：ラーメン　製法：フリーズドライめん
- 調理方法：熱湯4分　付属品：粉末スープ、かやく(焼豚・かまぼこ・ねぎ)、調味油
- 総質量(麺)：80g(67g)

No.911　徳島製粉　　4 904760
金ちゃん コーンヌードル

- ジャンル：ラーメン　製法：油揚げめん
- 調理方法：熱湯3分　付属品：No Data
- 総質量(麺)：No Data

No.912　徳島製粉　　4 904760 011053
金ちゃん 金どん 山菜ラーメン　さっぱり味 和風山菜

- ジャンル：ラーメン　製法：油揚げめん
- 調理方法：熱湯3分　付属品：No Data
- 総質量(麺)：No Data

No.914　徳島製粉　　4 904760 010148
金ちゃん ねぎらーめん　ねぎ・チャーシュー入り ピリッとラー油のうまさ!!

- ジャンル：ラーメン　製法：油揚げめん
- 調理方法：熱湯3分　付属品：No Data
- 総質量(麺)：No Data

No.915　徳島製粉　　4 904760 010254
金ちゃん 焼豚めんま　味に生き真心と贅をつくした本格派らーめんです

- ジャンル：ラーメン　製法：油揚げめん
- 調理方法：熱湯3分　付属品：No Data
- 総質量(麺)：No Data

No.917　徳島製粉　　4 904760 010193
金ちゃん めんまラーメン　しょうゆ味 新しいおいしさ発見

- ジャンル：ラーメン　製法：油揚げめん
- 調理方法：熱湯3分　付属品：No Data
- 総質量(麺)：No Data

No.931　徳島製粉　　4 904760 011060
金ちゃん新スパイシーしょうゆ味 チョーぶたうまラーメン

- ジャンル：ラーメン　製法：油揚げめん
- 調理方法：熱湯3分　付属品：粉末スープ、かやく(焼豚一枚・ネギ・コーン)
- 総質量(麺)：No Data

No.970　明星食品　　4 902881 043014
中華街　叉焼とかき卵の熟成しょうゆ味

- ジャンル：ラーメン　製法：油揚げめん
- 調理方法：熱湯3分　付属品：粉末スープ、特製調味油、かやく(叉焼・しいたけ・ほうれん草・かき卵・かまぼこ)
- 総質量(麺)：106g(72g)

第二章 しお味

SOKUSEKIMENCYCLOPEDIA

フックラー

ニュータッチ 生粋麺 かにラーメン
殻付き紅ずわいがに入り 本格派シーフードスープ

No.721	ヤマダイ	4 903088 001463

- ジャンル：ラーメン
- 製法：ノンフライめん
- 調理方法：熱湯5分

■総質量（麺）：No Data
■カロリー：No Data

[解説]現在のヤマダイ「凄麺」の前身にあたるノンフライの「生粋麺」シリーズ。レトルトで小さいながらも殻の付いたカニが付いていた。見た目のインパクトは強かったけれどもカニの身自体はダシがみんな抜けてしまった出がらしのようで、あまり味には寄与していなかった記憶がある。

ペヤング かにラーメン
かに風味

No.737	まるか食品	4 902885 000365

- ジャンル：ラーメン
- 製法：油揚げめん
- 調理方法：熱湯3分

■総質量（麺）：81g(65g)
■カロリー：No Data

[付属品]かやく（卵・カニカマ・チンゲン菜）

[解説]上の製品とほぼ同じ時期に販売されていた。カップも径が大きくて見栄えが良いため一見競合する製品のように思えるが、こちらは油揚げめんで粉末スープ、具は乾燥カニ風味のかまぼこで、中身に関してはだいぶ格が違う。

マイフレンド 海鮮 磯ラーメン
サッパリ味！アサリ・クキワカメ入

No.754	大黒食品工業　4 904511 000572
ジャンル	ラーメン
製法	油揚げめん
調理方法	熱湯3分

■総質量(麺)：No Data
■カロリー：No Data

[解説]アサリ入りラーメン。アサリ以外の要素はごく普通の製品。同社はつい最近まで「磯らーめん」という名の製品を存続させていたが、いつのまにか具がアサリではなくタコに替わっていた。2008年終売。

ペヤング あさりラーメン
本物"あさり"が生きてます 小麦胚芽入り

No.743	まるか食品　4 902885 000990
ジャンル	ラーメン
製法	油揚げめん
調理方法	熱湯3分

■総質量(麺)：78g(65g)
■カロリー：No Data

[付属品]スープ、かやく（白菜・人参）、あさり（加圧加熱殺菌済）

[解説]1984年発売。このころのペヤングは今以上に面白い製品の開発に意欲的だったと思う。上の製品同様、レトルトの殻付きあさりが2～3個入っていたと記憶するが、殻ばかりが重たくて身は殆ど無かった。

しお味

しお味

No.850　三共　　4 987081 057412

メルビオ かき玉ラーメン
あっさりしお味 指導 辻クッキング

ジャンル	ラーメン
製法	ノンフライめん
調理方法	熱湯4分

■総質量(麺)：No Data
■カロリー：240kcal

[解説]メーカー名から来る先入観のため、薬臭い気がしてしまうので損をしているが、実際は意外に普通の出来だった。

No.1226　明星食品　　4 902881 047913

Burgers タルチキ
タルタル風チキンバーガー味

ジャンル	ラーメン
製法	油揚げめん
調理方法	熱湯3分

■総質量(麺)：73g(55g)
■カロリー：358kcal

[付属品]なし。かやく(じゃがいも・コーン・鶏唐揚げ・キャベツ)は混込済

[麺]油揚げめんとしては存在感があり比較的しっかりしている
[つゆ]塩味。じゃがいもの匂い？が結構強く違和感がある
[その他]タルタル？バーガー？全然連想出来ないぞ。狙いが不鮮明、唐揚げは小さく食べ応えなし

[試食日]1999.2.12　[賞味期限]1999.6.18　[入手方法]ミニストップ ¥143

No.1084　日清食品

カップヌードル 五目おこげ
とろ〜り塩味

ジャンル	ラーメン
製法	油揚げめん
調理方法	熱湯3分

■総質量(麺)：81g(60g)
■カロリー：387kcal

[付属品]なし。スープ・かやく(おこげ・ちんげん菜・人参・卵)は混込済

[麺]いつものカップヌードルめん、少し弾性が強いか？　[つゆ]ごまの香りが中華している、だし(化学調味料)強し　[その他]おこげは珍しい食感、歯にくっつく

[試食日]1998.8.24　[賞味期限]1998.12.10　[入手方法]No Data

No.606　エースコック　　4 901071 230210

スーパーカップ 増刊号 地中海シーフードラーメン オリーブオイル&バジル

ジャンル	ラーメン
製法	油揚げめん
調理方法	熱湯3分

■総質量(麺)：No Data
■カロリー：No Data

[解説]オリーブオイルを即席ラーメンの世界に持ち込んだところが斬新。

| No.1644 サンヨー食品 | 4 901734 003502 |

サッポロ一番 港町 函館
塩

- ジャンル：ラーメン
- 製法：油揚げめん
- 調理方法：熱湯3分

■総質量(麺)：76g(55g)
■カロリー：336kcal

[付属品] なし。粉末スープ、かやく（キャベツ・コーン・ごま・えび・葱・人参）は混込済

[麺] ハード気味で歯ごたえ・存在感がある、麺はうまくまとめてあると思う　[つゆ] 舌の裏にまとわりつくようなわざとらしい人工的な旨み成分、癖の強い塩味、後味悪し　[その他] 一口食べた瞬間に評価が決まった、これを拒絶する人は多いと思う、自然な風味を望む！

[試食日] 2000.6.27　[賞味期限] 2000.9.23　[入手方法] サンクス ¥143

| No.1650 十勝新津製麺 | 4 904856 002712 |

港町 函館のしお

- ジャンル：ラーメン
- 製法：ノンフライ麺
- 調理方法：熱湯4分

■総質量(麺)：163g(60g)
■カロリー：468kcal

[付属品] 液体スープ、レトルト具（豚肉・メンマ・玉ねぎ・キクラゲ）、ねぎ

[麺] 細い、しっかりしているが潤いにちょっと欠ける、ややゴム質でせん断強度高し　[つゆ] 深いけれど癖のない都会派豚骨、具の脂身が強力なので口の中に油の膜ができるようだ　[その他] ナトリウムのたし算が間違っている（460+2500=2594mg）のが微笑ましい、もっと不良になれ

[試食日] 2000.07.04　[賞味期限] 2000.11.13　[入手方法] サンクス ¥248

| No.580 東洋水産 | 4 901990 020060 |

一杯の幸せ シーフードタンメン

- ジャンル：ラーメン
- 製法：油揚げめん
- 調理方法：熱湯3分

■総質量(麺)：No Data
■カロリー：No Data

[解説] パッケージはほのぼの路線。このシリーズはふくろ麺との同時展開。

| No.437 日清食品 |

CUP NOODLE RACING SPIRIT
RED ZONE 赤いシーフード

- ジャンル：ラーメン
- 製法：油揚げめん
- 調理方法：No Data

■総質量(麺)：No Data
■カロリー：No Data

[解説] 1990年発売。ピリ辛シーフード味。フタに仕掛けがある（P81 参照）。

しお味

No.1001 東洋水産 4 901990 024204
塩あじえび入りワンタン麺
ホタテ風味のすっきり塩味スープ

2.5

- ジャンル：ラーメン　製法：油揚げめん
- ■調理方法：熱湯3分　■付属品：粉末スープ、調味油、かやく（ねぎ・えびわんたん・めんま・卵）　■総質量（麺）：88g（65g）　■カロリー：427kcal
- ■麺：油揚げめん、あまり特徴がない　■つゆ：確かにあっさり。調味油は香ばしい、塩分は強めに感じた　■その他：ワンタンはプリプリプリティ
- ■試食日：1998.3.20　■賞味期限：1998.6.24
- ■入手方法：No Data

No.1014 カネボウフーズ 4 901551 113149
めん100g 超盛 とり五目
しおラーメン

4

- ジャンル：ラーメン　製法：ノンフライめん
- ■調理方法：熱湯5分　■付属品：液体スープ、レトルト具（鶏肉・キクラゲ）、かやく（コーン・人参・ちんげん菜）　■総質量（麺）：185g（100g）　■カロリー：474kcal
- ■麺：ノンフライ5分戻しの麺は存在感抜群、重量級　■つゆ：角のまるめられたマイルドな味　■その他：とにかく具の量が多い印象、価格相応の満足感はある
- ■試食日：1998.4.7　■賞味期限：1998.8.16
- ■入手方法：ローソン ¥295

No.1019 日清食品 4 902105 025611
出前一丁 ワンタンめん
しお ごまラー油つき

3

- ジャンル：ラーメン　製法：油揚げめん
- ■調理方法：熱湯3分　■付属品：粉末スープ（かやく（卵・なると・ねぎ）入、わんたん混込済　■総質量（麺）：90g（70g）　■カロリー：412kcal
- ■麺：手堅い麺、無個性ともいう　■つゆ：無難な味、ごまラー油が唯一の個性か　■その他：安心商品、なるとに出前坊やの絵つき
- ■試食日：1998.4.15　■賞味期限：1998.8.26
- ■入手方法：ファミリーマート ¥143

No.1025 カネボウフーズ 4 901551 113156
とろみがうまみの! 広東海鮮麺
シーフード味

3

- ジャンル：ラーメン　製法：ノンフライめん
- ■調理方法：熱湯4分　■付属品：粉末スープ、調味油、かやく（えび・いか・卵・ちんげん菜・蒲鉾）　■総質量（麺）：92g（70g）　■カロリー：313kcal
- ■麺：お得意ノンフライ麺はそれほどノンフライ臭くない、柔らか　■つゆ：無難にまとめたシーフード、あまり とろみがないぞ　■その他：かき卵や千切り蒲鉾等ごもごもした具が多い。もっとパンチの効いた具を！
- ■試食日：1998.4.26　■賞味期限：1998.8.22
- ■入手方法：No Data

No.1053 明星食品 4 902881
チャイナタウン 中華ミニ春巻麺
白湯しお仕立て

2.5

- ジャンル：ラーメン　製法：No Data
- ■調理方法：熱湯3分　■付属品：なし。スープ・かやく（春巻・卵・椎茸・山菜）は混込済　■総質量（麺）：68g（50g）　■カロリー：256kcal
- ■麺：特に明記されてないが油揚げめんでない、細め、ぱさぱさ　■つゆ：あっさり系、パワー感弱い　■その他：春巻きというよりもワンタン、健康ダイエット食品みたい
- ■試食日：1998.6.22　■賞味期限：1998.10.10
- ■入手方法：No Data

No.1060 サンヨー食品 4 901734 002406
ランチタイムのミニヌードル
タンメン味

2.5

- ジャンル：ラーメン　製法：油揚げめん
- ■調理方法：熱湯3分　■付属品：なし。スープ、かやく（コーン・ごま・わかめ・人参・ネギ）は混込済　■総質量（麺）：41g（60g）　■カロリー：178kcal
- ■麺：気泡が多め　■つゆ：あっさりすぎて物足りない感じ　■その他：ネギ多し、パワー感少ない
- ■試食日：1998.7.6　■賞味期限：1998.9.4
- ■入手方法：サンエブリー ¥98

しお味

No.1080 東洋水産　4 901990 028349
ホットヌードル はましお

■ジャンル：ラーメン　■製法：油揚げめん

- ■調理方法：熱湯3分　■付属品：なし。スープ、かやく（貝柱風かまぼこ・いか・エビ練り製品・コーン・山菜）は混入済　■総質量(麺)：68g(60g)　■カロリー：304kcal
- ■麺：弾力（伸び）が強い　■つゆ：塩（または潮）を強調している味　■その他：結構具が多い、紙製カップだな
- ■試食日：1998.8.9　■賞味期限：1998.12.15
- ■入手方法：No Data

No.1104 エースコック　4 901071 225001
ごましおラーメン
厳選「煎りごま」使用

■ジャンル：ラーメン　■製法：油揚げめん

- ■調理方法：熱湯3分　■付属品：粉末スープ、かやく（ベーコン・人参・ねぎ・ほうれん草・コーン）、煎りごま　■総質量(麺)：81g(65g)　■カロリー：356kcal
- ■麺：少し細めで気泡が多め　■つゆ：塩気が強いな　■その他：具は多いが、豊かな気分になるよりも煩雑な印象を持った
- ■試食日：1998.9.17　■賞味期限：1999.2.3
- ■入手方法：No Data

No.1112 東洋水産　4 901990 029667
塩ラーメン 北の味くらべ
北海風だし 帆立風味

■ジャンル：ラーメン　■製法：油揚げめん

- ■調理方法：熱湯3分　■付属品：粉末スープ　かやく（帆立風及びカニ風かまぼこ・卵・わかめ）は混込済　■総質量(麺)：79g(65g)　■カロリー：365kcal
- ■麺：気泡が多い感じ、根性の無いめん　■つゆ：シンプルというか上品、あまりあとに残らない味　■その他：帆立風かまぼこは数が多いが、もっとでかい方がいいな
- ■試食日：1998.9.25　■賞味期限：1998.12.27
- ■入手方法：No Data

No.1196 カネボウフーズ　4 901551 113255
じっくり炊いた鶏ガラスープ 天日塩仕上げ ホームラン軒 しおラーメン

■ジャンル：ラーメン　■製法：ノンフライめん

- ■調理方法：熱湯4分　■付属品：液体スープ、かやく（メンマ・ねぎ・卵・ごま）　■総質量(麺)：102g(70g)　■カロリー：344kcal
- ■麺：いつものカネボウンヌードルめんは程良くエッジが立っている　■つゆ：良い意味で生臭さが抑えられ、あっさりだが実は深い　■その他：バランスの良い佳作、このシリーズもたくさん種類がありすぎて何だか判らんが
- ■試食日：1999.1.7　■賞味期限：1999.4.8
- ■入手方法：シズオカヤ梶原店

No.1201 明星食品　4 902881 041942
京風らあめん めん囃子
しそ風味 しお仕立て

■ジャンル：ラーメン　■製法：ノンフライめん

- ■調理方法：熱湯3分　■付属品：なし。スープ、かやく（茎わかめ・しいたけ・卵・白菜・魚肉練り製品）は混込済　■総質量(麺)：63g(50g)　■カロリー：222kcal
- ■麺：ノンフライで細い麺はしなやかさに欠け、ごわごわする。血や肉にはならんな　■つゆ：あっさりしその香りが上品、相対的に塩気が強く感じる　■その他：主食にはなり得ず、おつゆ的な位置付け
- ■試食日：1999.1.12　■賞味期限：1999.3.13
- ■入手方法：No Data

No.1235 カネボウフーズ　4 901551 113378
新中華そば 光麺 コクしお味

■ジャンル：ラーメン　■製法：ノンフライめん

- ■調理方法：熱湯4分　■付属品：液体スープ、かやく（豚肉・卵・ごま・ねぎ・なると）　■総質量(麺)：102g(70g)　■カロリー：308kcal
- ■麺：細め、ノンフライにしては柔らかくコシが少ない、油っぽくない以外は普通の麺　■つゆ：これまたあっさり。どことなく日本離れした匂いがする、台湾系かな？　■その他：肉は薄いがリアル、胡麻多し、全体の存在感が軽い
- ■試食日：1999.2.25　■賞味期限：1999.7.5
- ■入手方法：No Data

しお味

No.1245 明星食品　4 902881 043298
うまつゆラーメン 天然塩しお味
ほうれん草とマッシュルーム入

- ジャンル：ラーメン　■製法：油揚げめん
- ■調理方法：熱湯3分　■付属品：粉末スープ、うまみオイル、かやく（ほうれん草・マッシュルーム・卵・ねぎ・ごま・唐辛子）　■総質量（麺）：76g（60g）　■カロリー：279kcal
- ■麺：細くしなやかさに欠ける。発泡に失敗したみたいでもある　■つゆ：洋風スープ系だが胡麻の香りで無理矢理中華風にしている。唐辛子が辛い　■その他：基本はおとなしい感じだがところどころに角がある
- ■試食日：1999.3.10　■賞味期限：1999.6.19
- ■入手方法：No Data

No.1261 エースコック　4 901071 213145
わかめラーメン しお味 焼き肉屋のコムタンスープ仕立て じっくり煮込んだビーフ白湯

- ジャンル：ラーメン　■製法：油揚げめん
- ■調理方法：熱湯3分　■付属品：粉末スープ、調味油、かやく（わかめ・コーン・かにかま・ごま・ねぎ）　■総質量（麺）：82g（64g）　■カロリー：378kcal
- ■麺：太めで存在感はあるが、重い感じも伴う　■つゆ：確かに焼き肉屋のスープを連想させる。ごまと胡椒が雰囲気を出す　■その他：焼肉屋のスープ仕立てだから肉無しで、ちょっと寂しい
- ■試食日：1999.3.29　■賞味期限：1999.8.11
- ■入手方法：ファミリーマート ¥143

No.1267 サンヨー食品　4 901734 002598
サッポロ一番 塩ラーメン
はくさいしいたけにんじん 切りごま入り

- ジャンル：ラーメン　■製法：油揚げめん
- ■調理方法：熱湯3分　■付属品：粉末スープ、かやく（白菜・椎茸・人参・ねぎ）、切りごま　■総質量（麺）：80g（65g）　■カロリー：383kcal
- ■麺：シリーズ共通の軽く頼りない麺、ぱさぱさしている　■つゆ：シリーズ中唯一袋シリーズとの関連性も感じる　■その他：具は効果的。サッポロ一番カップ三兄弟の中では一番まとまっている
- ■試食日：1999.4.8　■賞味期限：1999.6.25
- ■入手方法：サンエブリー ¥143

No.1268 ヤマダイ　4 903088 002088
ニュータッチ 生粋麺 函館しおラーメン

- ジャンル：ラーメン　■製法：ノンフライめん
- ■調理方法：熱湯5分　■付属品：液体スープ、かやく（チャーシュー一枚・コーン・わかめ・かに風かまぼこ・ごま）　■総質量（麺）：120g（60g）　■カロリー：340kcal
- ■麺：ノンフライ5分戻しなのでしっかり密度高し。でもゴムみたいでもある　■つゆ：透明度が高く、ダシもまあまあ効いているが如何せん塩分が多そう　■その他：意外に血や肉にならない。もっと不純物があった方がいいのかな？
- ■試食日：1999.4.9　■賞味期限：1999.7.10
- ■入手方法：サンエブリー ¥238

No.1277 エースコック　4 901071 230364
スーパーカップ 地鶏だし
塩ラーメン 鶏肉とねぎがたっぷり

- ジャンル：ラーメン　■製法：油揚げめん
- ■調理方法：熱湯3分　■付属品：粉末スープ、調味油、かやく（鶏肉・ごま・ねぎ・卵・人参）　■総質量（麺）：110g（90g）　■カロリー：540kcal
- ■麺：気のせいか？いつものスーパーカップよりしっかりしている？　■つゆ：上品で、そこそこのダシは出ている　■その他：良くも悪くも際だった特徴が無く、印象に残りにくい。
- ■試食日：1999.4.19　■賞味期限：1999.8.31
- ■入手方法：am-pm ¥168

No.1307 カネボウフーズ　4 901551 113576
全国ラーメン食べある紀 みちのく 米沢そんぴんラーメン しお味

- ジャンル：ラーメン　■製法：ノンフライめん
- ■調理方法：熱湯4分　■付属品：粉末スープ、特製仕上げ醤（液体）、かやく（エビ・イカ・玉ねぎ・ごま）　■総質量（麺）：92g（70g）　■カロリー：327kcal
- ■麺：ノンフライ麺は柔らかめだがキメが細かい　■つゆ：透明度の低い塩体はいろいろな味が混ざっている、干しエビと玉ねぎの香りが印象的　■その他：過去に経験の無い味だが、いい線突いてると思う
- ■試食日：1999.5.24　■賞味期限：1999.10.1
- ■入手方法：ファミリーマート ¥143

No.1320 エースコック　4 901071 226053
ワンタンメン 夏のシーフード

- **ジャンル**：ラーメン　**製法**：油揚げめん
- **調理方法**：熱湯3分　**付属品**：なし。粉末スープ、かやく（ワンタン・キャベツ・卵・カニ風かまぼこ・わかめ）は混込済　**総質量（麺）**：76g(60g)　**カロリー**：346kcal
- **麺**：3分ではまだ少し固かったかな、可もなく不可もなし、黒子に徹している　**つゆ**：かすかに磯の香り、上品。「夏」という感じは受けなかった　**その他**：ワンタンは完全崩壊していた、キャベツの食感は良い
- **試食日**：1999.6.10　**賞味期限**：1999.10.8
- **入手方法**：No Data

No.1334 明星食品　4 902881 043304
うまつゆラーメン 磯のり
すっきりしお味 風味豊かな生のり入り

- **ジャンル**：ラーメン　**製法**：油揚げめん
- **調理方法**：熱湯3分　**付属品**：スープ、調味油、かやく（あられ・茎わかめ・凍結乾燥生のり・青のり・きざみのり・梅肉・ねぎ）　**総質量（麺）**：74g(60g)　**カロリー**：270kcal
- **麺**：細くてごわごわしている、生麺に近付くことを目指してはいないな　**つゆ**：確かにあっさりすっきり、軽くヘルシー　**その他**：あられのせいかお茶付け感覚、のりはもっと沢山でもいいな、満腹感は得られにくい
- **試食日**：1999.6.29　**賞味期限**：1999.10.27
- **入手方法**：am-pm ¥143

No.1335 日清食品　4 902105 021620
日清のラーメン屋さん 函館しお風味ラーメン すっきりしお味 風味豊かな生のり入り

- **ジャンル**：ラーメン　**製法**：ノンフライめん
- **調理方法**：熱湯4分　**付属品**：なし。粉末スープ、かやく（魚肉練り製品・コーン・いか・人参・ねぎ・青のり）は混込済　**総質量（麺）**：67g(50g)　**カロリー**：264kcal
- **麺**：細めで戻り切らない部分もあったがやっとノンフライ、志は高い　**つゆ**：磯の香り漂い、塩味だけどコクは深い方　**その他**：ヌードルではなくラーメン。でかくてリアルなねぎが一つ
- **試食日**：1999.7.1　**賞味期限**：1999.11.3
- **入手方法**：セブンイレブン ¥143

No.1358 東洋水産　4 901990 520409
海づくし しおラーメン 海の具たっぷり

- **ジャンル**：ラーメン　**製法**：油揚げめん
- **調理方法**：熱湯3分　**付属品**：粉末スープ、香味油、かやく（いか・えび・ほたて風蒲鉾・わかめ・卵・ねぎ）　**総質量（麺）**：78g(65g)　**カロリー**：366kcal
- **麺**：柔らか過ぎる訳ではないが、気泡感が多いので軽い、弱い　**つゆ**：潮の香りの雰囲気がちょっとは出ている、が少し単調かも　**その他**：えびやイカは香りが少ない、帆立風蒲鉾が一番食欲増進に寄与して、わかめ多し
- **試食日**：1999.7.22　**賞味期限**：1999.11.28
- **入手方法**：am-pm ¥143

No.1362 サンヨー食品　4 901734 230395
スーパーカップ 海鮮
シーフードラーメン

- **ジャンル**：ラーメン　**製法**：油揚げめん
- **調理方法**：熱湯3分　**付属品**：粉末スープ、調味油、かやく（いか・キャベツ・かに風蒲鉾・ねぎ）　**総質量（麺）**：113g(90g)　**カロリー**：512kcal
- **麺**：細くて気泡感が強いので、存在が軽い　**つゆ**：類型的な海鮮スープ、クセはない、粉末っぽい　**その他**：海鮮というならエビが欲しいところ、量が多いので最後の方は飽きる
- **試食日**：1999.7.26　**賞味期限**：1999.11.22
- **入手方法**：No Data

No.1378 東洋水産　4 901990 520461
塩ラーメン
（「試される大地 北海道」バージョン）

- **ジャンル**：ラーメン　**製法**：油揚げめん
- **調理方法**：熱湯3分　**付属品**：粉末スープ。かやく（ポテト・キャベツ・すりごま・コーン・アスパラガス・人参）は混込済、おまけ（キャッシュスクラッチ）　**総質量（麺）**：94g(65g)　**カロリー**：409kcal
- **麺**：もう一歩で日本と言うより東南アジア的と言いたくなるような安っぽく軽い麺　**つゆ**：塩味としては比較的クセが強い、主張する　**その他**：野菜類は豊か。大きなじゃがいもは嬉しい、終盤は崩れてしまうが
- **試食日**：1999.8.24　**賞味期限**：1999.12.13
- **入手方法**：No Data

しお味

しお味

No.1390 東洋水産 　4 901990 520331
塩ラーメン (たて形カップバージョン)

- **ジャンル**：ラーメン　**製法**：油揚げめん
- **調理方法**：熱湯3分　**付属品**：なし。粉末スープ、かやく（ポテト・コーン・ごま・人参・ねぎ）は混込済　**総質量(麺)**：70g(60g)　**カロリー**：320kcal
- **麺**：細めで気泡感多し、安っぽい　**つゆ**：クセを押さえた塩味、バター風味を効かせると馬鈴薯が一層引き立つのに　**その他**：カップ形状は違えど緑色の塩ラーメンと同傾向、馬鈴薯はほくほくした食感でリアル
- **試食日**：1999.9.9　**賞味期限**：1999.11.24
- **入手方法**：No Data

No.1394 日清食品 　4 902105 020197
カップヌードル とろみ中華 上海蟹玉 しお

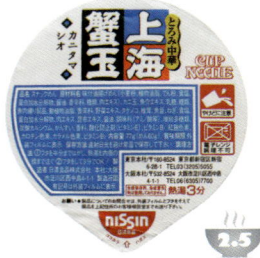

- **ジャンル**：ラーメン　**製法**：油揚げめん
- **調理方法**：熱湯3分　**付属品**：なし。粉末スープ、かやく（蟹玉・蟹風かまぼこ・タケノコ・椎茸・ねぎ）は混込済　**総質量(麺)**：77g(60g)　**カロリー**：364kcal
- **麺**：柔らくぐらっとして歯ごたえなし、良くも悪くも自己主張しない　**つゆ**：中華を前面に出した製品に良くある薬臭さは少ない、とろみ度は軽め　**その他**：蟹玉はスポンジのようだ、蟹風かまぼこの方が存在感強し
- **試食日**：1999.9.13　**賞味期限**：2000.1.17
- **入手方法**：No Data

No.1401 カネボウフーズ 　4 901551 113835
本格中華拉麺 鶏絲葱拉麺 塩味

- **ジャンル**：ラーメン　**製法**：ノンフライめん
- **調理方法**：熱湯5分　**付属品**：液体スープ、FDネギ、かやく（普通のネギ・鶏肉・キクラゲ・赤唐辛子）　**総質量(麺)**：124g(85g)　**カロリー**：410kcal
- **麺**：いつものカネボウめんはしっかりしている、ゴムっぽさをやや感じるが　**つゆ**：液体スープらしく自然で嫌味がない　**その他**：辛さをうんっと強調したネギが刺激的・個性的で大変良い、他の具がかすむ程
- **試食日**：1999.09.20　**賞味期限**：2000.1.17
- **入手方法**：ローソン ¥248

No.1409 東洋水産 　4 901990 520539
HOT NOODLE はま塩 塩味

- **ジャンル**：ラーメン　**製法**：油揚げめん
- **調理方法**：熱湯3分　**付属品**：なし。粉末スープ、かやく（コーン・貝柱様かまぼこ・えび・えび入り練り製品・ねぎ）は混込済　**総質量(麺)**：70g(60g)　**カロリー**：311kcal
- **麺**：ソフトと言うか、軟弱というか、抑制が効き切れていない感じ　**つゆ**：やや人工的ながら嫌味の無い塩味　**その他**：この味はいつか食べた味、北海道で購入したマルちゃん「塩ラーメン」に極めて近い
- **試食日**：1999.9.30　**賞味期限**：2000.1.10
- **入手方法**：サンエブリー ¥143

No.1415 明星食品 　4 902881 049177
入魂中華 麺力 鶏ガラ炒りゴマ しお味

- **ジャンル**：ラーメン　**製法**：ノンフライめん
- **調理方法**：熱湯4分　**付属品**：液体．スープ、かやく（味付け鶏肉・ゴマ・キクラゲ・揚げねぎ・ねぎ）　**総質量(麺)**：89g(60g)　**カロリー**：305kcal
- **麺**：明星カップでは珍しいノンフライ麺は豪快さがあるが、ごわごわ感も残る　**つゆ**：細かな技が多くて複雑な味だが、全体としての方向性が不明瞭　**その他**：キクラゲの歯ごたえは良い、不器用だけど良い人という感じ、製品タイトルは妙に納得できる
- **試食日**：1999.10.7　**賞味期限**：2000.1.25
- **入手方法**：am-pm ¥143

No.1416 カネボウフーズ 　4 901551 113712
とろみが旨さをひきたてる 広東白湯麺 しお味 ホタテだし仕上げ

- **ジャンル**：ラーメン　**製法**：ノンフライめん
- **調理方法**：熱湯4分　**付属品**：粉末スープ、調味油、かやく（コーン・鶏肉・いりごま・ちんげん菜・赤ピーマン）　**総質量(麺)**：97g(70g)　**カロリー**：377kcal
- **麺**：いつもの143円カネボウノンフライ麺　**つゆ**：素朴な塩味ではなく、ひとひねりある香り、自慢のとろみは殆ど無いぞ　**その他**：鶏肉は繊維のよう、コーンは豊富
- **試食日**：1999.10.8　**賞味期限**：2000.1.8
- **入手方法**：am-pm ¥143

しお味

No.1424 カネボウフーズ　4 901551 113675
ラーメン処 中華八十八番 昔の値段でやって□ しお味

- ジャンル：ラーメン　製法：ノンフライめん
- ■調理方法：熱湯4分　■付属品：粉末スープ。かやく（コーン・ねぎ・煎りごま・わかめ）はスープに混入済　■総質量（麺）：75g(35g)　■カロリー：237kcal
- ■麺：相変わらず輪郭ハッキリノンフライ麺は引っ張り強さが高そう　■つゆ：粉末臭さが残る塩味　■その他：具は貧弱、でもこれが¥143だと不満だが¥88なら良くやったと誉めたい
- ■試食日：1999.10.19　■賞味期限：1999.12.15
- ■入手方法：ファミリーマート　¥88

No.1432 エースコック　4 901071 208097
収穫の里 じゃがいも 塩ラーメン

- ジャンル：ラーメン　製法：油揚げめん
- ■調理方法：熱湯3分　■付属品：粉末スープ、風味オイル、かやく（ポテト・コーン・ねぎ）　■総質量（麺）：83g(65g)　■カロリー：377kcal
- ■麺：同紙「さつまいも」味噌ラーメンと同傾向、太いが軽い　■つゆ：割と平板な塩味だが、調味油の寄与が大きい　■その他：馬鈴薯は親指の先くらいのがごろごろ、これで結構喰った気になる
- ■試食日：1999.10.26　■賞味期限：2000.2.16
- ■入手方法：ローソン　¥168

No.1434 カネボウフーズ　4 901551 113866
丸鶏白スープ しおラーメン

- ジャンル：ラーメン　製法：ノンフライめん
- ■調理方法：熱湯4分　■付属品：液体スープ、粉末スープ、かやく（豚肉・卵・ねりごま・ねぎ・きくらげ）　■総質量（麺）：99g(70g)　■カロリー：332kcal
- ■麺：説明不要？いつものカネボウ143ノンフライめん　■つゆ：食べる前から期待させる、他と違う香辛料（または野菜）の香り、複雑で濃い　■その他：具には力が入っていないが、製品として光るものを持っている
- ■試食日：1999.10.29　■賞味期限：2000.3.13
- ■入手方法：ファミリーマート　¥143

No.1502 明星食品　4 902881 405027
新しい塩ラーメンできました。
コリコリ旨いキクラゲ入り まろやかコクをじっくり味わう 豚骨だしの旨み塩味

- ジャンル：ラーメン　製法：ノンフライめん
- ■調理方法：熱湯4分　■付属品：スープ、かやく（チャーシュー・ごま・キクラゲ・ねぎ・赤唐辛子・昆布）、うまみオイル　■総質量（麺）：83g(60g)　■カロリー：318kcal
- ■麺：ノンフライ麺は細くややゴワゴワする、わざと不純物？を入れて食感を上げている感じ　■つゆ：塩というよりライト豚骨、コクが出ている、昆布のうま味が判る　■その他：パッケージがもろカネボウコクしょうゆラーメンに酷似！具は水準に達している
- ■試食日：2000.1.17　■賞味期限：2000.5.12
- ■入手方法：ファミリーマート　¥143

No.1515 エースコック　4 901071 230517
スーパーカップ1.5 豚しおラーメン 豚エキスタップリの塩味

- ジャンル：ラーメン　製法：油揚げめん
- ■調理方法：熱湯3分　■付属品：粉末スープ、かやく（焼豚・ねぎ・ごま）、調味油　■総質量（麺）：117g(90g)　■カロリー：546kcal
- ■麺：細麺は質感軽くインパクトに欠ける、でも量は多い　■つゆ：塩味を強調する反面、通常の豚骨味より深さやまろやかさが足りないように感じる　■その他：豚と豚骨は違うことを再確認した
- ■試食日：2000.1.30　■賞味期限：2000.6.14
- ■入手方法：デイリーストア　¥168

No.1516 日清食品　4 902105 025680
出前一丁 海鮮あんかけ しお味 ごまラー油つき

- ジャンル：ラーメン　製法：油揚げめん
- ■調理方法：熱湯3分　■付属品：粉末スープ、かやく（魚肉練り製品・なると・卵・ねぎ・わかめ）、ごまラー油　■総質量（麺）：87g(70g)　■カロリー：393kcal
- ■麺：ちょっと太め、基本的に軽量級だが気泡感は少ない　■つゆ：とろみは結構長続きする、粉末っぽさが出ているが嫌味に感じる一歩手前　■その他：ごまラー油はもっと強力でも良い、具は安っぽいね
- ■試食日：2000.1.31　■賞味期限：2000.3.29
- ■入手方法：ファミリーマート　¥143

しお味

No.1551 日清食品　4 902105 022856
チキンラーメン
ガラしお 鶏ガラベースのうまみしお味

- **ジャンル**：ラーメン　**製法**：油揚げめん
- ■調理方法：熱湯3分　■付属品：粉末スープ、かやく（味付鶏肉・ねぎ・人参）　■総質量（麺）：93g（80g）　■カロリー：416kcal
- ■麺：輪郭ハッキリ、麺自体の味付けが弱い（無い？）ので普通のチキンラーメンとは趣が異なる　■つゆ：ダシをうんと強調している、いかにも調味料という感じで自然さには欠けるが許容範囲　■その他：肉は意外と大きく食べ応えがある、チキンラーメンというブランドで良いのか疑問
- ■試食日：2000.3.7　■賞味期限：2000.7.9
- ■入手方法：サークルK ¥143

No.1553 東洋水産　4 901990 521123
がんこ軒 塩とんこつらーめん

- **ジャンル**：ラーメン　**製法**：ノンフライめん
- ■調理方法：熱湯4分　■付属品：なし。粉末スープ、かやく（チャーシュー・キャベツ・ごま・ねぎ・うまみカプセル）は混込済　■総質量（麺）：69g（52g）　■カロリー：273kcal
- ■麺：しょうゆ味と同じ、ごわごわノンフライ麺、健康食品みたい　■つゆ：いやなとろみはあるが、醤油味よりは不自然さが少ない、刺激は少ない　■その他：キャベツは良い、醤油より肉が豊富、活力がみなぎっている時に食べると失望する
- ■試食日：2000.3.10　■賞味期限：2000.6.8
- ■入手方法：デイリーストア ¥143

No.1585 明星食品　4 902881 408028
味の三代目 うま口しお味 生まれたときからラーメン屋 鶏がらラーメン

- **ジャンル**：ラーメン　**製法**：油揚げめん
- ■調理方法：熱湯3分　■付属品：粉末スープ、かやく（ごま・メンマ・ねぎ・キクラゲ・アオサ）、調味油、ふりかけ（青のり）　■総質量（麺）：87g（65g）　■カロリー：385kcal
- ■麺：三代目しょうゆ味よりも重たい感じ、密度は薄い割に硬いのかな？太さは並　■つゆ：黄色い粉末から期待した通り、昔風の塩味即席ラーメンスープの香りが漂う、もっと強烈でも良い　■その他：キクラゲが追加されている、醤油味より力感が強く、青のりの香りも効果的
- ■試食日：2000.4.21　■賞味期限：2000.8.13
- ■入手方法：デイリーストア ¥143

No.1590 東洋水産　4 901990 521369
鶏しおスープ スープビーフン
ノンフライ麺 野菜・たまごたっぷり

- **ジャンル**：ビーフン　**製法**：ノンフライめん
- ■調理方法：熱湯3分　■付属品：調味液。粉末スープ、かやく（山東菜・たまご・人参・椎茸・キクラゲ・ねぎ）は混込済　■総質量（麺）：61g（45g）　■カロリー：218kcal
- ■麺：透明度ゼロ、見た目は極細（1mm程）ラーメン、食べてもラーメンとビーフンの合いごという印象　■つゆ：ちょっとよそよそしさを感じるあっさりスープ　■その他：具は量も種類も豊富、主食としては物足りない
- ■試食日：2000.4.26　■賞味期限：2000.7.13
- ■入手方法：イトーヨーカ堂 ¥100

No.1591 日清食品　4 902105 025215
キトサン ダイエットヌードル
タンメン

- **ジャンル**：ラーメン　**製法**：ノンフライめん
- ■調理方法：熱湯3分　■付属品：なし。粉末スープ、かやく（キャベツ・魚肉練り製品・コーン・ごま・キクラゲ・人参・ねぎ）は混込済　■総質量（麺）：55g（40g）　■カロリー：191kcal
- ■麺：扁平ひょろひょろ麺、出来たての頃のノンフライ麺より遙かにしなやか　■つゆ：変な癖はない、さすがにパワー感には欠ける　■その他：食品としては価格の面から勧められないが、薬として端から期待せず我慢して食べる程ひどくはない
- ■試食日：2000.4.27　■賞味期限：2000.5.1
- ■入手方法：クリエイトSD寒川店 ¥198

No.1594 ヤマダイ　4 903088 002408
ニュータッチ ねぎ塩ラーメン

- **ジャンル**：ラーメン　**製法**：油揚げめん
- ■調理方法：熱湯3分　■付属品：粉末スープ、かやく（豚肉・ねぎ・ごま・赤ピーマン）、調味オイル　■総質量（麺）：90g（70g）　■カロリー：429kcal
- ■麺：前出「キムチ」と酷似した印象、表面だけが滑らか、細くて軽い　■つゆ：癖を抑えた無難な塩味、長所・特徴に欠ける、塩分は強い　■その他：ねぎは根元の部分が歯ごたえがあって食感がある
- ■試食日：2000.5.1　■賞味期限：2000.9.14
- ■入手方法：デイリーストア ¥138

しお味

No.1597 サンヨー食品　4 901734 003335
サッポロ一番 夏野菜 塩らーめん

- **ジャンル**：ラーメン　**製法**：油揚げめん
- **調理方法**：熱湯3分　**付属品**：粉末スープ、かやく（キャベツ・ごま・コーン・かぼちゃ・アスパラガス・ピーマン・ねぎ）、切りごま　**総質量（麺）**：83g(65g)　**カロリー**：366kcal
- **麺**：（袋のイメージを拝借した）このシリーズの流れとは少し違う、存在感・密度感が並程度感にある　**つゆ**：これは袋版サッポロ一番塩ラーメンの流れにある、ちょっと癖が強い　**その他**：具の豊富さが最大の長所、かつて酷評したこのシリーズの中では一番良い
- **試食日**：2000.5.4　**賞味期限**：2000.9.8
- **入手方法**：デイリーストア ¥143

No.1617 東洋水産　4 901990 521543
これぞ！丸鶏 塩ラーメン
ワンタン入り

- **ジャンル**：ラーメン　**製法**：ノンフライめん
- **調理方法**：熱湯4分　**付属品**：液体スープ、粉末スープ、かやく（わんたん・ねぎ・メンマ）　**総質量（麺）**：104g(70g)　**カロリー**：384kcal
- **麺**：古典的ノンフライ麺はややしなやかさに欠ける、輪郭は明確　**つゆ**：刺激の少ない、やさしい味、　**その他**：ワンタンはちっちゃい、パッケージ外観は ¥168～198 クラスなので得した気分
- **試食日**：2000.5.27　**賞味期限**：2000.10.11
- **入手方法**：デイリーストア ¥143

No.1637 カネボウフーズ　4 901551 119141
とろみがうまみ 広東白湯麺
しお味

- **ジャンル**：ラーメン　**製法**：ノンフライめん
- **調理方法**：熱湯3分　**付属品**：粉末スープ、かやく（コーン・鶏肉・煎りごま・赤ピーマン・ちんげん菜）、調味油　**総質量（麺）**：97g(70g)　**カロリー**：380kcal
- **麺**：半透明、扁平細め、輪郭明快、ちょっとしなやかさ欠如、これぞカネボウのノンフライ麺　**つゆ**：深みは十分ある、変な癖や刺激はない、粉末スープらしさは残る　**その他**：具は乾燥臭い、バランスが取れている定番の味であることを再確認した
- **試食日**：2000.6.19　**賞味期限**：2000.8.15
- **入手方法**：デイリーストア ¥143

No.1655 東洋水産　4 901990 521505
麺づくり あさりダシ 塩ラーメン

- **ジャンル**：ラーメン　**製法**：ノンフライめん
- **調理方法**：熱湯4分　**付属品**：液体スープ、粉末スープ、かやく（キャベツ・卵・キクラゲ・かに様かまぼこ・ねぎ）　**総質量（麺）**：87g(65g)　**カロリー**：313kcal
- **麺**：カネボウの同価格帯ノンフライ麺に近いけどちょっと違う、何故かスープが泡立つような印象あり　**つゆ**：磯の香りっぱさに演出を感じる、あっさりおとなし目だが深みはある、刺激は少ない　**その他**：本物のアサリが入って欲しい、キャベツは豊富
- **試食日**：2000.7.10　**賞味期限**：2000.10.10
- **入手方法**：デイリーヤマザキ ¥143

No.1660 エースコック　4 901071 230586
牛骨白湯ラーメン

- **ジャンル**：ラーメン　**製法**：油揚げめん
- **調理方法**：熱湯3分　**付属品**：粉末スープ、調味油、かやく（牛肉・ごま・ねぎ・赤ピーマン）　**総質量（麺）**：93g(70g)　**カロリー**：425kcal
- **麺**：細めでワワゴワ固い一方、気泡感も残る、食べる際の心理的な摩擦抵抗が大きい　**つゆ**：優しい白湯味を胡椒で調整、刺激は少ない、が牛肉風味がかすかに出て台湾・韓国を彷彿させる　**その他**：肉はビーフジャーキーみたい、オリジナリティがある分蛋白質が残念だな
- **試食日**：2000.7.18　**賞味期限**：2000.11.22
- **入手方法**：コミュニティストア ¥168

No.1662 カネボウフーズ　4 901551 119257
決定版 しおらーめん　最前線を行く話題のラーメン 柚子唐辛子仕上げ

- **ジャンル**：ラーメン　**製法**：ノンフライめん
- **調理方法**：熱湯4分　**付属品**：液体スープ、特製仕上げ醤、かやく（チャーシュー・卵・メンマ・柚子・ねぎ）　**総質量（麺）**：114g(75g)　**カロリー**：350kcal
- **麺**：カネボウの伝統芸、扁平で輪郭明確、潤いに欠ける、もうちょいふっくらとさせたいな　**つゆ**：方向感の無い刺激がある、どことなくアジアン的、柚子の香りもちょっと違和感あり　**その他**：肉は薄いけど良質、良くも悪くも素直な塩味じゃない
- **試食日**：2000.7.21　**賞味期限**：2000.11.11
- **入手方法**：コミュニティストア ¥168

しお味

No.1666 明星食品　4 902881 400060
チャルメラ 海鮮しお
50th Anniversary Aisarete itsumademo

ジャンル ラーメン　**製法** 油揚げめん

- **調理方法**：熱湯3分　**付属品**：なし。粉末スープ、かやく（キャベツ・魚肉練り製品・味付豚挽肉・いか・たまご）は混込済　**総質量(麺)**：74g(58g)　**カロリー**：335kcal
- **麺**：締まりがないというか、軽くて華奢なヌードル級品質　**つゆ**：癖のない穏やかな塩味、旨み成分は十分、ほのかに磯の香り　**その他**：細かな具はたくさん入っている、50周年を祝うには金色カップ以外インパクト不足
- **試食日**：2000.7.24　**賞味期限**：2000.11.13
- **入手方法**：コミュニティストア ¥143

No.1682 明星食品　4 902881 408035
味の三代目　うま口だし白湯味 生まれたときからラーメン屋 鶏がらラーメン

ジャンル ラーメン　**製法** 油揚げめん

- **調理方法**：熱湯3分　**付属品**：粉末スープ、うまみオイル、かやく（キャベツ・メンマ・ごま・ねぎ・アオサ）、スパイス（青の入り）　**総質量(麺)**：89g(65g)　**カロリー**：400kcal
- **麺**：商品名からするとちょっと期待はずれ、腰砕けな印象　**つゆ**：あっさり優しい味にスパイスで調味、クセはない、力が抜けている　**その他**：具もあっさり質素、最近強い味の商品ばかりだったのでホッとしたのも事実
- **試食日**：2000.8.12　**賞味期限**：2000.11.21
- **入手方法**：コミュニティストア ¥143

No.1693 イトメン　4 901104 191778
チャンポンめん　あっさりした味覚

ジャンル ラーメン　**製法** 油揚げめん

- **調理方法**：熱湯3分　**付属品**：粉末スープ、かやく（キャベツ・えび・溶き卵・椎茸・ねぎ）　**総質量(麺)**：82g(65g)　**カロリー**：355kcal
- **麺**：細めでちゃんぽんとしては食感がやや頼りない　**つゆ**：マルちゃん「長崎は今日もちゃんぽん」と比べても薄くてさらさらした感覚　**その他**：椎茸がイトメンらしい、チャンポンの関西風解釈か
- **試食日**：2000.8.22　**賞味期限**：2000.12.13
- **入手方法**：No Data

No.1697 東洋水産　4 901990 521574
ラーメンの定番 野菜入り塩ラーメン

ジャンル ラーメン　**製法** 油揚げめん

- **調理方法**：熱湯3分　**付属品**：粉末スープ、かやく（キャベツ・ごま・コーン・なると・ねぎ）、香味油　**総質量(麺)**：82g(65g)　**カロリー**：383kcal
- **麺**：輪郭明快で実に歯切れが良い、気泡感も少ない、油揚げカップ麺としては高水準　**つゆ**：のどごしが爽やか、刺激は少ない　**その他**：キャベツはたくさん、派手さはないがうまくまとめてある
- **試食日**：2000.8.26　**賞味期限**：2000.12.10
- **入手方法**：大分県で購入 ¥99

No.1705 サンヨー食品　4 901734 003526
韓国家庭料理 コムタン味ラーメン　牛テール風コク塩

ジャンル ラーメン　**製法** 油揚げめん

- **調理方法**：熱湯3分　**付属品**：粉末スープ、かやく（キャベツ・牛肉・味付挽肉・ごま・ねぎ・人参・ニラ）、調味油　**総質量(麺)**：100g(70g)　**カロリー**：439kcal
- **麺**：太くて存在感があって、スポンジーなのか歯切れが悪い、噛み残しが生じる感じだ　**つゆ**：穏やかな白湯味にニラの香りや大量の胡椒でクセを演出、素性は良いので美味しい　**その他**：具の種類・量・大きさがあるので価格相応のちょっとリッチな気分、志は感じる
- **試食日**：2000.9.4　**賞味期限**：2000.11.9
- **入手方法**：コミュニティストア ¥168

No.1717 サンヨー食品　4 901734 003748
おいしい麺屋さん 長崎しお　野菜と海鮮スープの長崎チャンポン風塩味

ジャンル ラーメン　**製法** 油揚げめん

- **調理方法**：熱湯3分　**付属品**：なし。粉末スープ、かやく（キャベツ・コーン・いか・かに風味蒲鉾・葱）は混込済　**総質量(麺)**：78g(55g)　**カロリー**：350kcal
- **麺**：ややハード指向で、気泡感やスポンジーさは感じないが、線が細い感じ　**つゆ**：海鮮風味だが、かつて酷評した同社の「港町函館」程ではないが舌先がしびれるような薬臭さを感じる　**その他**：キャベツは大量、スープにこの違和感で-0.5点、旨みや深みを強調するため化学調味料に頼りすぎてないかい？
- **試食日**：2000.9.18　**賞味期限**：2000.12.27
- **入手方法**：コミュニティストア ¥143

しお味

No.1718 サンヨー食品　4 901734 230616
CupStar 塩ラーメン

| ジャンル | ラーメン | 製法 | 油揚げめん |

- 調理方法：熱湯3分
- 付属品：なし。粉末スープ、かやく（キャベツ・えび・ごま・卵・かに風味蒲鉾・葱）は混込済
- 総質量（麺）：82g(33g)
- カロリー：376kcal
- 麺：たて型カップには珍しく重くぬ湿った歯触り、扁平度も低い、ただしなやかさに欠ける
- つゆ：同社の「おいしい麺屋さん長崎」の海鮮風味とは全然別物、袋版サッポロ一番塩ラーメンを彷彿
- その他：軽うだうと予想に反した、でも風感も無いし、切りごまが沢山ごもごもしている割に香りない
- 試食日：2000.9.19
- 賞味期限：2000.12.18
- 入手方法：コミュニティストア ¥133

No.1719 サンヨー食品　4 901734 003779
サッポロ一番 塩ラーメン
やっぱりこの味！

| ジャンル | ラーメン | 製法 | 油揚げめん |

- 調理方法：熱湯3分
- 付属品：粉末スープ、かやく（キャベツ・卵・ごま・白菜・コーン・人参・葱）
- 総質量（麺）：84g(65g)
- カロリー：380kcal
- 麺：麺が変わった！昔食べた際にパサパサ麺に失望したが、歯応えが備わった、滑らかさは無いが、同社「カップスター塩」と同傾向
- つゆ：黄色い湯気～しのカップ麺、脇に大書きされた「2000 新登場！」のコピーが苦しい
- その他：マイナーチェンジに大進歩！蓋の印刷が写真から絵になったのは貧乏臭いが、具は豊富
- 試食日：2000.9.19
- 賞味期限：2000.12.31
- 入手方法：コミュニティストア ¥143

No.1736 徳島製粉　4 904760 010032
金ちゃんヌードル
たっぷり野菜の旨しお 2000 新登場！

| ジャンル | ラーメン | 製法 | 油揚げめん |

- 調理方法：熱湯3分
- 付属品：粉末スープ、かやく（キャベツ・えび・豚肉・コーン・ねぎ）
- 総質量（麺）：74g(60g)
- カロリー：338kcal
- 麺：懐かしいというか、時代錯誤的なヘナヘナ麺
- つゆ：香りも昔～しのカップ麺、脇に大書きされた「2000 新登場！」のコピーが苦しい
- その他：シート成形による二重カップという作り方も古風、25年前にタイムスリップしたみたい
- 試食日：2000.10.12
- 賞味期限：2000.12.29
- 入手方法：四国で購入

No.1741 日清食品　4 902105 025154
FINE NOODLE
チキンタンメン おいしくてカラダにやさしい

| ジャンル | ラーメン | 製法 | ノンフライめん |

- 調理方法：熱湯3分
- 付属品：なし。粉末スープ、かやく（鶏肉・キャベツ・コーン・人参・アスパラガス）は混込済
- 総質量（麺）：50g(33g)
- カロリー：152kcal
- 麺：細いノンフライ麺は柔らかくこんがらがるため箸で適量をすくいにくい
- つゆ：嫌味はないが、おとなしい味を胡椒で引き締めている、さすがに力感が乏しい
- その他：野菜多し、ダイエット食としては干からびた感じがせず美味だが、通常の食事には不足
- 試食日：2000.10.16
- 賞味期限：2000.11.19
- 入手方法：ファミリーマート

No.1783 エースコック　4 901071 230661
スーパーカップ1.5 牛だしラーメン しお味

| ジャンル | ラーメン | 製法 | 油揚げめん |

- 調理方法：熱湯3分
- 付属品：粉末スープ、かやく（牛肉・ねぎ・ごま・赤ピーマン）
- 総質量（麺）：110g(90g)
- カロリー：508kcal
- 麺：細くて軽い印象だが、ドライでハードな感覚なのが救い、無機質で香りに欠ける
- つゆ：豚骨みたいな肌色塩魚スープがダシに似ているが、しつこくない、武骨麺と対照的だな
- その他：大盛りなので肉もう少し欲しい、否定的要素は潰してあるが、魂を揺さぶる情熱が無い
- 試食日：2000.11.28
- 賞味期限：2001.4.1
- 入手方法：ローソン ¥168

No.1793 明星食品　4 902881 471039
旨だしらーめん ガラしお

| ジャンル | ラーメン | 製法 | 油揚げめん |

- 調理方法：熱湯3分
- 付属品：液体スープ、かやく（チャーシュー・ごま・キクラゲ・ねぎ・赤唐辛子）
- 総質量（麺）：99g(65g)
- カロリー：419kcal
- 麺：気泡感があり軽いが、一応の食感がある不思議麺、昔っぽい感じもするが嫌ではない
- つゆ：同シリーズの醤油同様、優しいダシに溢れる反面、漠然とした部分があるが唐辛子で締めている
- その他：キクラゲはたっぷり、味は違えど印象が醤油味とぴったり一致する
- 試食日：2000.12.8
- 賞味期限：2001.3.12
- 入手方法：サンクス（限定）¥178

75

しお味

No.440 日清食品　4969 8176
CUP NOODLE SEA FOOD
シーフードヌードル

- ジャンル ラーメン
- 製法 油揚げめん
- 調理方法：熱湯3分
- 付属品：なし。粉末スープ、かやく（イカ・魚肉練り製品・キャベツ・卵・ネギ）は混込済
- 総質量（麺）：74g（60g）

No.445 日清食品　4 902105
日清ラー坊　プリプリかにしおラーメン

- ジャンル ラーメン
- 製法 油揚げめん
- 調理方法：熱湯3分
- 付属品：なし。粉末スープ、かやく（魚肉練り製品・キャベツ・卵・ネギ）は混込済
- 総質量（麺）：73g（60g）

No.457 日清食品　4 902105 002285
Big China シーフードわんたん麺
海老入りワンタンいっぱい

- ジャンル ラーメン
- 製法 油揚げめん
- 調理方法：No Data
- 付属品：No Data
- 総質量（麺）：No Data（100g）

No.473 明星食品　4 902881
チャルメラ Special 黄金のコーン NOODLE　チキンコンソメ　おどろきのザックザク粒コーン

- ジャンル ラーメン
- 製法 油揚げめん
- 調理方法：熱湯3分
- 付属品：なし。粉末スープ、かやくは混込済
- 総質量（麺）：No Data

No.480 明星食品　4 902881
China Town フカヒレ味ラーメン
中華の香味カプセル入り

- ジャンル ラーメン
- 製法 油揚げめん
- 調理方法：熱湯3分
- 付属品：粉末スープ、かやく（鶏肉・卵・カニボール・ねぎ）
- 総質量（麺）：76g（60g）

No.502 明星食品　4 902881 042383
にぎわい朝市の鮮ラーメン
きのこと三陸産わかめ　しお味

- ジャンル ラーメン
- 製法 油揚げめん
- 調理方法：熱湯3分
- 付属品：No Data
- 総質量（麺）：No Data

No.505 明星食品　4980 6991
味の一徹　コーンラーメン
バター風味

- ジャンル ラーメン
- 製法 ノンフライめん
- 調理方法：熱湯4分
- 付属品：No Data
- 総質量（麺）：No Data

No.512 明星食品　4 902881 045278
夜食亭 しおラーメン　ぼりゅーむチャーシュー　キャベツコーン入り　大盛1.5倍

- ジャンル ラーメン
- 製法 油揚げめん
- 調理方法：熱湯3分
- 付属品：No Data
- 総質量（麺）：No Data

No.513 明星食品　4 902881 045278
夜食亭　ベーコンやさい拉麺
しお味

- ジャンル ラーメン
- 製法 No Data
- 調理方法：熱湯3分
- 付属品：No Data
- 総質量（麺）：No Data

No.533 東洋水産　4 901990 028462	No.534 東洋水産　4 901990 027762	No.541 東洋水産　4 901990 020923
HOT NOODLE シーフード	 **HOT NOODLE** しお	**L.L.Noodle** シーフード
ジャンル ラーメン　製法 油揚げめん	ジャンル ラーメン　製法 油揚げめん	ジャンル ラーメン　製法 油揚げめん
■調理方法：熱湯3分　■付属品：なし。粉末スープ、かやく（えび・貝柱様かまぼこ・いか・山東菜・コーン・かに様かまぼこ）は混込済　■総質量(麺)：70g(60g)	■調理方法：熱湯3分　■付属品：なし。粉末スープ、かやく（豚肉・山東菜・玉ねぎ・コーン・人参・ごま）は混込済　■総質量(麺)：73g(60g)	■調理方法：熱湯3分　■付属品：なし。粉末スープ、かやく（揚げかまぼこ（えび・いか）・かに様かまぼこ・ごま・わかめ・くきわかめ）は混込済　■総質量(麺)：88g(75g)

No.543 東洋水産　4 901990 020237	No.559 東洋水産　4 901990 021975	No.561 東洋水産　4 901990 026475
L.L.Noodle シーフード	麺づくり 炒め野菜入り タンメン 特製なま味仕立て	麺づくり 五目拉麺　海鮮スープのとろみ塩味
ジャンル ラーメン　製法 油揚げめん	ジャンル ラーメン　製法 ノンフライめん	ジャンル ラーメン　製法 ノンフライめん
■調理方法：熱湯3分　■付属品：なし。粉末スープ、かやく（えび様かまぼこ・かに様かまぼこ・卵・玉ねぎ・こんぶ・ネギ）は混込済　■総質量(麺)：85g(70g)	■調理方法：熱湯4分　■付属品：No Data　■総質量(麺)：No Data	■調理方法：熱湯4分　■付属品：No Data　■総質量(麺)：No Data

No.562 東洋水産　4 901990 021975	No.566 東洋水産　4 901990 020541	No.587 エースコック　4 901071 203023
麺づくり 炒め野菜入り タンメン 特製ノンフライ麺	味の市 海鮮ごもくラーメン　白湯スープ	香港飲茶楼 帆立だし 白湯ラーメン　えびワンタン入り
ジャンル ラーメン　製法 ノンフライめん	ジャンル ラーメン　製法 No Data	ジャンル ラーメン　製法 油揚げめん
■調理方法：熱湯4分　■付属品：No Data　■総質量(麺)：No Data	■調理方法：熱湯3分　■付属品：No Data　■総質量(麺)：No Data	■調理方法：熱湯3分　■付属品：No Data　■総質量(麺)：No Data

しお味

しお味

No.599 エースコック 4 901071 230043
スーパー 1.5 海鮮 シーフードラーメン

- ジャンル ラーメン　製法 油揚げめん
- 調理方法：熱湯3分　付属品：No Data
- 総質量(麺)：No Data

No.605 エースコック 4 901071 230074
スーパーカップ 海の家名物
にぎわいシーフードラーメン

- ジャンル ラーメン　製法 油揚げめん
- 調理方法：No Data　付属品：No Data
- 総質量(麺)：No Data

No.608 エースコック 4 901071 244019
ワンタンメン
タンメン味 ブタ ブタ 子ブタ

- ジャンル ラーメン　製法 油揚げめん
- 調理方法：熱湯3分　付属品：No Data
- 総質量(麺)：No Data

No.614 エースコック 4 901071 222024
大辛ラーメン カライジャン
白湯 辛味スティック付

- ジャンル ラーメン　製法 油揚げめん
- 調理方法：熱湯3分　付属品：スープ、かやく（焼豚・なると・ねぎ）、メンマ、辛味スティック　総質量(麺)：101g(60g)

No.626 サンヨー食品 4988 5231
サッポロ一番 ミニカップ
シーフードヌードル

- ジャンル ラーメン　製法 油揚げめん
- 調理方法：熱湯3分　付属品：なし。粉末スープ、かやく（キャベツ・魚肉練り製品・卵・わかめ）は混込済　総質量(麺)：37g(30g)

No.630 サンヨー食品 4 901734
サッポロ一番 西洋亭
コーンスープ味

- ジャンル ラーメン　製法 油揚げめん
- 調理方法：No Data　付属品：No Data
- 総質量(麺)：No Data

No.637 サンヨー食品 4 901734 002093
サッポロ一番 ごっうま チキン
からあげ 白湯 わけぎたっぷり

- ジャンル ラーメン　製法 油揚げめん
- 調理方法：熱湯3分　付属品：No Data
- 総質量(麺)：No Data

No.639 サンヨー食品 4 901734 001140
サッポロ一番 北のコーンラーメン
コンソメ味

- ジャンル ラーメン　製法 油揚げめん
- 調理方法：熱湯3分　付属品：No Data
- 総質量(麺)：No Data

No.651 カネボウフーズ 4 901551 001835
とろみがうまみの! 広東白湯麺
しお 中国野菜入り

- ジャンル ラーメン　製法 ノンフライめん
- 調理方法：熱湯4分　付属品：No Data
- 総質量(麺)：No Data

しお味

No.653 カネボウフーズ　4943 1476
とろみがうまみの！広東福菜麺
チキン野菜スープ コーン・野菜入り 油で揚げないノンフライ麺生味

- ジャンル：ラーメン
- 製法：ノンフライめん
- 調理方法：No Data
- 付属品：No Data
- 総質量（麺）：No Data

No.654 カネボウフーズ　4943 1681
とろみがうまみの！広東海鮮麺
シーフード イカ・カニカマ入り 油で揚げない生味ノンフライ麺

- ジャンル：ラーメン
- 製法：ノンフライめん
- 調理方法：No Data
- 付属品：No Data
- 総質量（麺）：No Data

No.658 カネボウフーズ　4 901551 112425
広東麺 白湯 とろみがうまみの！ チキン野菜スープ 細打しっかり麺

- ジャンル：ラーメン
- 製法：ノンフライめん
- 調理方法：No Data
- 付属品：No Data
- 総質量（麺）：No Data

No.660 カネボウフーズ　4 901551 112678
香港雲呑麺 チキン白湯 えびワンタン入り XOソース仕立て 生味ノンフライ麺

- ジャンル：ラーメン
- 製法：ノンフライめん
- 調理方法：No Data
- 付属品：No Data
- 総質量（麺）：No Data

No.664 カネボウフーズ　4 901551 112609
とり鶏どり 白湯ラーメン 鶏カリッと揚げ入り 鶏脂のコクのある味わい

- ジャンル：ラーメン
- 製法：No Data
- 調理方法：No Data
- 付属品：No Data
- 総質量（麺）：No Data

No.665 カネボウフーズ　4 901551 112302
野菜タンメン ベニ花油使用 地鶏入り ノンフライカップめん誕生20周年

- ジャンル：ラーメン
- 製法：ノンフライめん
- 調理方法：No Data
- 付属品：No Data
- 総質量（麺）：No Data

No.668 カネボウフーズ　4 901551 112265
スタミナ麺バトル 兄弟対決 弟周富輝 白湯拉麺 焼豚ダレ仕上げ 広東式卵入り揚げ麺

- ジャンル：ラーメン
- 製法：油揚げめん
- 調理方法：No Data
- 付属品：No Data
- 総質量（麺）：No Data

No.673 カネボウフーズ　4973 1575
ホームラン軒 チキン白湯 チキンと野菜のうまみ「なっとく」

- ジャンル：ラーメン
- 製法：ノンフライめん
- 調理方法：No Data
- 付属品：No Data
- 総質量（麺）：No Data

No.675 カネボウフーズ　4 902552 018501
麺全席 辛口 白湯麺 ポーク白湯 豆板醤とガーリックがきいて辛くてうまい

- ジャンル：ラーメン
- 製法：No Data
- 調理方法：No Data
- 付属品：No Data
- 総質量（麺）：No Data

しお味

No.679 カネボウフーズ　4 902552 018006
とことん亭 ニラ玉 白湯ラーメン 大盛
生味 油で揚げないノンフライの太い麺

- ジャンル：ラーメン　製法：ノンフライめん
- 調理方法：No Data　付属品：No Data
- 総質量(麺)：No Data

No.681 カネボウフーズ　4 902552 015203
賑わいのれん しおラーメン 麺が太い!!生タイプソフトな穂先メンマ入り

- ジャンル：ラーメン　製法：No Data
- 調理方法：No Data　付属品：No Data
- 総質量(麺)：No Data

No.682 カネボウフーズ　4 902552 019607
えびチリラーメン 満腹萬福
白湯 スープがよくのる食べごたえ麺

- ジャンル：ラーメン　製法：No Data
- 調理方法：No Data　付属品：No Data
- 総質量(麺)：No Data

No.705 カネボウフーズ　4 902552 015906
とことん亭 麺一途
調理済鶏肉入り タンメン

- ジャンル：ラーメン　製法：ノンフライめん
- 調理方法：熱湯5分　付属品：液体スープ、調理済かやく(鶏肉)、かやく(コーン・チンゲン菜・赤ピーマン)　総質量(麺)：154g(85g)

No.711 ヤマダイ　4 903088 001159
ニュータッチ 手もみ風 タンメン
麺のコシが違う!

- ジャンル：ラーメン　製法：油揚げめん
- 調理方法：熱湯4分　付属品：液体スープ、粉末スープ、かやく(キャベツ・コーン・オニオン・きくらげ・人参・なると)　総質量(麺)：88g(70g)

No.717 ヤマダイ　4 903088 001807
ニュータッチ じゃがバター
塩ラーメン アスパラガス入り バター風味の素入り!

- ジャンル：ラーメン　製法：油揚げめん
- 調理方法：熱湯3分　付属品：No Data
- 総質量(麺)：No Data

No.751 大黒食品工業　4 904511 000350
マイフレンド 札幌 コーン塩ラーメン　バター風味

- ジャンル：ラーメン　製法：油揚げめん
- 調理方法：熱湯3分　付属品：No Data
- 総質量(麺)：No Data

No.766 アカギ　4 902485 001632
AKAGI 喜多方風めん 野菜たっぷり タンメン

- ジャンル：ラーメン　製法：油揚げめん
- 調理方法：熱湯3分　付属品：No Data
- 総質量(麺)：No Data

No.775 横山製麺工場　4 903077 200341
八ちゃん 焼豚 しお味ラーメン

- ジャンル：ラーメン　製法：フリーズドライめん
- 調理方法：熱湯4分　付属品：粉末スープ、かやく(焼豚・キャベツ・椎茸・わかめ)、調味油　総質量(麺)：74g(57g)

No.797 マルタイ	4 902702 008697

玄海ラーメン
BIG ポーク＋シーフード味

- ジャンル：ラーメン　製法：油揚げめん
- 調理方法：熱湯4分　付属品：No Data
- 総質量（麺）：No Data

No.879 明星食品	4 902881 044356

中華三昧 鶏丸麺
鶏団子白湯ラーメン

- ジャンル：ラーメン　製法：ノンフライめん
- 調理方法：熱湯4分　付属品：スープ、レトルトかやく（鶏肉団子・メンマ）、やくみ（ごま・唐辛子入り卵・ねぎ）
- 総質量（麺）：154g(70g)

No.898 カネボウフーズ	4 901551 112289

決定版 こってりしろごま
しおラーメン 豚の背油のうまさ

- ジャンル：ラーメン　製法：ノンフライめん
- 調理方法：熱湯5分　付属品：液体スープ、調理済かやく（豚肉・メンマ）、かやく（ごま・ニラ）
- 総質量（麺）：117g(85g)

しお味

No.902 まるか食品	4 902885 000082

ペヤング グルメイン
パイタンラーメン

- ジャンル：ラーメン　製法：油揚げめん
- 調理方法：熱湯3分　付属品：No Data
- 総質量（麺）：No Data

▲カップのフタや袋の保管は、数が増えてくると結構難しい問題になってくる。コレクションの数が少ないうちは、ブランド毎にフォルダを作ってまとめていたが、途中から食べた順番で100個毎にコンビニ袋へ詰める方式に変更し、現在に至る。

ミニ・コラム❶

**今、よみがえる！
日清食品「Cup Noodle Red Zone」
(1990年)に隠された写真**

P65で紹介したCup Noodle Racing Spirit Red Zoneはお湯を注いでカップのフタが高温になると、中央にある普段は真っ黒な部分に写真が浮き出てくる仕掛けがある。試しに皿にお湯を入れてこの製品のフタを浸してみると…

STEP 1 お湯を注ぐ前

STEP 2 お湯を注ぐと…

COLUMN 2　映画製作と即席ラーメン

まだ即席ラーメンのパッケージ収集を始める前、ひょんなことから短期間に袋やカップのフタを大量に集めたことがあった。このときの残骸が現有のパッケージの中でも最も古い時代のものであり、山本コレクションの重要な部分を担っている。

大学では映画研究会というサークルに属し、8ミリフィルムを使った映画を作っていた（1980年台初頭。まだビデオによる映画製作は学生の資金力では一般的ではない）。録音・役者・大道具等々で先輩たちの作品を手伝った後、自分が初めて監督として作った映画が即席ラーメンを大きく取り上げたものだった。不老長寿の源となる即席ラーメンがどこかに存在するという言い伝えをめぐる話で、劇中に即席ラーメンが実る木が生えていたり即席ラーメンの雨が降るシーンを設定したために、この映画のためにとにかく袋でもカップでも可能な限り大量の製品を買い込んだ。
そして、一つとして同じ銘柄を使わずに全て違う製品を使うように拘ったのだ。

映画の主人公はラーメンファイターXという府中のラーメンを守る正義のヒーロー。風にたなびく三本のマフラーは醤油・みそ・しおの象徴（この時代、関東圏では豚骨味はまだメジャーになっていなかった）。必殺技はチャーシュービーム。このラーメンファイターXと対峙するのは「悪のかたまり」と呼ばれて恐れられた地獄からの使者。不老長寿のラーメンを奪おうと非道の限りを尽くし、ラーメンファイターXと死闘を繰り広げる。

映画は学園祭で初公開されたが、馬鹿馬鹿しさが受けたのか結構好評だった。これに気を良くして、翌年も同じテーマで続編を作ってしまった。二作目は府中市民が「悪のかたまり」の支配下に堕ちてしまったところから始まる。人々は一日一食、悪印ラーメンしか食べることを許されなかった。ラーメンの自由を脅かす悪のかたまりに対し、ラーメンファイターXの正義の怒りが遂に爆発する…

これらの映画で使われた小道具や台本などは段ボール箱にまとめてしまっていたが、この中に一緒に大量の即席ラーメンの袋やカップのフタも突っ込んでいた。そして物置の片隅に置かれたこの箱の中に再び光が差し込むのは、インターネットの黎明期にホームページに公開するネタとして即席ラーメンの袋やフタを探したときであり、ゆうに十年を超える歳月を経なければならないのであった。

それから更に十年以上を経て、学生時代に培った映画製作のノウハウがYouTubeに投稿する即席ラーメンの調理動画へ
応用されていくのである。

ラーメンファイターX
府中のラーメンを守る正義のヒーロー
映画のスナップショットはP102およびP146を参照

第三章 みそ味

SOKUSEKIMENCYCLOPEDIA

ニュータッチ とん汁らーめん
身も心もあったまる

No.716	ヤマダイ　4 903088 001012
ジャンル	ラーメン
製法	油揚げめん
調理方法	熱湯3分

■総質量(麺)： 110g(70g)
■カロリー： No Data

[付属品]液体スープ、かやく（豚肉・豆腐・ごぼう・油揚げ・ねぎ・人参）

[解説]とん汁のうどんは他のメーカーの製品でも良く見掛けるが、ラーメンとなると殆ど無く珍しい。乾燥豆腐が誇らしげな、具だくさんでちょっと変わった味噌ラーメン。

当店オリジナル 日清ラーメン 肉ごぼごぼう
みそ味

No.453	日清食品　4 902105 003237
ジャンル	ラーメン
製法	油揚げめん
調理方法	熱湯3分

■総質量(麺)： No Data
■カロリー： No Data

[解説]1995年頃の製品。しょうゆ味の「肉じゃがじゃが」と同時発売。ごぼうの歯応えが心地良い。とん汁に近い印象のスープだったと思う。

わか たか みそ ラーメン
ワカメ タカナ ドスコーイ

No.788	はくばく	4 902571 211853

ジャンル ラーメン
製法 油揚げめん
調理方法 熱湯3分

■総質量(麺)：105g(67g)
■カロリー：417kcal

[付属品] スープ、かやく（椎茸・ごぼう・油揚げ・わかめ・高菜）、スパイス

[解説] はくばくが個性派路線が目立ってきた頃の製品。わかめと高菜で「わかたか」を名乗っている訳だが、軍配の絵や「ドスコーイ」という言葉から推測できるように相撲の若乃花・貴乃花人気に便乗したもので、1990年代初頭の発売だと思われる。

収穫の里 さつまいも 味噌ラーメン

No.1431	エースコック	4 901071 208103

ジャンル ラーメン
製法 油揚げめん
調理方法 熱湯3分

■総質量(麺)：107g(65g)　■カロリー：385kcal

[付属品] 液体スープ、かやく（かぼちゃ・さつまいも・人参・コーン・ねぎ）

[麺] 気泡感が多く軽めのエースコックめん　[つゆ] 具のせいもあるが甘め、ダシがやや人工的　[その他] かぼちゃ・さつまいもは天ぷらに使えるほどの厚み、かぼちゃはお茶の香りがする？

[試食日] 1999.10.25　　[賞味期限] 2000.2.16
[入手方法] ローソン ¥168

みそ味

No.1169 エースコック　4 901071 208042
石狩鍋風みそラーメン
全国味自慢

- [ジャンル] ラーメン
- [製法] 油揚げめん
- [調理方法] 熱湯3分

2.5

■総質量（麺）：135g（90g）
■カロリー：525kcal

[付属品] ペースト状スープ、かやく（鮭・じゃがいも・コーン・ねぎ）

[麺] 気泡の多い、しなっと根性なし麺　[つゆ] 味噌汁風、もう少し鮭やじゃがいもの味が出ていれば鍋の感じに近付けるのに　[その他] 志は分かるが中途半端、量が多い分飽きやすい…

[試食日] 1998.12.1　[賞味期限] 1999.4.13　[入手方法] No Data

No.1247 十勝新津製麺　4 904856 001388
北海道名物 石狩鍋風みそラーメン

- [ジャンル] ラーメン
- [製法] ノンフライめん
- [調理方法] 熱湯4分

3.5

■総質量（麺）：178g（60g）
■カロリー：378kcal

[付属品] ペースト状スープ、わかめ、レトルト具（鮭・帆立の耳・大根・人参・玉ねぎ）

[麺] ノンフライ麺のエッジにはバリがあるがまあまあの食感と存在感がある　[つゆ] 名前通り鍋の感じがする、深く味わえる、意外に辛い　[その他] 鮭は可愛いサイズ、満足感はあるが価格も相応だね

[試食日] 1999.3.12　[賞味期限] 1999.8.15　[入手方法] ファミリーマート ¥248

No.857 桧山食品興業（宝幸水産）　4 976531 334456
納豆ラーメン

- [ジャンル] ラーメン
- [製法] 油揚げめん
- [調理方法] 熱湯3分

■総質量（麺）：100g（66g）
■カロリー：No Data

[付属品] ペースト状スープ、かやく（納豆・ねぎ・赤ピーマン）

[解説] 納豆ラーメンは他にもあるが、この製品は味噌スープと組み合わせたのが特徴

No.878 明星食品　4 902881 044349
中華三昧 担々麺
辛味肉みそラーメン

- [ジャンル] ラーメン
- [製法] ノンフライめん
- [調理方法] 熱湯4分

■総質量（麺）：161g（70g）
■カロリー：No Data

[付属品] 粉末スープ、レトルトかやく（豚挽肉・マッシュルーム・ザーサイ）、やくみ（ねぎ・ごま）、レンゲ

[解説] 中華三昧ファミリーの一員ということで、レトルトの具を奢っている。

No.632 サンヨー食品　4980 3853

サッポロ一番 どんぶり感情
ぶっちぎり！ みそラーメン

ジャンル	ラーメン
製法	油揚げめん
調理方法	熱湯3分

■総質量(麺)：No Data
■カロリー：No Data

[付属品]粉末スープ、かやく

[解説]1986年発売。野沢直子のCMで、ネーミングも覚えやすいもの。

No.1546 カネボウフーズ　4 901551 113064

長野県限定 ホームラン軒
信州みそ仕立て みそラーメン

ジャンル	ラーメン
製法	ノンフライめん
調理方法	熱湯4分

■総質量(麺)：109g(70g)
■カロリー：361kcal

[付属品]液体スープ、かやく（野沢菜・コーン・ねぎ・わかめ）。ねりごま・果汁入り

[麺]もちもち粘るノンフライ、カネボウの伝統技だね、スープにも合っている　[つゆ]落ち着いた味噌味、深みがやや人工的で過剰だが十分許容範囲、具や麺との調和は良い　[その他]野沢菜が個性的・効果的、脂っ気は殆ど無くパワー感も少ないが、食べた充足感は十分ある、佳作

[試食日]2000.3.2　[賞味期限]2000.6.13　[入手方法]まさや特派員よりいただく

No.1395 カネボウフーズ　4 901551 113828

本格中華拉麺 回鍋肉拉麺
味噌味

ジャンル	ラーメン
製法	ノンフライめん
調理方法	熱湯5分

■総質量(麺)：150g(85g)
■カロリー：456kcal

[付属品]ペースト状スープ、レトルト具（豚肉・赤ピーマン）、かやく（キャベツ・ねぎ）

[麺]ややゴム質だがしっかり。同社の標準価格帯のものより硬質な気がする　[つゆ]深いみそ味嫌味でない、バランス良、パワー感も備わっている、もう少し辛くてもいいかな　[その他]キャベツが効果的、具は十分、「即席」の看板を捨てたがっているようだ

[試食日]1999.9.14　[賞味期限]2000.1.19　[入手方法]ローソン
¥248

No.975 横山製麺工場　4 903077 350107

八ちゃん飯店みそラーメン

ジャンル	ラーメン
製法	フリーズドライめん
調理方法	熱湯4分

■総質量(麺)：158g(57g)
■カロリー：395kcal

[付属品]液体スープ、乾燥かやく（ねぎ）、レトルトかやく（焼豚3枚・メンマ）

[麺]毎度ながら八ちゃん飯店のフリーズドライめんはリアル、なめらか　[つゆ]みそ度が高く、ちょっと塩辛い　[その他]レトルト焼豚は結構迫力がある

[試食日]1998.2.2　[賞味期限]1998.5.24　[入手方法]ローソン
¥348

みそ味

みそ味

No.949 明星食品 　4 902881 042635
四川小椀 こくのあるうま辛みそラーメン

- ジャンル：ラーメン　製法：油揚げめん
- 調理方法：No Data　付属品：No Data
- 総質量(麺)：No Data　カロリー：No Data
- 麺：No Data　つゆ：No Data　その他：同シリーズの北京版(塩ラーメン)と傾向は同じ、丁寧だが量が少ない
- 試食日：1997.11.28　賞味期限：1998.4.4
- 入手方法：No Data

No.981 日清食品 　4 902105 021804
日清中華 龍麺
マーボなす風辛みそ味 伝統のコシ

- ジャンル：ラーメン　製法：油揚げめん
- 調理方法：熱湯3分　付属品：粉末スープ、かやく(なす・豚ひき肉・ねぎ等)、調味油　総質量(麺)：81g(65g)　カロリー：395kcal
- 麺：「伝統のコシ」だそうだが、それほどでもない　つゆ：豆板醤＋ラー油の香り　その他：具のなす、ひき肉はよい
- 試食日：1998.2.14　賞味期限：1998.7.7
- 入手方法：No Data

No.996 エースコック 　4 901071 202033
太麺 大吉 ねぎみそラーメン

- ジャンル：ラーメン　製法：油揚げめん
- 調理方法：熱湯3分　付属品：ペースト状スープ、かやく(ねぎ・豚肉・なると)、おみくじ　総質量(麺)：98g(67g)　カロリー：372kcal
- 麺：大吉伝統の丸断面麺は比較的ぷりぷりしている　つゆ：豚汁風の割に軽い味噌感　その他：しょうゆ大吉は結構前に良く食べたが久しぶりだな、リバイバルか
- 試食日：1998.3.15　賞味期限：1998.7.3
- 入手方法：No Data

No.998 カネボウフーズ 　4 901551 112814
めん100g 超盛 担々みそラーメン

- ジャンル：ラーメン　製法：ノンフライめん
- 調理方法：熱湯5分　付属品：液体スープ、レトルト具(挽肉・しいたけ・筍)、かやく(ねぎ・ごま)　総質量(麺)：201g(100g)　カロリー：603kcal
- 麺：ノンフライ5分戻し麺はつるつるなめらか、柔らかめ。量多し　つゆ：液体スープならではのしっとり感　その他：レトルト具の挽肉も効果的で、全てに「即席」を感じさせない
- 試食日：1998.3.17　賞味期限：1998.7.24
- 入手方法：¥298

No.1026 日清食品 　4 902105
強麺 GO! MEN 豚辛みそ

- ジャンル：ラーメン　製法：油揚げめん
- 調理方法：熱湯3分　付属品：なし。スープ、かやく(豚肉・赤ピーマン・ちんげん菜・椎茸・人参)は混込済　総質量(麺)：76g(60g)　カロリー：349kcal
- 麺：幅広で重量感がある　つゆ：適度な辛さ、複雑な味は大企業の実力か　その他：肉を始めとする具がたくさんある印象
- 試食日：1998.4.27　賞味期限：1998.8.19
- 入手方法：No Data

No.1042 明星食品 　4 902881 041393
一平ちゃん コク脂みそ味

- ジャンル：ラーメン　製法：油揚げめん
- 調理方法：熱湯3分　付属品：粉末スープ、調味油、かやく(チャーシュー・揚げ玉・ネギ・ごま)　総質量(麺)：94g(65g)　カロリー：420kcal
- 麺：太めというか幅広、気泡多めでパワー感いまいち　つゆ：結構辛め、コクまあまあ深し　その他：チャーシューが薄いな
- 試食日：1998.06.04　賞味期限：1998.9.15
- 入手方法：No Data

みそ味

No.1044 ヤマダイ　4 903088 002026

ニュータッチ 生粋麺 辛みそ ねぎらーめん

- **ジャンル**：ラーメン　**製法**：ノンフライめん
- **調理方法**：熱湯5分　**付属品**：液体スープ、かやく（豚肉・ねぎ・唐辛子）　**総質量（麺）**：115g（60g）　**カロリー**：340kcal
- **麺**：さすが五分戻しのめんはインスタントを越えた、細めでしっかり　**つゆ**：割と味噌の香りがする　**その他**：めんが突出している、真面目な印象
- **試食日**：1998.6.8　**賞味期限**：No Data
- **入手方法**：No Data

No.1065 エースコック　4 901071 213121

この春穫れたて わかめラーメン
もやしみそ

- **ジャンル**：ラーメン　**製法**：油揚げめん
- **調理方法**：熱湯3分　**付属品**：ペースト状スープ、かやく（わかめ、もやし、人参、ネギ）　**総質量（麺）**：97g（64g）　**カロリー**：385kcal
- **麺**：気泡多し、標準的なカップの麺　**つゆ**：ヘビーで真面目な味噌　**その他**：もやしをもっと入れてくれ～
- **試食日**：1998.7.13　**賞味期限**：1998.9.7
- **入手方法**：No Data

No.1082 エースコック　4 901071 218027

北海道ラーメン
みそ味 北海道産小麦使用めん

- **ジャンル**：ラーメン　**製法**：油揚げめん
- **調理方法**：熱湯3分　**付属品**：液体スープ、かやく（コーン・ポテト・ねぎ・わかめ・人参）　**総質量（麺）**：107g（65g）　**カロリー**：394kcal
- **麺**：軽く縮れためんは北海道産のせいか？心持ちしっかりしている　**つゆ**：だし入りみそ汁といった感じで素朴　**その他**：じゃがいもが雰囲気を出しているね
- **試食日**：1998.8.21　**賞味期限**：1998
- **入手方法**：ローソン ¥143

No.1089 東洋水産　4 901990 029650

みそ味ラーメン
北の味くらべ 北海風だし かに風味

- **ジャンル**：ラーメン　**製法**：油揚げめん
- **調理方法**：熱湯3分　**付属品**：なし。ペースト状スープ　かやく（コーン・もやし・かに風味蒲鉾）は混込済　**総質量（麺）**：100g（65g）　**カロリー**：424kcal
- **麺**：柔らか弾性強し　**つゆ**：さすが北海道だし成分をよく効かせている　**その他**：かに風味蒲鉾は本土でよく見る太くて立派なのではなく割とリアル
- **試食日**：1998.8.31　**賞味期限**：1998.12.2
- **入手方法**：No Data

No.1123 カネボウフーズ　4 901551 113262

とろみがうまみの! 広東味噌拉麺
炒葱醤仕立て

- **ジャンル**：ラーメン　**製法**：ノンフライめん
- **調理方法**：熱湯4分　**付属品**：粉末スープ、調味油、かやく（チャーシュー・とき卵・赤ピーマン・ねぎ）　**総質量（麺）**：96g（70g）　**カロリー**：343kcal
- **麺**：いつものカネボウノンフライめんは筋肉質、しなやかさも出てきた　**つゆ**：とろみは強力、少し人工的だが味わい深い、塩分きつめ　**その他**：とき卵は個人的に邪魔、チャーシューは並、赤ピーマンは良し
- **試食日**：1998.10.9　**賞味期限**：1999.1.12
- **入手方法**：No Data

No.1128 おやつカンパニー　4 901551 113262

北海道限定 ベビースター十勝のとうもろこしが入っている札幌のみそラーメン

- **ジャンル**：ラーメン　**製法**：油揚げめん
- **調理方法**：熱湯3分　**付属品**：なし。スープ、かやく（コーン）は混込済　**総質量（麺）**：No Data　**カロリー**：No Data
- **麺**：意外にまともな食感がある　**つゆ**：味噌の香りは殆ど無い、ライト感覚　**その他**：唯一の具であるコーンはしっかりしている
- **試食日**：1998.10.14　**賞味期限**：表記無し
- **入手方法**：まさや特派員よりいただく

みそ味

No.1130　日清食品　4 902105

日清の ラーメン屋さん
札幌味噌 風味

ジャンル ラーメン　**製法** ノンフライめん

- **調理方法**：熱湯4分　**付属品**：なし。スープ、かやく（コーン・わかめ・メンマ・わかめ・にんじん）は混込済　**総質量（麺）**：73g（50g）　**カロリー**：289kcal

- **麺**：日清のカップでは珍しいノンフライ麺は細身だがしっかりと、小麦の香り　**つゆ**：混込済のスープだが、確かに札幌風みそスープの雰囲気が生きている　**その他**：日清らしからぬ製品、予想をよい方に裏切ったな、紙容器

- **試食日**：1998.10.16　**賞味期限**：1999.2.28
- **入手方法**：No Data

No.1133　東洋水産　4 901990 029582

麺づくり みそラーメン
焼き味噌仕立て

ジャンル ラーメン　**製法** ノンフライめん

- **調理方法**：熱湯4分　**付属品**：液体スープ、粉末スープ、かやく（コーン・わかめ・キャベツ・きくらげ・肉もどきでんぷん？）　**総質量（麺）**：104g（65g）　**カロリー**：350kcal

- **麺**：細めのノンフライ麺は歯切れがいい　**つゆ**：焼いてあるのかどうかは判らないがこれした感じのみそ味　**その他**：欠点の少ないカップ麺、キャベツもよい、これでリアルな肉が入っていればな〜

- **試食日**：1998.10.19　**賞味期限**：1999.1.12
- **入手方法**：No Data

No.1150　明星食品　4 902881 041454

冬だけ 一平ちゃん　ガーリックみそ味

ジャンル ラーメン　**製法** 油揚げめん

- **調理方法**：熱湯3分　**付属品**：粉末スープ、調味油、後のせかやく（フライドガーリック・揚げ玉・ごま）　**総質量（麺）**：95g（65g）　**カロリー**：443kcal

- **麺**：摩擦抵抗が大きい、というかしなやかさに欠ける、伸び率は少ない　**つゆ**：豆板醤が活きており程よい脳みへの刺激あり、周囲を気にする程の匂いあり　**その他**：揚げニンニクはしゃりっとした歯ごたえで良い、好き嫌いが分かれそうな作品

- **試食日**：1998.11.9　**賞味期限**：1999.3.21
- **入手方法**：No Data

No.1159　明星食品　4 902881 043571

おいしさ求めて日本全国 人気の札幌屋
ごまみそ味札幌ラーメン

ジャンル ラーメン　**製法** 油揚げめん

- **調理方法**：熱湯3分　**付属品**：粉末スープ、ペースト状たれ、かやく（チャーシュー・メンマ・コーン・人参・キャベツ・ごま）　**総質量（麺）**：95g（60g）　**カロリー**：358kcal

- **麺**：細めだがヤワでない、気泡感が少なく伸びにくい麺　**つゆ**：胡麻と野菜の香りがバランスし、味噌も濃すぎず浅すぎずいい所を突いている　**その他**：具はバラエティに富んでいて楽しい

- **試食日**：1998.11.19　**賞味期限**：1999.3.20
- **入手方法**：¥158

No.1170　日清食品　4 902105 023143

極盛 みそ味 怒濤の大盛り麺 110g

ジャンル ラーメン　**製法** 油揚げめん

- **調理方法**：熱湯3分　**付属品**：なし。スープ、かやく（キャベツ・チャーシュー・ごま）は混込済　**総質量（麺）**：145g（110g）　**カロリー**：617kcal

- **麺**：太め幅広麺（縦横比3）は意外にぶるっる滑らか、まーこの分量でばさついた麺じゃ食うのが苦痛だろうけど　**つゆ**：いかにも粉末スープ、この味は飽きさせない工夫を感じる、栄養補給に良い、ベーコン風チャーシュー一枚

- **試食日**：1998.12.3　**賞味期限**：1999.3.22
- **入手方法**：¥168

No.1207　サンヨー食品　4 901734 002581

サッポロ一番 みそラーメン

ジャンル ラーメン　**製法** 油揚げめん

- **調理方法**：熱湯3分　**付属品**：粉末スープ、かやく（コーン・もやし・キャベツ・人参・ねぎ）　**総質量（麺）**：84g（65g）　**カロリー**：358kcal

- **麺**：やや太めだがいかにもカップの麺という感じで気泡が多くコシが無い　**つゆ**：（しょうゆ味に比べると）香りに若干袋版との関連があるが、かな？　**その他**：このシリーズ、袋版の味と食感を期待すると大いに失望する、コストをケチっているみたい

- **試食日**：1999.1.19　**賞味期限**：1999.5.12
- **入手方法**：No Data

No.1214 明星食品　4 902881 043069
中華街麻婆
ピリッと辛みそ マーボラーメン

- ジャンル：ラーメン　製法：油揚げめん
- 調理方法：熱湯3分　付属品：粉末スープ（豆腐入り）、調味油、かやく（豚挽肉・かき玉・きくらげ・唐辛子）　総質量（麺）：94g（65g）
- カロリー：439kcal
- 麺：僅かに太めだが、根性がない軟弱麺
- つゆ：味の深みは水準以上だが、かき玉がごごもやして食べるのに憂陶しい　その他：豆腐は結構きめ細かいが小さい。技術力はあるのだが使い道を誤っている感じ
- 試食日：1999.1.28　賞味期限：1999.5.21
- 入手方法：No Data

No.1215 ヤマダイ　4 903088 001760
ニュータッチ みそバター風味コーンラーメン

- ジャンル：ラーメン　製法：ノンフライめん
- 調理方法：熱湯3分　付属品：ペースト状スープ、かやく（コーン・人参・アスパラ）、バター風味の素　総質量（麺）：110g（90g）
- カロリー：430kcal
- 麺：気泡が多く安っぽいパサパサ麺、だけどこのスープには何故か合っている
- つゆ：バターの香りはわざとらしい、割と味噌らしい味もするのに　その他：決して正当派ではない、独自性はあるので一度食べてみるのは止めない
- 試食日：1999.1.29　賞味期限：1999.5.10
- 入手方法：サンエブリー ¥138

No.1223 カネボウフーズ　4 901551 113477
全国人気のこってりラーメン 札幌みそ味

- ジャンル：ラーメン　製法：ノンフライめん
- 調理方法：熱湯5分　付属品：ペースト状スープ、かやく（キャベツ・人参・コーン・筍・椎茸・もやし）、レトルトかやく（挽肉）　総質量（麺）：177g（85g）
- カロリー：554kcal
- 麺：同シリーズの醤油味と同様幅広く柔らかい。ノンフライだから崩れないが、欠点されすれ　つゆ：コクがあり深い。具に良く合っている　その他：具の種類と量はたっぷり入っており高価格も納得。麺がもっと硬派なら文句ないのだが
- 試食日：1999.2.8　賞味期限：1999.6.10
- 入手方法：ローソン ¥248

No.1229 日清食品　4 902105 020685
新 強麺 キムチラーメン みそ味

- ジャンル：ラーメン　製法：油揚げめん
- 調理方法：熱湯3分　付属品：粉末スープ、かやく（白菜キムチ・ごま・ねぎ・ニラ）　総質量（麺）：88g（70g）
- カロリー：385kcal
- 麺：太く密度が高い。以前よりも強力になった、名前に負けていない。質はそこそこ　つゆ：豆板醤・キムチ・ニンニクパワー炸裂。思いっきりが良い　その他：我が道を行く、か
- 試食日：1999.2.12　賞味期限：1999.6.18
- 入手方法：No Data

No.1265 エースコック　4 901071 230357
スーパーカップ増刊号 坦々麺みそ味 スープがうまい！

- ジャンル：ラーメン　製法：油揚げめん
- 調理方法：熱湯3分　付属品：ペースト状スープ、かやく（肉そぼろ・もやし・赤唐辛子・ねぎ・ごま）　総質量（麺）：138g（90g）
- カロリー：553kcal
- 麺：気泡感は（エースコックとしては）少なく、なめらかなのだがソフト過ぎる　つゆ：豆板醤主体、そこそこの辛さがあるが一本調子気味　その他：肉そぼろは「大豆たんぱく」という印象、量が多く最後は飽きる
- 試食日：1999.4.5　賞味期限：1999.8.2
- 入手方法：サンエブリー ¥168

No.1271 明星食品　4 902881 048224
明星スタミナ 辛みそにんにくラーメン

- ジャンル：ラーメン　製法：油揚げめん
- 調理方法：熱湯3分　付属品：粉末スープ、コクのたれ、チリペースト、かやく（フライドガーリック・ごま・ニラ・赤唐辛子）　総質量（麺）：101g（65g）　カロリー：460kcal
- 麺：中の上程度の存在感はあるが、スープの強烈さに隠れがち　つゆ：辛くて臭い（＝悪い意味ではない）、он軽やかな味。周囲に注意　その他：フライドガーリックはサクサクしていい食感。一平ちゃんシリーズとの棲み分けが曖昧
- 試食日：1999.4.12　賞味期限：1999.8.17
- 入手方法：サンエブリー ¥158

みそ味

みそ味

No.1298 エースコック 4 901071 230388
ラーメンの王道 札幌 みそ

- ジャンル：ラーメン ■製法：油揚げめん
- ■調理方法：熱湯3分 ■付属品：ペースト状スープ、かやく（コーン・肉そぼろ・もやし・ねぎ） ■総質量（麺）：153g（90g） ■カロリー：601kcal
- ■麺：太め。気泡感は残りねちっとした歯触りだがエースコックとしては存在感がある ■つゆ：ハナマルキ味噌を採用、ダシ成分は十分出ている、素直なみそ味 ■その他：ラーメンの王道シリーズ中のベストと評す
- ■試食日：1999.5.13 ■賞味期限：1999.10.1
- ■入手方法：セブンイレブン ¥195

No.1324 東洋水産 4 901990 520287
辛 四川風みそ味 五目担々麺

- ジャンル：ラーメン ■製法：油揚げめん
- ■調理方法：熱湯3分 ■付属品：ペースト状調味液。スープ、かやく（豚肉ミンチ・山東菜・ごま・きくらげ・赤ピーマン・ニンニクの芽）は混込済 ■総質量（麺）：103g（85g） ■カロリー：469kcal
- ■麺：気泡感があり、あまりしっかりした麺ではない。量は多い ■つゆ：適度な辛さ、複雑だが人工的臭さが伴う。わずかなトロミがついている ■その他：細かな具がたくさんある
- ■試食日：1999.6.15 ■賞味期限：1999.9.24
- ■入手方法：ファミリーマート ¥168

No.1402 サンヨー食品 4 901734 002901
おいしい麺屋さん 札幌味噌

- ジャンル：ラーメン ■製法：油揚げめん
- ■調理方法：熱湯3分 ■付属品：なし。粉末スープ、かやく（コーン・豚肉・ネギ・人参・ごま）混込済 ■総質量（麺）：75g（55g） ■カロリー：337kcal
- ■麺：やや細めだが、噛んだ際の歯切れが良いので食べてる実感がある ■つゆ：嫌味のないダシ入りみそ味、どこか懐かしくもある ■その他：具はコーンだけが目立つ、意外な佳作
- ■試食日：1999.9.21 ■賞味期限：2000.1.14
- ■入手方法：サンエブリー ¥143

No.1405 日清食品 4 902105 021125
日清超中華 麺の達人 一味まろやか 味噌とんこつ味 麺線18番角

- ジャンル：ラーメン ■製法：ノンフライめん
- ■調理方法：熱湯4分 ■付属品：液体スープ、粉末スープ、かやく（キャベツ・コーン・人参・玉ねぎ） ■総質量（麺）：109g（70g） ■カロリー：380kcal
- ■麺：太くてがっちり、そして潤いもある、乾麺としては最高水準と断言する！ ■つゆ：豚骨は軽め、自然な味付け、これも水準以上 ■その他：具は野菜系であっさりシンプル、良質の肉がはいっていたら完璧なのに
- ■試食日：1999.9.24 ■賞味期限：2000.1.24
- ■入手方法：ローソン ¥178

No.1410 日清食品 4 902105 020180
カップヌードル とろみ中華 四川麻婆 マーボーミソ

- ジャンル：ラーメン ■製法：油揚げめん
- ■調理方法：熱湯3分 ■付属品：なし。粉末スープ、かやく（豆腐・味付豚肉・味付鶏肉・ニンニクの芽・レッドベルペッパー・ネギ）は混込済 ■総質量（麺）：77g（60g） ■カロリー：367kcal
- ■麺：柔らか目が歯応えにそこそこの節度があるので救われている ■つゆ：少し辛い、とろみも含めてやや人工的 ■その他：ニンニクの芽は噛み心地が明快な一方、豆腐は存在が雲のようだ
- ■試食日：1999.10.1 ■賞味期限：2000.1.19
- ■入手方法：No Data

No.1437 日清食品 4 902105 022528
日清の中華そば 札幌みそラーメン

- ジャンル：ラーメン ■製法：ノンフライめん
- ■調理方法：熱湯4分 ■付属品：ペースト状スープ、かやく（キャベツ・キクラゲ・人参・コーン・ねぎ） ■総質量（麺）：109g（65g） ■カロリー：355kcal
- ■麺：ノンフライ麺はカネボウのより不純物が多い感じだがパワー感で勝る、乾麺臭さ無し ■つゆ：深いが嫌味のない味噌味 ■その他：麺・スープに対して具が素気ない、価格的にこれが限界なのかな
- ■試食日：1999.11.1 ■賞味期限：2000.2.27
- ■入手方法：ファミリーマート ¥143

No.1445 （株）良品計画RD08　4 934761 710242
無印良品 コーン入みそラーメン

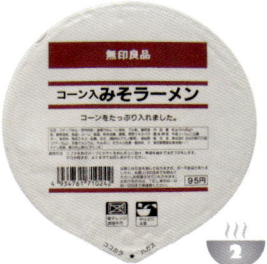

- ジャンル：ラーメン　製法：油揚げめん
- 調理方法：熱湯3分　付属品：粉末スープ（かやく（コーン・ねぎ）入り）　総質量（麺）：82g（65g）　カロリー：kcal
- 麺：悪い意味で日本離れ、油や保管品質は悪くないのだが　つゆ：カップラーメン黎明期のような風味、乾燥っぽく浅い味噌　その他：しなびたコーンはたっぷり入っている
- 試食日：1999.11.9　賞味期限：2000.1.17
- 入手方法：無印良品藤沢店 ¥95

No.1457 エースコック　4 901071 225537
麺の宿 札幌狸小路 みそラーメン

- ジャンル：ラーメン　製法：油揚げめん
- 調理方法：熱湯3分　付属品：ペースト状スープ、かやく（味付け肉そぼろ・玉ねぎ・もやし・ねぎ）　総質量（麺）：106g（65g）　カロリー：389kcal
- 麺：太めだが気泡感が少ないのはエースコックらしからぬ食感　つゆ：単純ではないが重くない、野菜のエキスが良く出ている　その他：玉ねぎやもやしの歯ごたえが良く、もっとたくさん入っていて欲しい
- 試食日：1999.11.21　賞味期限：2000.3.16
- 入手方法：ファミリーマート ¥143

No.1464 カネボウフーズ　4 901551 113880
アジア発 味噌チゲラーメン コチュジャン仕立て

- ジャンル：ラーメン　製法：ノンフライめん
- 調理方法：熱湯5分　付属品：ペースト状スープ、かやく（キャベツ・豚肉・ごま・豆腐・ねぎ・しいたけ・赤唐辛子・卵）　総質量（麺）：150g（85g）　カロリー：508kcal
- 麺：毎度お馴染みカネボウ高額ノンフライ麺は高密度だがゴムっぽい、このスープには合っている　つゆ：一癖ある味噌か、魚醤のせいかな？日本離れしている　その他：キャベツが雰囲気を盛りたてて豆腐も面白い、でも好みが別れそう、個性は認めるが積極的には推せない
- 試食日：1999.11.28　賞味期限：2000.3.17
- 入手方法：am-pm ¥248

No.1472 ヤマダイ　4 903088 002317
ニュータッチ 秘伝熟成 みそチャーシュー

- ジャンル：ラーメン　製法：油揚げめん
- 調理方法：熱湯3分　付属品：ペースト状スープ、かやく（豚肉三枚・ごま・コーン・人参・ねぎ）　総質量（麺）：89g（65g）　カロリー：385kcal
- 麺：軽くて頼りない軟弱麺、割と滑らかなんだけど　つゆ：（良い悪いではなく）軽めの味噌味、ゴマの香りが効果的　その他：一枚食べてもまだ二枚、ハムっぽい肉だけはリッチな気分
- 試食日：1999.12.7　賞味期限：2000.3.25
- 入手方法：サークルk ¥168

No.1477 明星食品　4 902881 049481
亜細亜麺紀行 四川風 ピリ辛担々麺 ごまみそ 数量限定品

- ジャンル：ラーメン　製法：油揚げめん
- 調理方法：熱湯3分　付属品：粉末スープ、かやく（味付豚挽肉・ごま・ねぎ・赤唐辛子）、特製コクのタレ、旨チリペースト　総質量（麺）：103g（65g）　カロリー：454kcal
- 麺：このシリーズの三種類は、たぶん麺が共通だね、私の口では区別不能　つゆ：チリペースト無しでは情けない味、全部入れて丁度良い、粘度低し、上品 本味噌っぽくない　その他：印象が散漫、混沌としているところが亜細亜的なのかな
- 試食日：1999.12.13　賞味期限：2000.3.21
- 入手方法：サンクス ¥188

No.1484 カネボウフーズ　4 901551 119011
全国ラーメン食べある紀 宮城仙台辛味噌ラーメン 辛口みそ味

- ジャンル：ラーメン　製法：ノンフライめん
- 調理方法：熱湯4分　付属品：ペースト状スープ、かやく（チャーシュー・メンマ・キャベツ・赤ピーマン・ねぎ）　総質量（麺）：114g（70g）　カロリー：357kcal
- 麺：同シリーズ「荻窪しょうゆ」と印象が酷似、ノンフライ麺臭さが和らいだ感じ　つゆ：心地よい刺激、嫌味のない辛さ、コクも出ている　その他：大きなキャベツの選択は正解、後味の良い作品だ
- 試食日：1999.12.21　賞味期限：2000.4.15
- 入手方法：サークルk ¥143

みそ味

みそ味

No.1488 十勝新津製麺　4 904856 001180
極上の逸品 こくみそとんこつ
札幌番外編

- ジャンル：ラーメン　製法：ノンフライめん
- 調理方法：熱湯5分
- 付属品：ペースト状スープ、レトルト具(豚肉・玉ねぎ・コーン・メンマ)、かやく（わかめ・）
- 総質量(麺)：165g(65g)
- カロリー：572kcal
- 麺：引っ張り・せん断強度の強いいつもの十勝新津製麺感覚、もうちょいしなやかさが欲しい
- つゆ：味噌の香りよりダシ成分が強いライトみそ味
- その他：肉は脂が乗っていてパワー感十分
- 試食日：1999.12.26　賞味期限：2000.5.11
- 入手方法：サークルk　¥258

No.1504 エースコック　4 901071 230456
スーパーカップ1.5 担々麺みそ
練りゴマのコクと香り

- ジャンル：ラーメン　製法：油揚げめん
- 調理方法：熱湯3分
- 付属品：液体スープ、かやく（味付肉そぼろ・ごま・もやし・ニンニクの芽・生姜・ネギ・赤唐辛子）
- 総質量(麺)：130g(90g)
- カロリー：567kcal
- 麺：このシリーズは気泡感のある安っぽい印象が強いが、少しはしなやかになってきたか？
- つゆ：適度な辛さ・刺激が心地良い、変な薬臭さを感じる一歩手前で留まっている
- その他：ニンニクの芽がデカい、アスパラガスかと思った、挽肉は人工的
- 試食日：2000.1.20　賞味期限：2000.4.22
- 入手方法：サークルK　¥168

No.1509 エースコック　4 901071 230449
ラーメンの王道 小樽 合わせ白味噌

- ジャンル：ラーメン　製法：油揚げめん
- 調理方法：熱湯3分
- 付属品：ペースト状スープ（ハナマルキみそ）、かやく（玉ねぎ・味付け肉そぼろねぎ・メンマ・もやし・ねぎ）
- 総質量(麺)：149g(90g)
- カロリー：573kcal
- 麺：感覚的には断面積2倍、太い！丸断面で当たりは柔らく、比重は軽そう、でも存在感あり
- つゆ：塩気は結構強いがとんがった印象はない、野菜のエキスを感じる、味噌煮込み鍋風
- その他：玉ねぎが効果的、その他の具は弱い
- 試食日：2000.1.25　賞味期限：2000.4.23
- 入手方法：セブンイレブン　¥195

No.1517 明星食品　4 902881 049139
本場もんラーメン 北海道旭川屋
とろみとコクの肉みそ味

- ジャンル：ラーメン　製法：油揚げめん
- 調理方法：熱湯3分
- 付属品：液体スープ、粉末スープ、かやく（ごま・味付豚挽肉・ニンニク・もやし・キクラゲ・ねぎ・赤唐辛子）
- 総質量(麺)：100g(60g)
- カロリー：394kcal
- 麺：太さは並、歯切れが悪く重い印象、実際の比重はむしろ軽めだと思う
- つゆ：重量感がある、味噌の香りが前面に出て味わい深い、僅かにとろみがある　●その他：旭川で味噌というのは初めてだな、深く暗く重いトーンで統一感がある
- 試食日：2000.2.1　賞味期限：2000.4.9
- 入手方法：ファミリーマート　¥158

No.1524 エースコック　4 901071 228057
とんがらしヌードル うま辛 みそ味

- ジャンル：ラーメン　製法：油揚げめん
- 調理方法：熱湯3分
- 付属品：なし。粉末スープ、かやく（豚肉・玉ねぎ・ニンニク・ねぎ・赤唐辛子・ニンニクの芽）は混込済
- 総質量(麺)：76g(60g)
- カロリー：335kcal
- 麺：扁平でソフトで弾力性を有す、これぞヌードルの麺
- つゆ：粉末っぽい味噌に問答無用の辛さ、安っぽいけれど「即席！」という感じでея悪くはない　●その他：とんがらしを強調したパッケージは女子高生あたりも視野に入れているのかな？
- 試食日：2000.2.10　賞味期限：2000.4.12
- 入手方法：ファミリーマート　¥143

No.1528 カネボウフーズ　4 901551 119080
全国人気のご当地ラーメン 信州
味噌仕立て

- ジャンル：ラーメン　製法：ノンフライめん
- 調理方法：熱湯5分
- 付属品：液体スープ、かやく（キャベツ・豚肉・野沢菜・コーン・しめじ・きくらげ）
- 総質量(麺)：148g(85g)
- カロリー：481kcal
- 麺：塩分の量が違うけど同シリーズ「博多豚骨」との違いは判別不能、しっかりしとやか、真面目
- つゆ：白味噌はダシも効いて、かつ自然な味わい　●その他：キャベツ満載、しめじの着眼は良いがもっと大きい方が良い、肉の存在が薄い
- 試食日：2000.2.14　賞味期限：2000.5.24
- 入手方法：ローソン　¥248

No.1530 ヤマダイ　4 903088 002224
ニュータッチ 絶品！うまい ねぎ みそラーメン

- **ジャンル**：ラーメン　**製法**：油揚げめん
- ■ **調理方法**：熱湯3分　■ **付属品**：ペースト状スープ、かやく（ねぎ・豚挽肉・赤ピーマン）　■ **総質量（麺）**：110g（70g）　■ **カロリー**：430kcal
- ■ **麺**：やや細めでソフト、軟弱な印象　■ **つゆ**：甘めの味噌味、やや人工的　■ **その他**：大きめのネギの刺激で何とか持ちこたえているが、総体として歯ごたえ・食べ応えに乏しい
- ■ **試食日**：2000.2.16　■ **賞味期限**：2000.6.12
- ■ **入手方法**：am-pm ¥143

No.1532 日清食品　4 902105 020319
Cup Noodle 旨ダレ中華 坦々
タンタンミソ

- **ジャンル**：ラーメン　**製法**：油揚げめん
- ■ **調理方法**：熱湯3分　■ **付属品**：なし。粉末スープ、かやく（味付肉そぼろ・ちんげん菜・椎茸・竹の子・赤ピーマン・人参・ニンニクの芽・ねぎ）は混込済　■ **総質量（麺）**：82g（60g）　■ **カロリー**：387kcal
- ■ **麺**：ソフトでややゴム質のヌードル級の麺　■ **つゆ**：坦々と言う割には刺激性が皆無、粉末スープっぽい、嫌な香りはない　■ **その他**：ゴモゴモした具がたくさん入っているが、少量多品種で一つ一つは印象に残りにくい
- ■ **試食日**：2000.2.18　■ **賞味期限**：2000.6.24
- ■ **入手方法**：am-pm ¥143

No.1563 サンヨー食品　4 901734 003359
激戦区 渋谷界隈のコクうまラーメン
坦々風辛みそ

- **ジャンル**：ラーメン　**製法**：油揚げめん
- ■ **調理方法**：熱湯3分　■ **付属品**：特製スープ、液体スープ、かやく（味付挽肉・ちんげん菜・唐辛子）　■ **総質量（麺）**：132g（70g）　■ **カロリー**：523kcal
- ■ **麺**：太さは並だが、存在感の薄い軽量級めん　■ **つゆ**：ピーナッツペーストと練りごまの香りを前面に出している、この手法は最近よく見掛けるな　■ **その他**：緩めの各要素を唐辛子でかろうじて引き締めている感じ、肉は6mm角、ちんげん葉は良い
- ■ **試食日**：2000.3.21　■ **賞味期限**：2000.7.31
- ■ **入手方法**：ローソン ¥168

No.1565 エースコック　4 901071 230548
スーパーカップ1.5 マー香油仕込み旨みオイル みそラーメン

- **ジャンル**：ラーメン　**製法**：油揚げめん
- ■ **調理方法**：熱湯3分　■ **付属品**：液体スープ、かやく（焼き豚・コーン・人参・もやし・ねぎ）、マー香油　■ **総質量（麺）**：147g（90g）　■ **カロリー**：582kcal
- ■ **麺**：太くて存在感がある！と思ったが、伸びてだらしなくなるのが早い　■ **つゆ**：サンヨー食品「激戦区渋谷」と同様香ばしい香りを無理矢理強調、一応許容範囲、最近の流行か？　■ **その他**：焼き豚はハム状のが一枚、量が多い分最後は飽きる
- ■ **試食日**：2000.3.24　■ **賞味期限**：2000.8.2
- ■ **入手方法**：デイリーストア ¥168

No.1587 日清食品　4 902105 029916
名店仕込み自慢の味 すみれ
コクと香りの札幌味噌ラーメン

- **ジャンル**：ラーメン　**製法**：ノンフライめん
- ■ **調理方法**：熱湯4分　■ **付属品**：ペースト状スープ、調味オイル、かやく（チャーシュー・ねぎ・メンマ・玉ねぎ）　■ **総質量（麺）**：152g（70g）　■ **カロリー**：612kcal
- ■ **麺**：もの凄い存在感、やや太め高密度、小麦粉感がしっかり出ているのが他のノンフライ麺と違う　■ **つゆ**：濃い、九州物とは違う種類の獣臭さがある、麺に負けずパワフル、塩分きつめ　■ **その他**：店舗の味は知らないが「即席」の肩書不要、体調を整えて臨むべし
- ■ **試食日**：2000.4.23　■ **賞味期限**：2000.08
- ■ **入手方法**：セブンイレブン ¥248

No.1622 サンヨー食品　4 901734 003410
サッポロ一番 中華軒 芳醇みそ

- **ジャンル**：ラーメン　**製法**：油揚げめん
- ■ **調理方法**：熱湯3分　■ **付属品**：液体スープ、粉末スープ、かやく（豚肉・葱・キャベツ・コーン）　■ **総質量（麺）**：123g（70g）　■ **カロリー**：494kcal
- ■ **麺**：同シリーズの醤油味と同様傾向だがスープのせいか気泡感が気にならない、太くて食べ応えはある　■ **つゆ**：濃く重い、赤っぽい味噌味、袋版サッポロ一番みそラーメンとの関連性を感じる　■ **その他**：真面目に作っているのが判るが、価格がちょっとひっかかる、¥168なら十分納得・絶賛するのだが
- ■ **試食日**：2000.6.2　■ **賞味期限**：2000.9.28
- ■ **入手方法**：サンクス ¥198

みそ味

みそ味

No.1631 明星食品　4 902881 405225
中華みんみん 四川風坦々麺
辛醤味

- **ジャンル**：ラーメン　**製法**：ノンフライめん
- **調理方法**：熱湯4分　**付属品**：液体スープ、かやく（味付豚挽肉・ごま・ねぎ・しいたけ・赤唐辛子）　**総質量（麺）**：95g(60g)　**カロリー**：355kcal
- **麺**：ノンフライ細麺は適度な歯ごたえ、袋麺でノンフライが出たばかりの頃を思い出す　**つゆ**：しつこくないというか、悪く言えば浅い感じ、辛さは程々、椎茸の香りがまあ特徴的　**その他**：このネーミングは大昔の復活だね（当時は博多みんみん）、あっさり坦々麺というのも不思議感覚
- **試食日**：2000.6.12　**賞味期限**：2000.10.12
- **入手方法**：デイリーストア ¥143

No.1633 十勝新津製麺　4 904856 001043
名古屋名物 担仔麺 台湾ラーメン
辛醤味

- **ジャンル**：ラーメン　**製法**：ノンフライめん
- **調理方法**：熱湯4分　**付属品**：液体スープ、レトルト具（鶏肉・豚肉・玉ねぎ）、かやく（ニラ）　**総質量（麺）**：153g(60g)　**カロリー**：361kcal
- **麺**：いつもの十勝新津製麺品質、歯応え・密度感良、更にふくよかさが増せば無敵、量少なめ　**つゆ**：透明感があるが強烈な印象、じわじわ遅れて来る辛さ（涙と鼻水）、ニラの香りが効果的　**その他**：確かに若干台湾の匂いがする、でも下品ではない（=物足りない）
- **試食日**：2000.6.15　**賞味期限**：2000.11.7
- **入手方法**：サークルK ¥248

No.1634 ヤマダイ　4 903088 002439
ニュータッチ 満腹食堂 坦担味噌ラーメン
ここが噂のラーメン店

- **ジャンル**：ラーメン　**製法**：油揚げめん
- **調理方法**：熱湯4分　**付属品**：液体スープ、レトルト具（豚肉・人参・竹の子・玉ねぎ・椎茸）、かやく（ごま・ねぎ）　**総質量（麺）**：170g(70g)　**カロリー**：529kcal
- **麺**：太いが気泡感あり、でも最後の方は気にならなくなる、歯切れはちょっともたつく　**つゆ**：不透明、乾燥臭くはないがやや人工的、やや単調、辛さはない　**その他**：レトルトを使うならもっと豪快に具を投入して欲しい、スペックは¥248クラスなのだが
- **試食日**：2000.6.16　**賞味期限**：2000.10.22
- **入手方法**：デイリーストア ¥198

No.1645 サンヨー食品　4 901734 003496
サッポロ一番 港町 小樽 みそ

- **ジャンル**：ラーメン　**製法**：油揚げめん
- **調理方法**：熱湯3分　**付属品**：なし。粉末スープ、かやく（コーン・味付挽肉・豚肉・葱・人参）は混込済　**総質量（麺）**：77g(55g)　**カロリー**：343kcal
- **麺**：同シリーズの塩味と傾向は酷似、割と骨のある麺。なんだけどね…　**つゆ**：こちらも塩味と同様ひとなめして判る人工的、というよりあのような刺激を感じる　**その他**：これも酷評するけど殆どの若者は抵抗無く受け入れちゃうのかな、ハム状の肉が粉っぽい
- **試食日**：2000.6.29　**賞味期限**：2000.9.24
- **入手方法**：サンクス ¥143

No.1681 日清食品　4 902105 020364
CUP NOODLE スタミナ
豚バラ赤辛みそ ガーリックパワー

- **ジャンル**：ラーメン　**製法**：油揚げめん
- **調理方法**：熱湯3分　**付属品**：なし。粉末スープ、かやく（味付豚肉・ニンニクの芽・葱・ガーリック・レッドベルペパー）は混込済　**総質量（麺）**：79g(60g)　**カロリー**：383kcal
- **麺**：形状保持はしっかりしているものの、ソフトで華奢な軽量麺　**つゆ**：ハッタリの強い香り、粉末だからか？カップ麺黎明期の頃のみそ味を思い出したよ　**その他**：ニンニクだけは妙に生っぽくリアル、体調次第では食べだてで疲れてしまいそう
- **試食日**：2000.8.11　**賞味期限**：2000.11.26
- **入手方法**：エフジーマイチャーミー ¥143

No.1700 宝幸水産　4 902431 002515
札幌味噌ラーメン

- **ジャンル**：ラーメン　**製法**：油揚げめん
- **調理方法**：熱湯3分　**付属品**：液体スープ、かやく（コーン・ごま・なると・オニオン・わかめ・葱・人参）　**総質量（麺）**：100g(66g)　**カロリー**：401kcal
- **麺**：食品というより工業製品、繊細さが無い　**つゆ**：赤味噌風味、深みに欠ける、やや酸味あり　**その他**：具は粉い、乾燥っぽい玉葱と人参の風味がちょっと個性的かな
- **試食日**：2000.8.29　**賞味期限**：2000.9.11
- **入手方法**：酒DS店（名前忘れた）¥100

No.1713 東洋水産　4 901990 521789
これぞ！豚コク 味噌ラーメン

- ジャンル：ラーメン　■製法：油揚げめん
- ■調理方法：熱湯3分　■付属品：液体スープ、粉末スープ、かやく（キャベツ・チャーシュー・玉ねぎ・メンマ・もやし・ねぎ）　■総質量（麺）：137g（80g）　■カロリー：619kcal
- ■麺：黄色い麺はゴム状で弾性が妙に強い、それ以外の質感は悪くないのでこの点が惜しい　■つゆ：パワー感を損なわず、熟成されて角のとれたまろやかな感じが出ている、良いが価格を考慮すると寂しい、スープだけが突出し、もうちょっと刺激があってもいいな
- ■試食日：2000.9.14　■賞味期限：2001.1.20
- ■入手方法：コミュニティストア ¥198

No.1737 十勝新津製麺　4 904856 002729
四川 担々麺
自家製辣油芝麻醤 ノンフライ玉子麺

- ジャンル：ラーメン　■製法：ノンフライめん
- ■調理方法：熱湯4分　■付属品：液体スープ、レトルト具（豚肉・鶏肉・玉子）、自家製辣油芝麻醤、かやく（青梗菜）　■総質量（麺）：211g（65g）　■カロリー：690kcal
- ■麺：十勝新津としてはやや太め、気泡応えも無くがっしり、やや弾性あり、強い麺　■つゆ：胡麻の香りが強い割に甘くない、存在感のない辛さ、沢山の味要素のベクトルがばらばら　■その他：液体小袋が三包、手間がかかるが贅沢感・高級感はある、だが満足感はそこそこ
- ■試食日：2000.10.13　■賞味期限：2001.1.12
- ■入手方法：¥248（¥298かも？）

No.1744 明星食品　4 902881 413022
中華三昧 回鍋肉麺
キャベツと豚肉の味噌炒め 味噌味

- ジャンル：ラーメン　■製法：ノンフライめん
- ■調理方法：熱湯4分　■付属品：液体スープ、粉末スープ、ＦＤかやく（キャベツ・豚肉・人参・ごま・赤唐辛子）　■総質量（麺）：105g（65g）　■カロリー：387kcal
- ■麺：同シリーズ「五目野菜麺醤油」と同印象、ソツのない麺だが力強さや色気が不足　■つゆ：結構濃いめの味付けだが不自然な感覚は無い、しつこい一歩手前の絶妙なチューニング　■その他：「五目野菜〜」同様リアルで豪快な具だが、スープが濃いのでこちらの方がバランスが良い
- ■試食日：2000.10.20　■賞味期限：2001.1.29
- ■入手方法：ファミリーマート ¥248

No.1748 日清食品　4 902105 022573
小麦麺職人 味噌ラーメン 素材にこだわった、ゆで上げ仕立て

- ジャンル：ラーメン　■製法：ノンフライめん
- ■調理方法：熱湯4分　■付属品：ペースト状スープ、かやく（味付肉そぼろ・キャベツ・コーン・人参・ねぎ）　■総質量（麺）：110g（65g）　■カロリー：354kcal
- ■麺：太くてしっかりしっとり、時間が経っても伸びにくい、¥248級でもこれ以下はザラにある　■つゆ：味の土台がしっかりしている、白味噌基調、やや単調だが素性は良い　■その他：具は普通、この内容ならお買い得だと思う、「麺達」の領域を侵食するか？
- ■試食日：2000.10.24　■賞味期限：2001.2.8
- ■入手方法：ファミリーマート ¥143

No.1751 ヤマダイ　4 903088 002514
ニュータッチ 生粋麺 コクみそチャーシュー

- ジャンル：ラーメン　■製法：ノンフライめん
- ■調理方法：熱湯5分　■付属品：ペースト状スープ、かやく（豚肉・ネギ）　■総質量（麺）：130g（60g）　■カロリー：415kcal
- ■麺：骨太で男性的なノンフライ麺、歯応えもがっちりしているが、柔軟性はもう一歩　■つゆ：赤味噌基調、深みは十分に出ている、しかし人工的な感じはしない、塩分きつめ　■その他：具はシンプルだが厚めの三枚チャーシューは大迫力、でもハムみたいな食感
- ■試食日：2000.10.28　■賞味期限：2001.2.14
- ■入手方法：サンクス ¥248

No.1763 エースコック　4 901071 230654
大人の価値あるラーメン 焼肉メンマみそラーメン 味の違いがわかる大人のためのラーメン

- ジャンル：ラーメン　■製法：油揚げめん
- ■調理方法：熱湯3分　■付属品：液体スープ、かやく（ねぎ）、レトルト調理品（豚肉・鶏肉・味付けメンマ）　■総質量（麺）：153g（7070g）　■カロリー：486kcal
- ■麺：やや太め、気泡応えは残るが油揚げめんの香ばしい匂いがある　■つゆ：味噌感よりもダシを強調、赤白ブレンド味噌かな、ちょっと塩分きつめかな　■その他：メンマは大量だが挽肉は殆ど無い、「大人」を標榜するならカップ裏印刷の文句は邪魔
- ■試食日：2000.11.10　■賞味期限：2001.3.25
- ■入手方法：ファミリーマート ¥198

みそ味

みそ味

No.1773 十勝新津製麺　4 904856 003160
サッポロラーメン 味の時計台
札幌 みそ味 本格レトルト具材入り

3.5

- ジャンル：ラーメン　■製法：ノンフライめん
- ■調理方法：熱湯5分　■付属品：液体スープ、レトルト具（豚肉・玉ねぎ・メンマ）、かやく（もやし・ねぎ・茎わかめ）　■総質量（麺）：195g（65g）　■カロリー：617kcal
- ■麺：おにのこの会社としては例外的にソフトな太麺、みそ味だから許すもう少し硬めが好みだな　■つゆ：合わせ味噌は麹まで感じられリアルだが、ダシがやや効きすぎのように思える、嫌味はない　■その他：具は十勝新津製麺の文法通り、この会社は特定の価格帯に多品種を持つが色々試行錯誤しているのが感じられる
- ■試食日：2000.11.20　■賞味期限：2001.4.10
- ■入手方法：ファミリーマート　¥258

No.1782 エースコック　4 901071 275051
北の贈りもの サーもんなんだモン みそ味 2000復刻版

2

- ジャンル：ラーメン　■製法：油揚げめん
- ■調理方法：熱湯3分　■付属品：なし、粉末スープ、かやく（鮭・玉ねぎ・ゴボウ・ねぎ）は混込済　■総質量（麺）：74g（60g）　■カロリー：320kcal
- ■麺：製造工程まで復刻したのか？大昔のカップ麺風の香りは油の管理が悪いみたい、気泡感大　■つゆ：旨みの表現が人工的で薬臭い、鍋物風の味付けは当時革新的だったろう　■その他：ごぼうの食感は効果的、鮭はもっとデカイのがドーンといってほしいな、復刻版を評価するのってあまり意味がないかな？
- ■試食日：2000.11.27　■賞味期限：2001.3.9
- ■入手方法：ファミリーマート　¥143

No.1792 明星食品　4 902881 411226
だし源 味噌らーめん
鶏ガラと魚だし

3

- ジャンル：ラーメン　■製法：ノンフライめん
- ■調理方法：熱湯4分　■付属品：ペースト状スープ、粉末スープ、かやく（チャーシュー・揚げねぎ・ねぎ）、のり二枚　■総質量（麺）：111g（60g）　■カロリー：392kcal
- ■麺：ノンフライ細麺はハード傾向、みそ味にもう少しふくよかさやしなやかさが欲しいな　■つゆ：醤油味と違いこちらは自然な感じが出ている、十分豊かな風味、塩分多そう　■その他：見た目が貧弱な具だが、香りは出ている、嫌われる要素は少ない
- ■試食日：2000.12.7　■賞味期限：2001.3.21
- ■入手方法：ファミリーマート　¥178

No.1798 エースコック　4 901071 230685
芳醇だし 旨味みそ

2.5

- ジャンル：ラーメン　■製法：油揚げめん
- ■調理方法：熱湯3分　■付属品：ペースト状スープ、かやく（焼豚・もやし・ねぎ）、調味油　■総質量（麺）：122g（70g）　■カロリー：514kcal
- ■麺：ソフトで軟弱、全体の印象がこの麺で方向付けられてしまった　■つゆ：ダシ成分の表現はちょっとオーバー、不自然さを感じる、煮干し系だそうだ　■その他：もやしはもっとシャキシャキとあれ、焼豚の香りはちょっと独特、割感感を持った
- ■試食日：2000.12.12　■賞味期限：2001.3.18
- ■入手方法：サンクス（限定）¥178

No.1801 カネボウフーズ　4 901551 119431
東北 仙台辛味噌ラーメン 地元グルメ情報誌せんだいタウン情報推薦

3

- ジャンル：ラーメン　■製法：ノンフライめん
- ■調理方法：熱湯4分　■付属品：ペースト状スープ、かやく（チャーシュー・メンマ・キャベツ・赤ピーマン・ねぎ）　■総質量（麺）：114g（70g）　■カロリー：357kcal
- ■麺：カネボウ流ノンフライ麺、唯我独尊が薄れて徐々に大人びてきたみたい　■つゆ：軽量高速の辛さは味噌味と分離しているようだ、激しい辛さが爽快、味噌もしつこくない　■その他：一年前に食べた「宮城 仙台～」と同じだな、評価点が違うのは基準がどんどん厳しくなってきたから
- ■試食日：2000.12.16　■賞味期限：2001.3.11
- ■入手方法：サークルk　¥143

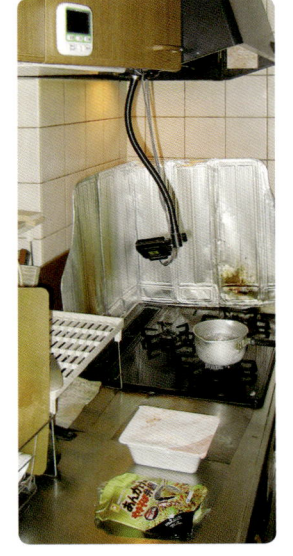

▲ YouTube向け動画を作るための、即席ラーメン製作工程の撮影。カメラは上から吊る。

みそ味

No.435 日清食品 4 902105
CUP NOODLE China 回鍋肉麺
豚肉と野菜のみそ炒めヌードル

- ジャンル：ラーメン　製法：油揚げめん
- 調理方法：No Data　付属品：No Data
- 総質量(麺)：No Data

No.471 日清食品 4 902105 014752
麺の達人　ガラ煮込み本格 みそ味

- ジャンル：ラーメン　製法：ノンフライめん
- 調理方法：熱湯4分　付属品：No Data
- 総質量(麺)：No Data

No.486 明星食品 4 902881 040723
一平ちゃん　辛みそ味 トリカラアゲ入　市場通りのラーメン屋

- ジャンル：ラーメン　製法：油揚げめん
- 調理方法：熱湯3分　付属品：No Data
- 総質量(麺)：No Data

No.490 明星食品 4 902881 041157
一平ちゃん　生豆板醤入 みそ味 超こってりのラーメン屋

- ジャンル：ラーメン　製法：油揚げめん
- 調理方法：熱湯3分　付属品：No Data
- 総質量(麺)：No Data

No.493 明星食品 4 902881 048088
MEN'S CLUB COLLECTION 男のスタミナ にんにくみそラーメン
ニラ入り

- ジャンル：ラーメン　製法：油揚げめん
- 調理方法：熱湯3分　付属品：No Data
- 総質量(麺)：No Data

No.511 明星食品 4 902881 045223
夜食亭　みそラーメン　ぼりゅーむチャーシュー コーンワカメ入り 大盛1.5倍

- ジャンル：ラーメン　製法：油揚げめん
- 調理方法：熱湯3分　付属品：No Data
- 総質量(麺)：No Data

No.529 明星食品 4 902881 044240
中華三昧 担々麺
レトルト肉みそ付 ピリッと辛い肉みそ味

- ジャンル：ラーメン　製法：油揚げめん
- 調理方法：熱湯4分　付属品：スープ、調理済みレトルトかやく（人参・豚肉・たけのこ・ねぎ・植物性たんぱく・椎茸・唐辛子）、やくみ（ごま・ねぎ）　総質量(麺)：167g(80g)

No.535 東洋水産 4 901990 027878
HOT NOODLE 味噌バター味

- ジャンル：ラーメン　製法：油揚げめん
- 調理方法：熱湯3分　付属品：なし。粉末スープ、かやく（コーン・かに様かまぼこ・ネギ）は混込済　総質量(麺)：73g(60g)

No.555 東洋水産 4 901990
日本全国ラーメンめぐり 札幌　みそラーメン PO CHACCO

- ジャンル：ラーメン　製法：油揚げめん
- 調理方法：熱湯3分　付属品：No Data
- 総質量(麺)：No Data

みそ味

No.564 東洋水産 4 901990 020176

屋台十八番 みそラーメン
もやし入り

- ジャンル ラーメン　製法 油揚げめん
- 調理方法：熱湯3分　付属品：No Data
- 総質量（麺）：No Data

No.598 エースコック 4 901071 237011

スーパーマーボみそラーメン

- ジャンル ラーメン　製法 油揚げめん
- 調理方法：熱湯3分　付属品：No Data
- 総質量（麺）：No Data

No.600 エースコック 4 901071 230029

スーパー 1.5倍 みそラーメン
生みそ仕立て

- ジャンル ラーメン　製法 油揚げめん
- 調理方法：熱湯3分　付属品：No Data
- 総質量（麺）：No Data

No.621 サンヨー食品 4 901734

サッポロ一番 Cup Star
札幌 みそラーメン

- ジャンル ラーメン　製法 油揚げめん
- 調理方法：熱湯3分　付属品：No Data
- 総質量（麺）：No Data

No.635 サンヨー食品 4980 3914

サッポロ一番 どん辛
どんぶり感情 辛口みそラーメン

- ジャンル ラーメン　製法 油揚げめん
- 調理方法：熱湯3分　付属品：粉末スープ、かやく
- 総質量（麺）：No Data

No.646 サンヨー食品 4988 5187

サッポロ一番 わかめラーメン
味噌味 わかめタップリ

- ジャンル ラーメン　製法 油揚げめん
- 調理方法：熱湯3分　付属品：スープ、かやく（味付メンマ・わかめ・コーン・なると・ごま・ねぎ）
- 総質量（麺）：94g（35g）

No.655 カネボウフーズ 4973 1682

とろみがうまみの！ 広東生醤麺
みそ ザーサイ入り

- ジャンル ラーメン　製法 ノンフライめん
- 調理方法：熱湯4分　付属品：No Data
- 総質量（麺）：No Data

No.659 カネボウフーズ 4 901551 112418

広東麺 味噌 とろみがうまみの！ ごまだれみそ 細打しっかり麺

- ジャンル ラーメン　製法 ノンフライめん
- 調理方法：No Data　付属品：No Data
- 総質量（麺）：No Data

No.672 カネボウフーズ 4973 1590

ホームラン軒
みそ味 合わせ味噌仕立て「できる！！」

- ジャンル ラーメン　製法 ノンフライめん
- 調理方法：No Data　付属品：No Data
- 総質量（麺）：No Data

No.677 カネボウフーズ　4 902552 017009
麺全席 担々麺 四川風みそ味 ごまラー油がついてピリッと辛い！

- ジャンル：ラーメン
- 製法：No Data
- 調理方法：No Data
- 付属品：No Data
- 総質量(麺)：No Data

No.690 カネボウフーズ　4973 1521
カラメンテ 大辛 みそラーメン

- ジャンル：ラーメン
- 製法：ノンフライめん
- 調理方法：熱湯4分
- 付属品：スープ、かやく（もやし・ねぎ・なると・卵）
- 総質量(麺)：94g(64g)

No.713 ヤマダイ　4 903088 001197
ニュータッチ 糸巻 チャーシューラーメン みそ味 特選焼豚

- ジャンル：ラーメン
- 製法：油揚げめん
- 調理方法：No Data
- 付属品：No Data
- 総質量(麺)：No Data

No.719 ヤマダイ　4 903088 000503
ニュータッチヌードル 北海道の味 バター風味 みそらーめん

- ジャンル：ラーメン
- 製法：油揚げめん
- 調理方法：熱湯3分
- 付属品：液体スープ、かやく（もやし・わかめ・コーン・人参）、バター風味オイル
- 総質量(麺)：120g(70g)

No.722 ヤマダイ　4 903088 001081
ニュータッチ 生粋麺 本格派みそラーメン スーパー生めんタイプ

- ジャンル：ラーメン
- 製法：ノンフライめん
- 調理方法：熱湯5分
- 付属品：スープ、かやく（焼豚・もやし・わかめ・コーン・人参）
- 総質量(麺)：130g(75g)

No.723 ヤマダイ　4 903088 001517
ニュータッチ 生粋麺 本場札幌仕込 こだわりに徹した みそラーメン

- ジャンル：ラーメン
- 製法：ノンフライめん
- 調理方法：熱湯5分
- 付属品：液体スープ、かやく（豚肉・コーン・もやし・わかめ・赤唐辛子）、レトルトメンマ
- 総質量(麺)：142g(70g)

No.730 まるか食品　4 902885 000198
ペヤング nice1.5 (当社比) みそラーメン 新しい麺麺線いろいろミックス麺が生まれた

- ジャンル：ラーメン
- 製法：油揚げめん
- 調理方法：熱湯3分
- 付属品：粉末スープ、かやく（チャーシュー・ねぎ・コーン・なると）
- 総質量(麺)：120g(90g)

No.786 はくばく（白米製本会社）　4 902571 211662
甲斐の味 信玄公 みそラーメン

- ジャンル：ラーメン
- 製法：油揚げめん
- 調理方法：熱湯3分
- 付属品：粉末スープ、かやく（オニオンスライス・チャーシューチップ・卵・人参）
- 総質量(麺)：81g(65g)

No.808 サンポー食品　4 901773 010035
元祖 焼豚ラーメン みそ

- ジャンル：ラーメン
- 製法：油揚げめん
- 調理方法：熱湯3分
- 付属品：粉末スープ、かやく（焼豚・わかめ・ねぎ）
- 総質量(麺)：87g(70g)

みそ味

みそ味

No.841 ボーソー東洋　4 960393 100205
銀座 屋台ラーメン 大盛り みそ味
路地裏のあったかスープ

- ジャンル：ラーメン　製法：No Data
- 調理方法：熱湯4分　付属品：No Data
- 総質量（麺）：No Data

No.847 松田食品　4971 2643
ベビースター 四川風みそ味 中華

- ジャンル：ラーメン　製法：油揚げめん
- 調理方法：熱湯3分　付属品：なし。粉末スープ、かやく（コーン・メンマ・かまぼこ・わかめ）は混込済　総質量（麺）：37g（32g）

No.856 桧山食品興業（宝幸水産）　4 976531 334425
かにみそラーメン

- ジャンル：ラーメン　製法：油揚げめん
- 調理方法：熱湯3分　付属品：スープ、かやく（かにかま・ねぎ・わかめ・人参）
- 総質量（麺）：100g（65g）

No.881 明星食品　4 902881 044370
中華三昧 担々麺
レトルト具 豚ひき肉みそがうまい

- ジャンル：ラーメン　製法：ノンフライめん
- 調理方法：熱湯4分　付属品：粉末スープ、レトルトかやく（豚挽肉・マッシュルーム・ザーサイ）、やくみ（ごま・ねぎ）　総質量（麺）：162g（70g）

早くも第二弾

続々刊行予定

え!?ペヤングに袋の焼そばなんてあったの？
詳しくは『即席麺サイクロペディア2』（予定）で

ミニ・コラム ❷

「こ…これはなんだ!?」山本利夫監督（1982年作品）より　(P82コラム参照)

Scene 1
ラーメンファイターX
只今参上！

Scene 2
ラーメンの木だ！
（木に即席ラーメンが実っている）

Scene 3
不老長寿のラーメンなんて
本当にあるの？

102

第四章 とんこつ味

SOKUSEKIMENCYCLOPEDIA

うまかめん
"こってりスッキリ" とんこつスープ

No.519	明星食品　4 902881 040150
ジャンル	ラーメン
製法	油揚げめん
調理方法	熱湯3分

■総質量(麺)：83g(66g)
■カロリー：No Data

[付属品] 粉末スープ、かやく（焼豚・卵・なると・白ごま・ねぎ）、調味油

[解説] 1980年発売。細くてやや無骨で軽い食感の麺と、白くてあまり獣臭くないあっさり豚骨味。当時の関東圏ではまだ類似製品が無く、唯一無二の存在だった。習性があるのか学生時代はこの製品を好んでよく食べた。後日何度か復刻版が出たが、再現性は良かったと思う。

めんコク
こってりうまい めんコク

No.463	日清食品
ジャンル	ラーメン
製法	油揚げめん
調理方法	熱湯4分

■総質量(麺)：81g(65g)
■カロリー：No Data

[付属品] 粉末スープ、かやく（焼豚・なると・ねぎ）

[解説] 1984年発売。3年後のマイナーチェンジでバリエーションが増える。CMはかたせ梨乃、森田健作などを起用。醤油豚骨味のさきがけ的存在。麺は4分戻しでがっちりした印象。

とんこつ味

男性専用 にんにくラーメン
とんこつ 好・多・源

No.821 サンポー食品	4 901773 010196
ジャンル	ラーメン
製法	油揚げめん
調理方法	熱湯3分

■総質量（麺）：125g（95g）
■カロリー：No Data

[付属品] 粉末スープ、かやく（豚肉・卵・ごま・蒲鉾・ねぎ・ニンニク芽）、調味油

[解説] 佐賀県に本拠地を構えるサンポー食品の製品は関東圏にいるとまず目にする機会が無い。1984年頃、力強い文字を強調したこのパッケージを初めて見たときには仰天した。臭みを隠さずに押し出したスープもローカルなメーカーならではのもので、非常に印象深かった一品。何度か復刻版が出たらしい。

とんこつ味

自信作 とんこつラーメン
九州名物からし高菜 有明特産のり

No.819 サンポー食品	4 901773 010202
ジャンル	ラーメン
製法	油揚げめん
調理方法	熱湯3分

■総質量（麺）：144g（95g）
■カロリー：No Data

[付属品] 粉末スープ、かやく（コーン・なると）、高菜、コーン、調味油

[解説] 上の製品と並行して販売されていて、あちらが力でぐいぐい押すタイプに対してこちらは贅沢志向。とはいえ全国区で売られる大手メーカーの豚骨ラーメンと比べれば十分に癖の強い香りがある。共に、強い自己主張をするスープの前で麺が負けているような気がした。

とんこつ味

No.800 マルタイ（泰明堂株式会社）　　4 902702 008314

屋台ラーメン

ジャンル	ラーメン
製法	油揚げめん
調理方法	熱湯3分

■総質量（麺）：95g（72g）
■カロリー：No Data

[付属品]粉末スープ、調味油、紅生姜、かやく（焼豚・かまぼこ・ねぎ）は混込済

[解説]マルタイの屋台シリーズ。地名を謳っていないので、これが元祖なのだろうか。

No.1302 マルタイ　　4 902702 009229

博多屋台とんこつラーメン
BIG ねぎたっぷり

ジャンル	ラーメン
製法	油揚げめん
調理方法	熱湯3分

■総質量（麺）：125g（82g）
■カロリー：528kcal

[付属品]粉末スープ、調味油、ふりかけ（ねぎ・ごま）、きくらげ、胡麻

[麺]やや太め。気泡感残るけれど存在感は一応確保されている
[つゆ]周りを気にするほど匂うが、コクは深く味わえる
[その他]ネギは大量だが細かすぎ。キクラゲの歯ごたえ良し。調味油が入って無かったぞー！

[試食日]1999.5.18　[賞味期限]1999.9.5　[入手方法]セブンイレブン ¥168

No.792 マルタイ　　4 902702 009137

博多 天神屋台ラーメン
豚肉・野菜入り

ジャンル	ラーメン
製法	油揚げめん
調理方法	熱湯3分

■総質量（麺）：No Data
■カロリー：No Data

[解説]豚肉・野菜入りというのが「中州」との差別化要素のようだ。

No.799 マルタイ　　4 902702 008680

博多 中洲屋台ラーメン

ジャンル	ラーメン
製法	油揚げめん
調理方法	熱湯3分

■総質量（麺）：No Data
■カロリー：No Data

[解説]左の「天神」と同時期に出ていた製品。味の差異は記憶にない。

No.852 イトメン　4 901130 123415

沖縄
焼豚入 太さいろいろ めんのアンサンブル

ジャンル	ラーメン
製法	油揚げめん
調理方法	熱湯5分

[付属品]粉末スープ、かやく（焼豚・かまぼこ・ねぎ）、紅生姜、調味油

[解説]実際に購入したのは1982年の鹿児島。沖縄そばを模した製品ではない。

■総質量(麺)：90g(71g)
■カロリー：No Data

No.868 小川食品商事　4 901130 123415

小川の 長崎チャンポン

ジャンル	ラーメン
製法	油揚げめん
調理方法	熱湯4分

[付属品]粉末スープ、かやく（キャベツ・かにかま・かまぼこ・わかめ・ねぎ）、調味油

[解説]小川では珍しいカップ麺。2001年ヒガシマルに吸収合併された。

■総質量(麺)：95g(64g)
■カロリー：No Data

No.1667 寿がきや食品　4 901677 017949

名古屋の味 SUGAKIYA ラーメン
和風とんこつ かくし味付

ジャンル	ラーメン
製法	ノンフライめん
調理方法	熱湯4分

■総質量(麺)：96g(60g)
■カロリー：291kcal

[付属品]液体スープ、かくし味、かやく（チャーシュー・メンマ・ねぎ）

[麺]ノンフライ細麺、扁平ではない、結構しなやか　[つゆ]喉越しさらさら、「湯」を感じる、豚骨臭は控えめで塩味が強い、ミルキー、旨み成分は十分ある　[その他]他社にない独特な個性がある、肉は薄いけれど味がある

[試食日]2000.7.25　[賞味期限]2000.11.14　[入手方法]セブンイレブン ¥168

No.1141 東洋水産　4 901990 021005

愛知・岐阜・三重限定ラーメン
どえりゃあ麺

ジャンル	ラーメン
製法	ノンフライめん
調理方法	熱湯4分

■総質量(麺)：104g(70g)
■カロリー：345kcal

[付属品]粉末スープ、液体スープ、かやく（かにかま・わかめ・卵・なると・ねぎ）

[麺]やや細めのノンフライめんは地味な印象　[つゆ]独特な風味だが、基本的には豚骨味だが、魚系のダシも感じる、オイスターソースのせい？　[その他]全国区への昇格にはもう一歩かな、フタに描かれた金のしゃちほこがおしゃれ

[試食日]1998.10.29　[賞味期限]1999.3.7　[入手方法]ファミリーマート

とんこつ味

107

No.694 カネボウフーズ　4973 1903

開運拉麺亭
とんこつ味 本格チャーシュー入り

ジャンル	ラーメン
製法	No Data
調理方法	No Data

- ■総質量(麺)：No Data
- ■カロリー：No Data

[解説]製品を乱発していた頃のカネボウ。カップのフタからは製品の特徴を殆ど推測できない。

No.661 カネボウフーズ　4 901551 112715

とんこつラーメン マヨラー
とうがらしマヨネーズ付マヨ！マイルドなコクあっさりスパイシー

ジャンル	ラーメン
製法	油揚げめん
調理方法	熱湯3分

- ■総質量(麺)：No Data
- ■カロリー：No Data

[解説]「マヨラー」という言葉も、ルーズソックスも、結構流行の初期段階でこの製品が出た。カネボウの時代感覚は結構鋭いと感じした。

No.1692 東洋水産　4 901990 520911

長崎は今日もちゃんぽん
野菜＆魚介 具だくさん！

ジャンル	チャンポン
製法	油揚げめん
調理方法	熱湯4分

評価：2.5

- ■総質量(麺)：92g(68g)
- ■カロリー：427kcal

[付属品]粉末スープ、調味油、かやく（キャベツ・いか・コーン・かに様かまぼこ・キクラゲ）
[麺]断面形状に角がなく舌触りが優しい、やや湿った印象でその分重量感がある　[つゆ]ほのかに甘い、変な癖は無い　[その他]キャベツは大量、関東圏ではごく一時期しか売られず買いそびれた品に再会できたよ

[試食日]2000.8.21　[賞味期限]2000.12.13　[入手方法]大分県で購入

No.571 東洋水産　4 901990 020596

黄色い 博多ラーメン
紅しょうが 焼豚入り

ジャンル	ラーメン
製法	油揚げめん
調理方法	熱湯3分

- ■総質量(麺)：No Data
- ■カロリー：No Data

[解説]1982年発売。赤・緑の次は黄色で来たが、あまり定着しなかった。

No.1729　東洋水産　4 901990 521758

Tokyo Walker いまブームの東京ラーメンを徹底追求!! 醤油豚骨ラーメン

ジャンル	ラーメン
製法	油揚げめん
調理方法	熱湯3分

1.5

■総質量(麺)：89g(65g)
■カロリー：395kcal

[付属品] 液体スープ、粉末スープ、かやく（チャーシュー・ねぎ）、メンマは混込済

[麺] ¥143 でも不満を感じる質感の軽い麺、弾性はあまりない　[つゆ] ややとろみあり、人工的、深みを安易に造っている感じ　[その他] 予想通り、外見のみならず中身も雑誌のようだ、薬を舐めたみたいに後味が悪い

[試食日] 2000.10.3　[賞味期限] 2000.12.16　[入手方法] ファミリーマート ¥158

No.1678　サンヨー食品　4 901734 003588

チェキラ！ソウル・トンコツ・フィーバー ニューウェーブラーメン No.02

ジャンル	ラーメン
製法	油揚げめん
調理方法	熱湯3分

2.5

■総質量(麺)：122g(70g)
■カロリー：565kcal

[付属品] 液体スープ、粉末スープ、特製コクエキス、かやく（豚肉・キクラゲ・葱）

[麺] 重量感があり歯切れも良いが、やや気泡感が残っている、もう少し潤いがあってもいいな　[つゆ] とろみあり、濃いけれど深くはない、獣臭さは無い、ちょっと人工的　[その他] 広報活動は極めて特徴的だが中身には関係ないので本稿では無視する、パワフルだが大味

[試食日] 2000.8.7　[賞味期限] 2000.12.9　[入手方法] コミュニティストア ¥168

No.1701　宝幸水産　4 902431 002522

博多とんこつラーメン

ジャンル	ラーメン
製法	油揚げめん
調理方法	熱湯3分

2

■総質量(麺)：80g(66g)
■カロリー：372kcal

[付属品] 粉末スープ、かやく（キャベツ・コーン・ごま・紅生姜・わかめ・葱・人参）

[麺] 他シリーズと同様食感の軽い麺、気泡感は並、豚骨味では欠点として目立ちにくいが　[つゆ] 薄い豚骨、粘性無くサラサラ、臭みも少ない　[その他] チープなりにバランスは取れている、百円以下なら文句も出ないか、シリーズ中一番食品らしい

[試食日] 2000.8.31　[賞味期限] 2000.11.1　[入手方法] 酒DS店（名前忘れた）¥100

No.1711　サンヨー食品　4 901734 003120

復刻版 とっぱちからくさやんつきラーメン とんこつ

ジャンル	ラーメン
製法	油揚げめん
調理方法	熱湯3分

3

■総質量(麺)：102g(70g)
■カロリー：483kcal

[付属品] 粉末スープ、かやく（豚肉・葱・ごま・ニンニクの芽）、調味油、紅生姜

[麺] 歯ごたえハード、ドライ食感、無骨な男らしい麺だが豚骨味にはマッチしている　[つゆ] 癖のある獣臭さ、好き嫌いが分かれると思う、素はミルキー豚骨なのだが装飾が賑やか　[その他] 懐かしのブランド（袋版をよく食べた）昔はこんなに個性的だったかな？肉は柔らか過ぎ、ローソン限定

[試食日] 2000.9.11　[賞味期限] 2001.1.4　[入手方法] ローソン ¥168

とんこつ味

マイフレンド・とんこつ塩ラーメン
No.927　大黒食品工業　4 904511 000398
コクのある白湯スープ！

- **ジャンル**：ラーメン　**製法**：油揚げめん
- **調理方法**：No Data　**付属品**：No Data
- **総質量(麺)**：80g(No Data)　**カロリー**：383kcal
- **麺**：麺もイマイマ三というレベル。この食感は古いよ！　**つゆ**：とんこつといっても全然臭くない、無難というか面白味のない味　**その他**：同社の中では標準的なのだが、客観的な評価としては2点
- **試食日**：1999.10.5　**賞味期限**：No Data
- **入手方法**：No Data

評価：2

スタミナにんにく豚こつラーメン
No.935　明星食品　4 902881 048170

- **ジャンル**：ラーメン　**製法**：油揚げめん
- **調理方法**：熱湯3分　**付属品**：かやく・粉末スープ・調味油・チリペースト
- **総質量(麺)**：No Data　**カロリー**：418kcal
- **麺**：標準的というか、没個性　**つゆ**：スープはごま風味でまあまあ　**その他**：辛さを任意にコントロールできることと、にんにく・にんにくの芽がたくさんはいっているのは良い
- **試食日**：1997.10.19　**賞味期限**：No Data
- **入手方法**：No Data

評価：3

ホームラン軒 とんしおラーメン
No.965　カネボウフーズ　4 901551 112890
豚骨ベースの澄んだスープ

- **ジャンル**：ラーメン　**製法**：ノンフライめん
- **調理方法**：熱湯4分　**付属品**：液体スープ、かやく(チャーシュー1枚・ねぎ・きくらげ・もやし・ごま)
- **総質量(麺)**：100g(70g)　**カロリー**：326kcal
- **麺**：いつものカネボウノンフライ麺。スープには合っている　**つゆ**：あっさり塩味、豚骨の臭みはない　**その他**：かやくの種類は多いがそれぞれの量が少ない。
- **試食日**：1997.12.30　**賞味期限**：1998.4.25
- **入手方法**：No Data

評価：3.5

こってりラーメン 博多長浜
No.968　カネボウフーズ　4 901551 112975
辛口とんこつ味

- **ジャンル**：ラーメン　**製法**：ノンフライめん
- **調理方法**：熱湯5分　**付属品**：液体スープ、かやく(ねぎ・ごま)、調理かやく(からし高菜)
- **総質量(麺)**：148g(85g)　**カロリー**：457kcal
- **麺**：さすがノンフライ5分戻し、幅広のめんはゆらかで生に近い食感。ただし全部ほぐれ切らなかった　**つゆ**：高菜の辛さが適度にある。とんこつ臭さはあまりない　**その他**：チャーシュー系の具がないが、デメリットとは感じない
- **試食日**：1998.1.11　**賞味期限**：1998.5.8
- **入手方法**：ローソン ¥248

評価：4

ピリカラ 辛いラーメン
No.971　サンポー食品　4 901773 011162

- **ジャンル**：ラーメン　**製法**：油揚げめん
- **調理方法**：熱湯3分　**付属品**：粉末スープ、かやく(チャーシュー一枚・ごま・ねぎ)、ピリ辛調味油
- **総質量(麺)**：89g(65g)　**カロリー**：417kcal
- **麺**：標準的な油揚げめん。以前のサンポーより滑らかになったかな？　**つゆ**：辛口の豚骨で臭さはない。関東人でもOK　**その他**：サンポー「焼豚ラーメンの味」に豆板醤を入れたようなものだな
- **試食日**：1998.1.24　**賞味期限**：1998.3
- **入手方法**：ローソン ¥143

評価：3

スーパーカップ 豚キムチ
No.976　エースコック　4 901071 230203
とんこつしょうゆ

- **ジャンル**：ラーメン　**製法**：油揚げめん
- **調理方法**：熱湯3分　**付属品**：粉末スープ、調味油、かやく(キムチ・焼豚一枚・ちんげん菜・唐辛子)
- **総質量(麺)**：115g(90g)　**カロリー**：512kcal
- **麺**：標準的油揚げめん　**つゆ**：臭くない、あっさり豚骨　**その他**：キムチの白菜はいい。賞味期限切れなので評価はアンフェアか？
- **試食日**：1998.2.7　**賞味期限**：1997.8
- **入手方法**：No Data

評価：2.5

とんこつ味

No.997 日清食品　4 902105 021333
麺の達人 トロ火煮出し 麺線18番丸 醤油とんこつ味

評価: 4

- ジャンル：ラーメン　製法：ノンフライめん
- ■ 調理方法：熱湯4分　■ 付属品：粉末スープ、液体スープ、かやく（ねぎ・チャーシュー・ごま・紅生姜）　■ 総質量（麺）：103g(70g)　■ カロリー：359kcal
- ■ 麺：ノンフライの麺は歯ごたえとしなやかさを両立しており良い　■ つゆ：ライトとんこつとでも言おうか、無難な味。もっと刺激があってもよいか　■ その他：小さいながら肉もねぎ（わけぎ）もたくさんはいっている
- ■ 試食日：1998.3.16　■ 賞味期限：1998.7.7
- ■ 入手方法：No Data

No.1018 エースコック　4 901071 215019
九州どんぶり 鹿児島ラーメン

評価: 3

- ジャンル：ラーメン　製法：油揚げめん
- ■ 調理方法：熱湯3分　■ 付属品：液体スープ、かやく（豚肉・キャベツ・キクラゲ・椎茸・ねぎ）、スパイス　■ 総質量（麺）：104g(65g)　■ カロリー：425kcal
- ■ 麺：断面が丸めの麺は割に存在感がある　■ つゆ：とんこつ臭くない、塩味にわずかな九州の雰囲気を足した感じ、塩味強い　■ その他：肉はリアルで量も多く良い、野菜炒めみたい、キクラゲの食感が良い
- ■ 試食日：1998.4.14　■ 賞味期限：1998.8.27
- ■ 入手方法：ファミリーマート ¥168

No.1020 エースコック　4 901071 803025
レンジで麺革命 焼豚とんこつラーメン 生めんを超えた劇的なうまさ

評価: 3.5

- ジャンル：ラーメン　製法：油揚げめん
- ■ 調理方法：熱湯＋レンジ加熱2分　■ 付属品：液体スープ、調味油、かやく（焼豚・ねぎ・きくらげ・ごま）　■ 総質量（麺）：103g(68g)　■ カロリー：No Data
- ■ 麺：さすがレンジ加熱？油揚げめんだがつるつるなめらかでキメ細かに、他に無い質感　■ つゆ：塩味が強いが臭くなくおとなしい　■ その他：レンジ加熱すると異様に熱くなり、味が判りにくい、舌が火傷する
- ■ 試食日：1998.4.18　■ 賞味期限：1998.8.9
- ■ 入手方法：No Data

No.1033 カネボウフーズ　4 901551 113170
大盛 とんこつしょうゆラーメン 細打ちノンフライ麺

評価: 3.5

- ジャンル：ラーメン　製法：ノンフライめん
- ■ 調理方法：熱湯4分　■ 付属品：液体スープ、かやく（チャーシュー・コーン・ねぎ・ごま）　■ 総質量（麺）：138g(90g)　■ カロリー：474kcal
- ■ 麺：細いがしっかりしている、さすがはノンフライ　■ つゆ：結構香りが「ラーメン屋」している、本格的味付け　■ その他：これで具が良かったら…ちょっと残念だな
- ■ 試食日：1998.5.14　■ 賞味期限：1998.9.13
- ■ 入手方法：No Data

No.1050 エースコック　4 901071 277017
豚天 とんこつヌードル

評価: 4

- ジャンル：ラーメン　製法：油揚げめん
- ■ 調理方法：熱湯3分　■ 付属品：なし。スープ、かやく（豚天ぷら・卵・なると・ねぎ）は混込済　■ 総質量（麺）：83g(65g)　■ カロリー：392kcal
- ■ 麺：太めで存在感がある、弾性強し　■ つゆ：密度が高い、隙のないスープ　■ その他：食べ応えのある豚天が沢山ありGood、全てがパワフルな感覚で統一されている
- ■ 試食日：1998.06.18　■ 賞味期限：1998.10.7
- ■ 入手方法：京都で購入

No.1087 エースコック　4 901071 221003
ちょっと辛口 豚キムチヌードル とんこつ味

評価: 3.5

- ジャンル：ラーメン　製法：油揚げめん
- ■ 調理方法：熱湯3分　■ 付属品：なし。スープ、かやく（豚肉・キムチ・赤ピーマン・ねぎ）は混込済　■ 総質量（麺）：73g(60g)　■ カロリー：334kcal
- ■ 麺：幅広で存在感がある　■ つゆ：割に深めのとんこつ味　■ その他：具がたくさんあって得した気分
- ■ 試食日：1998.08.27　■ 賞味期限：1998.12.3
- ■ 入手方法：サンエブリー ¥143

とんこつ味

とんこつ味

No.1151 東洋水産　4 901990 026802
和歌山ラーメン だしが効いてる旨とんこつ醤油

- ジャンル：ラーメン　製法：ノンフライめん
- 調理方法：熱湯4分　付属品：粉末スープ、液体スープ、レトルトかやく(チャーシュー・メンマ)、乾燥ねぎ　総質量(麺)：131g(75g)
- カロリー：433kcal
- 麺：やや細めのノンフライめんは密度が高く、輪郭ハッキリ　つゆ：一見あっさり、実は豚骨のダシが濃い、料理開始直後の台所の匂い　その他：ネギの量は多いが豚骨風味に消されてしまう、チャーシュー二枚は脂身多いが立派
- 試食日：1998.11.6　賞味期限：1999.3.14
- 入手方法：No Data

点数：3.5

No.1152 明星食品　4 902881 048385
屋台風味とんこつ味 高菜ラーメン

- ジャンル：ラーメン　製法：油揚げめん
- 調理方法：熱湯3分　付属品：粉末スープ(ごま・卵・唐辛子・ねぎ入り)、調味油、生タイプ辛子高菜　総質量(麺)：99g(65g)
- カロリー：390kcal
- 麺：気泡が多く軽いめんはあまり腹に溜まる気がしない　つゆ：関東的解釈のライト豚骨は嫌味がない　その他：具の高菜だけがリアルで存在感がある、もっと臭い方が好みだな
- 試食日：1998.11.12　賞味期限：1999.2.28
- 入手方法：No Data

点数：3

No.1156 横山製麺工場　4 903077 200815
粉打ち屋 味噌とんこつラーメン ハナマルキ味噌使用

- ジャンル：ラーメン　製法：フリーズドライめん
- 調理方法：熱湯3分　付属品：ペースト状スープ、かやく(キャベツ・人参・ねぎ・わかめ)　総質量(麺)：122g(57g)　カロリー：390kcal
- 麺：細めのフリーズドライ麺は弾性強いが最後の踏ん張りがある　つゆ：ダシ入り味噌を溶いた!という感じ、味わえる、豚骨臭殆どなし　その他：「八ちゃん」の看板を下ろした横山製麺、従来品より麺が軟弱に感じた
- 試食日：1998.11.16　賞味期限：1999.3.21
- 入手方法：セブンイレブン ¥250

点数：3

No.1197 ヤマダイ　4 903088 001920
ニュータッチ 博多風 豚骨ねぎラーメン

- ジャンル：ラーメン　製法：油揚げめん
- 調理方法：熱湯3分　付属品：粉末スープ、調味油、かやく(キクラゲ・ごま・ネギ)、紅生姜　総質量(麺)：92g(70g)　カロリー：438kcal
- 麺：気泡が多い、安っぽさを感じてしまう　つゆ：豚骨の匂い・臭さはそこそこある　その他：細かいネギがたっぷり、あと二十円高くていいからチャーシューを入れて欲しい
- 試食日：1999.1.8　賞味期限：1999.5.9
- 入手方法：とうきゅう伊勢原店 ¥143

点数：2.5

No.1206 砂押商店(現：麺のスナオシ)　4 973288 723236
とんこつスープ 本場 九州ラーメン

- ジャンル：ラーメン　製法：油揚げめん
- 調理方法：熱湯3分　付属品：粉末スープ、かやく(わかめ・コーン・ごま)　総質量(麺)：85g(65g)　カロリー：376kcal
- 麺：先日の「ねぎラーメン」と同じ、重たい印象　つゆ：臭みのないライトとんこつ。薄い　その他：「本場」と銘打っているが九州の人が食べたら怒る、価格以外の必然性がない
- 試食日：1999.1.14　賞味期限：1999.4.5
- 入手方法：秋葉原で購入 ¥90

点数：2

No.1211 明星食品　4 902881 043588
本場もんラーメン 穴場の 久留米屋 コクとんこつ味

- ジャンル：ラーメン　製法：油揚げめん
- 調理方法：熱湯3分　付属品：粉末スープ、コクのたれ、かやく(チャーシュー一枚・きくらげ・ねぎ・ごま)　総質量(麺)：94g(60g)　カロリー：375kcal
- 麺：ゆるめのウエーブめんはやや細く固め、やや頑固者　つゆ：この手の製品としては結構豚骨臭をはっきり打ち出しており良い、味わえる　その他：八方美人ではなく明確な個性がある
- 試食日：1999.1.25　賞味期限：1999.6.13
- 入手方法：サンエブリー ¥158

点数：3.5

No.1212 エースコック　4 901071 215040
九州どんぶり 長崎ちゃんぽん

| ジャンル | ラーメン | 製法 | 油揚げめん |

- 調理方法：熱湯3分　● 付属品：粉末スープ、調味油、かやく（えび・いか・ちんげん菜・人参・キャベツ・コーン等）　● 総質量（麺）：91g（65g）　● カロリー：394kcal

- 麺：気泡が多くバサバサするが太さで迫力をつけている、断面の角々が大きく丸断面に近い　● つゆ：クセの少ないチャンポンスープ、万人向け　● その他：具は種類も量も多くバラエティに富み、楽しめる

- 試食日：1999.1.26　● 賞味期限：1999.5.14
- 入手方法：サンエブリー ¥168

No.1230 エースコック　4 901071 219031
中華風野菜ラーメン チャンポンメン

| ジャンル | ラーメン | 製法 | 油揚げめん |

- 調理方法：熱湯3分　● 付属品：粉末スープ、調味油、かやく（コーン・キャベツ・人参・もやし）　● 総質量（麺）：90g（65g）　● カロリー：404kcal

- 麺：やや太め、エースコックらしく気泡が多い感じだが、食感は引きずるように重い　● つゆ：調味油م動物的な香りがする、適度な存在感がありまあ合格レベルには達している　● その他：具の量は十分多く看板に偽りない。あとは麺だな

- 試食日：1999.2.16　● 賞味期限：1999.6.20
- 入手方法：No Data

No.1251 ヤマダイ　4 903088 002118
ニュータッチ 生粋麺 博多うまかとんこつラーメン

| ジャンル | ラーメン | 製法 | ノンフライめん |

- 調理方法：熱湯5分　● 付属品：粉末スープ、香味油、かやく（径40 焼き豚一枚・きくらげ・ごま・ねぎ）、紅生姜　● 総質量（麺）：90g（60g）　● カロリー：323kcal

- 麺：ノンフライ麺だが太くてがっちり。博多のラーメン屋の麺の方がチープかも　● つゆ：結構動物的な雰囲気がでており深い。クセも強いので万人向けではない　● その他：存在感は抜群。麺がラッピングされてるのに気づかずスープかけちゃったよ

- 試食日：1999.3.18　● 賞味期限：1999.7.24
- 入手方法：No Data

No.1258 明星食品　4 902881 042048
最強の一平ちゃん とんこつ味

| ジャンル | ラーメン | 製法 | 油揚げめん |

- 調理方法：熱湯3分　● 付属品：液体スープ、粉末スープ、かやく（豚挽肉・揚げ玉・ごま・ねぎ）　● 総質量（麺）：116g（65g）　● カロリー：516kcal

- 麺：先日の醤油味と同様存在感は強い　● つゆ：結構気合いのハイパワフルさ、「濃厚度200%」はまんざらでもないがどこか人工的　● その他：気持ちが前向きの時に食べるとさらに高揚する。頭脳労働よりも肉体労働の際に

- 試食日：1999.3.26　● 賞味期限：1999.7.7
- 入手方法：No Data

No.1266 東洋水産　4 901990 520188
このダシええやんか ネギたっぷりしょうゆとんこつ こってりラーメン

| ジャンル | ラーメン | 製法 | 油揚げめん |

- 調理方法：熱湯3分　● 付属品：粉末スープ、かやく（ねぎ）。焼豚一枚は混込済　● 総質量（麺）：82g（65g）　● カロリー：389kcal

- 麺：安っぽい気泡感は残るがスープとのマッチングは良い　● つゆ：結構甘いような獣臭さが再現されている。食べる際は周囲を気遣う　● その他：気合いを感じる。ネギの分量はたっぷりあるが香りが殆どしない点が惜しい

- 試食日：1999.4.06　● 賞味期限：1999.8.11
- 入手方法：ファミリーマート ¥143

No.1278 カネボウフーズ　4 901551 113538
ホームラン軒 ピリ辛とんこつしょうゆ

| ジャンル | ラーメン | 製法 | ノンフライめん |

- 調理方法：熱湯4分　● 付属品：液体スープ、かやく（豚肉・コーン・ねぎ・キクラゲ・ねぎ）　● 総質量（麺）：110g（70g）　● カロリー：343kcal

- 麺：やや細めノンフライは密度が高くしっとり　● つゆ：唐辛子が前面に出ている、疾走感のある辛さ。コクも出ている　● その他：具はシンプル。キクラゲなんか入っていたっけ？

- 試食日：1999.4.20　● 賞味期限：1999.8.8
- 入手方法：am-pm ¥143

とんこつ味

No.1283 サンポー食品　4 901773 010073
元祖特製 焼豚ラーメン 本場九州 とんこつ味

- **ジャンル** ラーメン　**製法** 油揚げめん
- ■調理方法：熱湯3分　■付属品：粉末スープ、レトルト具(豚肉・キクラゲ)、調味油、紅生姜　■総質量(麺)：155g(80g)　■カロリー：564kcal
- ■麺：気泡感の強い、軽く安っぽい麺。しかし豚骨味はあまり麺質を要求しないのかな？悪いとは思わない　■つゆ：他地域のひとに気兼ねしていない潔さ、骨を煮込んだ感じが出ている　■その他：折角のレトルト肉も脂身ばかり。でも愛すべきB級即席麺という感じで憎めない
- ■試食日：1999.4.26　■賞味期限：1999.9.15
- ■入手方法：ローソン ¥268

No.1296 明星食品　4 902881 043618
ラーメンの王道 熊本 とんこつ

- **ジャンル** ラーメン　**製法** 油揚げめん
- ■調理方法：熱湯3分お湯切り　■付属品：粉末スープ、調味油　■総質量(麺)：128g(90g)　■カロリー：620kcal
- ■麺：細くてばさばさ。でも豚骨味にはマッチしている　■つゆ：さほど臭くない、甘みを感じるマイルド熊本　■その他：具が沈殿していて初めは「何も無いぞ」と思った。肉は貧弱、キャベツは良いが紅生姜が欲しい
- ■試食日：1999.5.11　■賞味期限：1999.9.15
- ■入手方法：セブンイレブン ¥195

No.1297 東洋水産　4 901990 520249
ラーメンの王道 和歌山
醤油とんこつ

- **ジャンル** ラーメン　**製法** 油揚げめん
- ■調理方法：熱湯3分　■付属品：液体スープ、粉末スープ、かやく(豚肉・ねぎ・きくらげ・かまぼこ)　■総質量(麺)：127g(90g)　■カロリー：549kcal
- ■麺：太さは普通、気泡感多く柔らかめ、麺の一本一本は食べづらい　■つゆ：ややとろみがある、深いがどこか人工的　■その他：肉は薄い、きくらげはリアル。麺がもう一頑張りしてくれればなあ
- ■試食日：1999.5.13　■賞味期限：1999.10.1
- ■入手方法：セブンイレブン ¥195

No.1328 日清食品　4 902105 025666
出前一丁 醤油とんこつ味
ごまラー油つき

- **ジャンル** ラーメン　**製法** 油揚げめん
- ■調理方法：熱湯3分　■付属品：粉末スープ、かやく(キャベツ・コーン・なると・ねぎ)、ごまラー油　■総質量(麺)：89g(70g)　■カロリー：390kcal
- ■麺：色が濃い、ふた昔前といった感じの麺、力はそこそこあるが上品ではない　■つゆ：まろやかな豚骨味、でも臭くはない、ちょっと人工的かな　■その他：肉がないのが寂しい、ラー油の香りが効果的なのは初めの30秒まで
- ■試食日：1999.6.21　■賞味期限：1999.9.22
- ■入手方法：ファミリーマート ¥143

No.1333 サンヨー食品　4 901734 002796
サッポロ一番 麺屋佐吉
こくとんこつ

- **ジャンル** ラーメン　**製法** 油揚げめん
- ■調理方法：熱湯3分　■付属品：なし。粉末スープ、かやく(キクラゲ・ねぎ・ごま・紅生姜・豚肉)は混込済　■総質量(麺)：72g(55g)　■カロリー：321kcal
- ■麺：細くてごわごわしている麺だが、豚骨味には合っている　■つゆ：本土のイメージする豚骨スープ、臭くない、やや甘め　■その他：キクラゲのコリコリした食感はグー
- ■試食日：1999.06.28　■賞味期限：1999.11.7
- ■入手方法：セブンイレブン ¥143

No.1338 明星食品　4 902881 043854
大盛 豚三郎 とんこつラーメン

- **ジャンル** ラーメン　**製法** 油揚げめん
- ■調理方法：熱湯3分　■付属品：粉末スープ、かやく(チャーシュー・味付豚挽肉・ねぎ・揚げ玉・ごま)、特製調味油　■総質量(麺)：125g(90g)　■カロリー：620kcal
- ■麺：量は多いがやや細く気泡感がある弱い麺、スープに負けているな　■つゆ：かなり突出して油っぽい、豚骨やニンニクのくさきもかす程　■その他：エネルギーの補給には良いが、体調の悪いときは食べない方がよい
- ■試食日：1999.7.5　■賞味期限：1999.10.31
- ■入手方法：No Data

No.1344 日清食品　4 902105 020166
カップヌードル ポーク
トンコツしょうゆ

☆2.5

- ジャンル：ラーメン
- 製法：油揚げめん
- 調理方法：熱湯3分
- 付属品：なし。粉末スープ、かやく（味付豚肉・キャベツ・コーン・ねぎ）は混込済
- 総質量（麺）：79g(60g)
- カロリー：361kcal
- 麺：いかにもカップヌードル的な扁平軟らかちょっと気泡感あり麺、ラーメンではない
- つゆ：万人に受け入れられるマイルドとんこつ。九州系の臭さは皆無
- その他：全体の印象は弱い、空腹時以外には積極的に選ぶ魅力に欠けるな、欠点も無いけど
- 試食日：1999.7.12　賞味期限：1999.11.24
- 入手方法：am-pm ¥143

No.1367 明星食品　4 902881 041430
一平ちゃん こってりとんこつ味 細打ち麺

☆2.5

- ジャンル：ラーメン
- 製法：油揚げめん
- 調理方法：熱湯3分
- 付属品：粉末スープ、特製調味油、かやく（チャーシュー・ごま・揚げ玉・ねぎ）
- 総質量（麺）：95g(65g)
- カロリー：448kcal
- 麺：細くてごわごわばさばさ、でも豚骨味の場合これが欠点にならないのが不思議
- つゆ：調味油のタレが味を引き締めている、ちょっとスパイシー、これが無ければ特徴なし
- その他：予想よりは（若干）硬派だったな
- 試食日：1999.8.2　賞味期限：1999.11.27
- 入手方法：相鉄ローゼン、特価 ¥100

No.1373 横山製麺工場　4 903077 200860
八ちゃん こだわりのご当地ラーメン 徳島

☆3

- ジャンル：ラーメン
- 製法：フリーズドライめん
- 調理方法：熱湯4分
- 付属品：液体スープ、粉末スープ、調理済かやく（豚肉・メンマ）、かやく（ネギ・もやし）
- 総質量（麺）：173g(57g)
- カロリー：519kcal
- 麺：フリーズドライ麺は滑らかだがどこか湿った感じ、いつもの八ちゃんのキレが無いぞ
- つゆ：透明度ゼロのスープは即席らしからぬコクがある、濃いけれど角がとれており丸い
- その他：資質は凄いのは認めるが、もっと豪快さ・爽快さを備えて欲しい
- 試食日：1999.8.20　賞味期限：2000.1.8
- 入手方法：サンクス ¥298

とんこつ味

No.1377 マルタイ　4 902702 009236
キムチラーメン とんこつ味

☆3

- ジャンル：ラーメン
- 製法：油揚げめん
- 調理方法：熱湯3分
- 付属品：粉末スープ、調味油、かやく（キムチ・煎ごま・キクラゲ・ネギ）
- 総質量（麺）：91g(68g)
- カロリー：416kcal
- 麺：細めで軽い、安っぽい麺
- つゆ：心地よい辛さ、豚骨よりもキムチ風味の方が強いし味わえる
- その他：白菜キムチは量も十分、具として効果的。反面キクラゲの歯ごたえが今イチ
- 試食日：1999.8.23　賞味期限：1999.11.29
- 入手方法：サンクス ¥158

No.1381 日清食品　4 902105 029305
季節限定 はかたんもんらーめん
とんこつ味

☆3

- ジャンル：ラーメン
- 製法：油揚げめん
- 調理方法：熱湯3分
- 付属品：なし。粉末スープ、かやく（豚肉・ごま・キクラゲ・ねぎ・紅生姜）は混込済
- 総質量（麺）：74g(60g)
- カロリー：336kcal
- 麺：やや細めで存在感は希薄だが意外に分量がある印象
- つゆ：どことなくミルキーなとんこつ味、臭くない
- その他：どうも全体的に散漫な感じを受けるな
- 試食日：1999.8.30　賞味期限：1999.12.12
- 入手方法：No Data

No.1383 サンヨー食品　4 901734 002918
サッポロ一番 おいしい麺屋さん 博多とんこつ

☆2.5

- ジャンル：ラーメン
- 製法：油揚げめん
- 調理方法：熱湯3分
- 付属品：なし。粉末スープ、かやく（豚肉・キクラゲ・ごま・紅生姜）は混込済
- 総質量（麺）：73g(55g)
- カロリー：329kcal
- 麺：細くてしなやかさに欠ける
- つゆ：ミルキーとんこつ、マイルドと言うかこじんまりしてる
- その他：ネギとキクラゲは十分あるが肉は細かく存在が薄い
- 試食日：1999.9.2　賞味期限：2000.1.19
- 入手方法：サンエブリー ¥143

とんこつ味

No.1397 東洋水産　4 901990 520546
HOT NOODLE 豚骨 FLAVOR

- ジャンル：ラーメン
- 製法：油揚げめん
- 調理方法：熱湯3分　■付属品：なし。粉末スープ、かやく(豚肉・ネギ・キクラゲ・紅生姜)は混込済　■総質量(麺)：74g(60g)　■カロリー：330kcal
- 麺：細いが硬い、意外に気泡感が少ない　■つゆ：メジャーブランドものとしては珍しく獣臭さがある、味はやや濃いめのミルキーとんこつ　■その他：見かけより硬派、キクラゲと豚骨はややしなびているものの雰囲気作りに一役買っている
- 試食日：1999.9.16　■賞味期限：2000.1.21
- 入手方法：No Data

No.1439 カネボウフーズ　4 901551 113774
全国ラーメン食べある紀 瀬戸内 広島中華そば 豚骨しょうゆ味

- ジャンル：ラーメン
- 製法：ノンフライめん
- 調理方法：熱湯4分　■付属品：液体スープ、かやく(チャーシュー・もやし・ねぎ)　■総質量(麺)：105g(70g)　■カロリー：334kcal
- 麺：同じノンフライでもホームラン軒シリーズと比べるとやや乾麺臭さが残るな　■つゆ：多少人工的だが濃い、溜まった感じ？が出ている　■その他：具は少ないが肉は入っている、これが広島か～正直言って和歌山などと区別がつかんな
- 試食日：1999.11.2　■賞味期限：2000.2.5
- 入手方法：ファミリーマート ¥143

No.1442 エースコック　4 901071 225520
麺の宿 福岡天神 とんこつラーメン

- ジャンル：ラーメン
- 製法：油揚げめん
- 調理方法：熱湯3分　■付属品：粉末スープ、調味油、かやく(焼豚・ごま・ねぎ・キクラゲ)　■総質量(麺)：87g(65g)　■カロリー：407kcal
- 麺：細くて軽めだが柔らか過ぎないので一応の歯ごたえは確保　■つゆ：動物的匂いはさほど無いがニンニク臭は何か気になる程強い、味わえる　■その他：もう少しパンチが効いていて欲しいな、具は標準レベル
- 試食日：1999.11.5　■賞味期限：2000.2.17
- 入手方法：ファミリーマート ¥143

No.1443 ヤマダイ　4 903088 002187
ニュータッチ とんこつ醤油味 ねぎラーメン

- ジャンル：ラーメン
- 製法：油揚げめん
- 調理方法：熱湯3分　■付属品：ペースト状スープ、かやく(ねぎ・揚げ玉・赤ピーマン・ごま)　■総質量(麺)：95g(70g)　■カロリー：416kcal
- 麺：やや細めだが、意外につるっと滑らか、軽いのはしょうがないか　■つゆ：濃いのだが、ちょっと作為的かな　■その他：後乗せの乾燥具、特にネギはちょっと新鮮な印象
- 試食日：1999.11.6　■賞味期限：2000.3.1
- 入手方法：am-pm ¥143

No.1450 東洋水産　4 901990 520805
新・中華そば 東京発

- ジャンル：ラーメン
- 製法：油揚げめん
- 調理方法：熱湯3分　■付属品：液体スープ、粉末スープ、かやく(焼豚・メンマ・ねぎ)、焼のり　■総質量(麺)：102g(80g)　■カロリー：429kcal
- 麺：気泡感の残るマルちゃん油揚げめん、軽め　■つゆ：第一印象でお湯を入れすぎたか？と思った程の薄味、魚系の香り、しつこさ排除している　■その他：むしろ「中華」っぽくない、海苔以外の具はシンプル
- 試食日：1999.11.15　■賞味期限：2000.2.21
- 入手方法：ファミリーマート ¥178

No.1461 サンヨー食品　4 901734 002987
サッポロ一番 激戦区 環七通りのこってりラーメン とんこつ

- ジャンル：ラーメン
- 製法：油揚げめん
- 調理方法：熱湯3分　■付属品：液体スープ、粉末スープ、かやく(焼豚・ねぎ・メンマ・味付挽肉)　■総質量(麺)：108g(70g)　■カロリー：484kcal
- 麺：やや細めだがカップ麺としては異例に歯切れがよい、しかもぼそぼそしていない、これが最大の個性　■つゆ：食べるまでは周りが気になるほど匂う、濃いがしつこくはない、チーズのせいかミルキー　■その他：サッポロ一番ロゴは側面に小さくあるだけ、これも異例
- 試食日：1999.11.25　■賞味期限：2000.3.29
- 入手方法：サークルK ¥168

No.1468 エースコック　4 901071 230494
幕末薩摩　鶏ガラとんこつラーメン
数量限定品

- **ジャンル**：ラーメン　**製法**：油揚げめん
- **調理方法**：熱湯3分　**付属品**：粉末スープ、調味油、かやく（豚肉・キャベツ・ねぎ・にんにく・玉ねぎ・キクラゲ）　**総質量（麺）**：116g（90g）
- **カロリー**：526kcal
- **麺**：細いがエースコックとしては例外的に気泡感が少ない、やればできるじゃん　**つゆ**：野菜の甘みがでている、獣臭さは少ないがローストオニオンの香りが引き立つ　**その他**：柔らかいキクラゲ、幕末シリーズはみな香辛料が特徴的だね、何処が幕末なのかは判らんが
- **試食日**：1999.12.3　**賞味期限**：2000.4.2
- **入手方法**：サークルK　¥188

No.1479 日清食品　4 902105 023174
日清の 白とんこつ
背脂コクとんこつラーメン

- **ジャンル**：ラーメン　**製法**：油揚げめん
- **調理方法**：熱湯3分　**付属品**：液体スープ。かやく（チャーシュー・ごま・高菜・ネギ・紅生姜）は混込済　**総質量（麺）**：132g（90g）
- **カロリー**：580kcal
- **麺**：見た目がショボく気泡麺と思ったがなかなか質感高し、表面にハードコートしたみたい　**つゆ**：液体スープなので粉っぽくない、ミルキーで深い、自然な食後感、高菜と紅生姜がスパイシー　**その他**：麺とスープに対して、具はこじんまりとしている、肉が薄い！
- **試食日**：1999.12.16　**賞味期限**：2000.3.30
- **入手方法**：サークルK　¥168

No.1480 日清食品　4 902105 023167
日清の 黒とんこつ
たまり醤油とんこつラーメン

- **ジャンル**：ラーメン　**製法**：油揚げめん
- **調理方法**：熱湯3分　**付属品**：液体スープ。かやく（チャーシュー・メンマ・ネギ・ほうれん草）は混込済　**総質量（麺）**：132g（90g）
- **カロリー**：568kcal
- **麺**：太い！量感がある、気泡感は僅かに残るが食べ応え十分　**つゆ**：透明感なし、肉エキスがどろどろ、ちょっと醤油の香りが独特だが嫌われるものではない　**その他**：ほうれん草は珍しいが「白とんこつ」と同様具はあっさり、どちらかと言えば「黒」を取る
- **試食日**：1999.12.17　**賞味期限**：2000.3.26
- **入手方法**：サークルK　¥168

No.1481 横山製麺工場　4 903077 200891
八ちゃん　こだわりのご当地ラーメン 久留米

- **ジャンル**：ラーメン　**製法**：フリーズドライめん
- **調理方法**：熱湯3分　**付属品**：粉末スープ、かやく（焼豚二枚・メンマ・ネギ・かまぼこ）、調味油　**総質量（麺）**：87g（57g）　**カロリー**：370kcal
- **麺**：やや細めだが表面の平滑度が高くなめらか、堅くて粘るゴム質のもので噛み切るのに力がいる　**つゆ**：じわじわ来る辛さが意外、豚骨味ší粉末スープを感じさせず自然で堅実、深みもある　**その他**：具はみんな薄っぺらいがちゃんと香りがする
- **試食日**：1999.12.18　**賞味期限**：2000.4.28
- **入手方法**：サンクス　¥248

No.1495 十勝新津製麺　4 904856 001241
こだわりのご当地ラーメン 博多
とんこつ

- **ジャンル**：ラーメン　**製法**：ノンフライめん
- **調理方法**：熱湯4分　**付属品**：液体スープ、レトルト具（豚肉）　かやく（ねぎ・ごま）、のり、紅生姜　**総質量（麺）**：145g（60g）　**カロリー**：305kcal
- **麺**：いつもの十勝新津製麺品質、あいまいさが無いがやや不器用に、もうちょいしなやかだと良いが　**つゆ**：塩がキツ過ぎ！全部飲めなかったよ、他の香りが判らなくなる　**その他**：レトルト豚肉は脂身たっぷりパワフル、
- **試食日**：2000.1.9　**賞味期限**：2000.4.27
- **入手方法**：サンクス　¥248

No.1497 東洋水産　4 901990 521109
でかまるスペシャル 濃豚
濃厚豚骨エキスの醤油スープ

- **ジャンル**：ラーメン　**製法**：油揚げめん
- **調理方法**：熱湯3分　**付属品**：液体スープ、粉末スープ、レトルト味付玉子、焼のり。メンマ・ねぎは混込済　**総質量（麺）**：138g（90g）
- **カロリー**：594kcal
- **麺**：やや太めだが気泡感があり軽い、価格を考えるともう一息欲しいな　**つゆ**：僅かだが獣臭さが出ており深みはある、人工的なトロみはわざとらしく不要だ　**その他**：おでんに入っているような玉子は見た目り良い、肉が欲しい、全体的にちぐはぐな印象
- **試食日**：2000.1.11　**賞味期限**：2000.5.18
- **入手方法**：ミニストップ　¥198

とんこつ味

とんこつ味

No.1505 サンポー食品　4 901773 011186
焼豚ラーメン 久留米とんこつ
特製こってりスープ

- ■調理方法：熱湯3分　■付属品：粉末スープ、かやく（豚肉・ごま・紅生姜・揚げ玉・キクラゲ・ねぎ）、調味油　■総質量(麺)：93g(65g)
- ■カロリー：461kcal
- ■麺：細くてややぎこちない部分はある、豚骨味なのでさほど気にならないが　■つゆ：臭いと感じるのは最初の一瞬だけ、かなりミルキー度高し、牛乳スープだな　■その他：具は取りかけり効果的なのだが、この倍の量ぐらい入っていて欲しい
- ■試食日：2000.1.21　■賞味期限：2000.5.13
- ■入手方法：ローソン ¥143

No.1508 明星食品　4 902881 043632
ラーメンの王道 鹿児島
野菜とんこつ

- ■調理方法：熱湯3分　■付属品：粉末スープ、FDかやく（キャベツ・もやし・揚げねぎ・ねぎ・しいたけ）、特製コクのたれ、ふりかけ（揚げ玉ねぎ）　■総質量(麺)：118g(90g)　■カロリー：540kcal
- ■麺：細めで粘性がやや弱い、あまり麺を「味わう」という感じじゃないな　■つゆ：変な臭さは無く味わえる、意外にスパイスが効いている、ふりかけは香ばしい　■その他：圧倒的な量の野菜! さらにその一つひとつがデカいのが突出した長所、肉は無い
- ■試食日：2000.1.24　■賞味期限：2000.4.19
- ■入手方法：セブンイレブン ¥195

No.1512 日清食品　4 902105 028407
行列のできる店のラーメン 和歌山しょうゆとんこつ

- ■調理方法：熱湯4分　■付属品：液体スープ、かやく（なると・ねぎ）。チャーシュー・メンマは混込済　■総質量(麺)：132g(70g)　■カロリー：456kcal
- ■麺：ノンフライ麺表面の平滑度は凄い! つるつる、密度も高く質感は最高クラス　■つゆ：コクが出ており味わい深い、塩分きつめ、ちょっと旨さ過剰気味なのが残念　■その他：焼豚は小さく見た目もショボいが、ちゃんと肉の味がする、高価格を十分納得出来る内容
- ■試食日：2000.1.28　■賞味期限：2000.6.7
- ■入手方法：デイリーストア ¥248

No.1522 明星食品　4 902881 405119
本場もん 新東京豚骨
チャーシューだれ濃厚ラーメン

- ■調理方法：熱湯3分　■付属品：粉末スープ、かやく（チャーシュー・ねぎ・ほうれん草）、調味油、焼のり3枚　■総質量(麺)：88g(60g)
- ■カロリー：340kcal
- ■麺：ノンフライだが透明感が無い（悪い意味ではない）、ややハード寄りで柔軟性はもう一息　■つゆ：色は茶色がかっている、コクはあるが「骨」を感じさせてソフィスケーテッド豚骨?　■その他：一般的価格より15円高いのは海苔三枚分だね、嫌な部分は無い
- ■試食日：2000.2.7　■賞味期限：2000.6.13
- ■入手方法：デイリーストア ¥158

No.1526 サンヨー食品　4 901734 003267
サッポロ一番 激戦区 環七通りのこってりラーメン にんにくとんこつ

- ■調理方法：熱湯3分　■付属品：粉末スープ、かやく（味付挽肉・ねぎ・にんにく）、調味油　■総質量(麺)：107g(70g)　■カロリー：487kcal
- ■麺：細麺は柔らかすぎか、全体の印象がこれで決まったね、放置時間を間違えたかと思った　■つゆ：嫌味でない程度ににんにくが効いている、コクも出ている　■その他：この麺では激戦区に勝ち残れないぞ
- ■試食日：2000.2.12　■賞味期限：2000.6.9
- ■入手方法：am-pm ¥168

No.1527 カネボウフーズ　4 901551 119073
全国人気のご当地ラーメン 博多長浜 高菜とんこつ

- ■調理方法：熱湯5分　■付属品：液体スープ、乾燥ねぎ、生高菜　■総質量(麺)：153g(85g)　■カロリー：457kcal
- ■麺：ノンフライだが多少のぬくもり? はある、気泡ゼロ、密度高い、透明度もない　■つゆ：いかにも濃縮液体を還元した、という感じ、なめらか、底力があり深い　■その他：高菜はタップリ、全体の技術水準は高いのはよく分かるが、味の魅力に直接結びついていないのが惜しい
- ■試食日：2000.2.13　■賞味期限：2000.5.26
- ■入手方法：ローソン ¥248

No.1538 東洋水産　4 901990 521208
東京 とんこつしょうゆラーメン
(ローソン限定販売)

- ジャンル：ラーメン　　製法：油揚げめん
- ■調理方法：熱湯3分　■付属品：なし。粉末スープ、かやく(豚肉・味付豚肉ミンチ・メンマ・なると・ねぎ)は混込済　■総質量(麺)：100g(85g)　■カロリー：458kcal
- ■麺：太さは並以上だがちょっと根性無し味、「食べた！」という実感に欠ける　■つゆ：やや泡立ちそうなトロみがある、臭くない、深みはあるが人工的、魚系のダシ　■その他：具もなんとなく…という感じ、チャームポイントに欠ける
- ■試食日：2000.2.22　■賞味期限：2000.5.29
- ■入手方法：ローソン ¥168

No.1541 エースコック　4 901071 269012
香ばしい揚げにんにくとんこつ
熊本風ラーメン

- ジャンル：ラーメン　　製法：油揚げめん
- ■調理方法：熱湯3分　■付属品：液体スープ、粉末スープ、かやく(焼豚・ごま・にんにく・ねぎ・キクラゲ)　■総質量(麺)：104g(65g)　■カロリー：426kcal
- ■麺：ゴワゴワした細麺、軽くはないがしなやかさに欠ける　■つゆ：強烈なにんにくと獣の臭い、多少化学調味料的だが心地よい　■その他：具はシンプルで少量、スープで勝負だね、思いっきりがよい、食べる人と場所を選ぶ
- ■試食日：2000.2.25　■賞味期限：2000.6.14
- ■入手方法：am-pm ¥143

No.1544 サンポー食品　4 901773 010219
元祖 高菜ラーメン

- ジャンル：ラーメン　　製法：油揚げめん
- ■調理方法：熱湯3分　■付属品：粉末スープ(コーン・ごま・ねぎ入り)、辛子高菜、調味油　■総質量(麺)：103g(65g)　■カロリー：399kcal
- ■麺：やや細めだが、気泡感が少なく締まった感じ、やや古風な麺　■つゆ：粉末感は弱く、臭みも強くない、高菜の辛さが最大の刺激　■その他：意外に硬派、「元祖」は伊達じゃない？、高菜以外の具はショボい
- ■試食日：2000.2.28　■賞味期限：2000.5.3
- ■入手方法：高岡さんよりいただく

No.1550 寿がきや食品　4 901677 017925
台湾ラーメン ガーリックとんこつ
名古屋の味

- ジャンル：ラーメン　　製法：油揚げめん
- ■調理方法：熱湯3分　■付属品：ペースト状スープ、かやく(ニンニク・ミンチ・ニラ・唐辛子)　■総質量(麺)：104g(65g)　■カロリー：417kcal
- ■麺：やや太めで、油揚げめんとしては重量感がある　■つゆ：臭いっ！辛いっ！明快な性格、ミルキーさも強い、活力が湧く、上品さは無い　■その他：ニンニクスライスごろごろ、品名に台湾と名古屋が同居しているのが納得できる賑やかさ
- ■試食日：2000.3.6　■賞味期限：2000.6.24
- ■入手方法：サークルK ¥168

No.1568 東洋水産　4 901990 521246
具どっさり、まるごとうまい！ねぎ盛りラーメン しょうゆとんこつ味

- ジャンル：ラーメン　　製法：油揚げめん
- ■調理方法：熱湯3分　■付属品：液体スープ、粉末スープ、かやく(豚肉そぼろ・大切り白ネギ・青ネギ・唐辛子)　■総質量(麺)：86g(65g)　■カロリー：388kcal
- ■麺：それなりの存在感があるが、気泡感が残る、同社「肉そぼろ」醤油とは若干印象が異なる　■つゆ：あまりきつくないマイルド豚骨、可もなく不可もなし　■その他：ネギはでっかい！けれど味も香りも不足気味、焦点があいまいだな
- ■試食日：2000.3.28　■賞味期限：2000.7.2
- ■入手方法：デイリーストア ¥143

No.1569 マルタイ　4 902702 009281
博多正統派 とんこつらーめん BIG

- ジャンル：ラーメン　　製法：油揚げめん
- ■調理方法：熱湯3分　■付属品：粉末スープ、かやく(焼豚・煎りごま・ねぎ・キクラゲ)、調味油、紅生姜　■総質量(麺)：120g(82.5g)　■カロリー：553kcal
- ■麺：太さは並、油揚げめんっぽく高級感は無いが存在感はある、量は多い　■つゆ：獣臭いさはさほど強くない、深みはある、やや人工的　■その他：焼豚はハムみたいなものが一枚、エネルギー補給には使える、こなれた造りの印象
- ■試食日：2000.3.30　■賞味期限：2000.7.9
- ■入手方法：デイリーストア ¥168

とんこつ味

とんこつ味

No.1572 明星食品　4 902881 402026
黒いぜ！一平ちゃん とんこつ味 黒い！濃い！スパイシー！こってり黒ダレ

- ジャンル：ラーメン
- 製法：油揚げめん
- 調理方法：熱湯3分
- 付属品：粉末スープ、かやく（キャベツ・揚げ玉・味付豚挽肉・キクラゲ・フライドオニオン・フライドガーリック）、調味オイル、特製コクのたれ
- 総質量（麺）：105g（65g）
- カロリー：516kcal
- 麺：やや細め、意外に重量感があるがソフト、スープに負けている
- つゆ：クセ者、とろみ有り、黒い油、匂い強力、胡椒の辛さ、人工的な猥雑さ
- その他：国産としては下品だが、頭の良い人がワルを演じている気もする、根は真面目なのかも？
- 試食日：2000.4.4
- 賞味期限：2000.7.15
- 入手方法：デイリーストア ¥168

No.1574 十勝新津製麺　4 904856 001012
極上の逸品 こくとろチャーシュー とんこつしょうゆ

- ジャンル：ラーメン
- 製法：ノンフライめん
- 調理方法：熱湯4分
- 付属品：液体スープ、レトルト具（豚肉・玉ねぎ・メンマ）、かやく（ねぎ・わかめ）、のり
- 総質量：173g（60g）
- カロリー：364kcal
- 麺：いつもの十勝新津製麺より心もち太くてふくよか、やや無機質だが質感は高い
- つゆ：パワー感・馬力は十分だし深みはある、けれどどこか上品
- その他：レトルト具は脂身を効果的に使用しているね、海苔の存在を忘れそう
- 試食日：2000.4.7
- 賞味期限：2000.9.5
- 入手方法：サンクス ¥248

No.1577 エースコック　4 901071 230524
ラーメン列伝 超濃厚とんこつ編

- ジャンル：ラーメン
- 製法：油揚げめん
- 調理方法：熱湯3分
- 付属品：液体スープ、粉末スープ、調味油、かやく（焼豚・キクラゲ・ネギ・ごま）
- 総質量（麺）：115g（70g）
- カロリー：451kcal
- 麺：細くて頼りない、気泡感多し、名前に負けているよ
- つゆ：臭みは結構出ている、甘いのが一枚、値段からして贅沢は言えないが、商品名は大袈裟だ
- その他：焼豚は薄いのが一枚、値段からして贅沢は言えないが、商品名は大袈裟だ
- 試食日：2000.4.10
- 賞味期限：2000.7.11
- 入手方法：デイリーストア ¥143

No.1578 日清食品　4 902105 021729
ラーメン屋さん 博多とんこつ

- ジャンル：ラーメン
- 製法：ノンフライめん
- 調理方法：熱湯4分
- 付属品：なし。粉末スープ、かやく（ごま・キクラゲ・コーン・わけぎ・紅生姜）は混込済
- 総質量（麺）：72g（50g）
- カロリー：283kcal
- 麺：ノンフライの麺は非常に細いが4分戻しでも麺べはじめはごわごわ堅め、安っぽくはない
- つゆ：かすかに獣臭さが感じられるが上品な「スープ」、ミルキー感、紅生姜と胡椒で締めているね
- その他：質は高いのだがボリューム感が少なく物足りなさが残る、キクラゲの食感が救い
- 試食日：2000.4.13
- 賞味期限：2000.6.25
- 入手方法：am-pm ¥143

No.1581 東洋水産　4 901990 520881
ラーメンの王道 横浜 醤油とんこつ

- ジャンル：ラーメン
- 製法：油揚げめん
- 調理方法：熱湯3分
- 付属品：液体スープ、粉末スープ、かやく（チャーシュー・メンマ・ねぎ）、のり2枚
- 総質量（麺）：119g（90g）
- カロリー：545kcal
- 麺：扁平で太め、縮れ強し、気泡感は少ないがその分重たい印象、量多し
- つゆ：不透明でややとろみがある、深みはあるがやっぱりこれも人工的
- その他：No Data
- 試食日：No Data
- 賞味期限：No Data
- 入手方法：No Data

No.1582 エースコック　4 901071 213176
元気を応援！ごまとんこつラーメン

- ジャンル：ラーメン
- 製法：油揚げめん
- 調理方法：熱湯3分
- 付属品：粉末スープ（かやく（人参・ねぎ・コーン・キャベツ）入り）、ごまペースト、ふりかけ（煎りごま）
- 総質量（麺）：90g（65g）
- カロリー：438kcal
- 麺：気泡感の残るパサパサ麺、存在が軽い
- つゆ：獣臭さの無いライト豚骨、脱脂粉乳臭さも無いがごまペーストで香り付け
- その他：ごまを強調することでユニークさを創出、肉はなし、ごま練るとピーナッツと似てるな
- 試食日：2000.4.17
- 賞味期限：2000.8.13
- 入手方法：デイリーストア ¥143

No.1592 十勝新津製麺／大畑屋　1081
横浜ラーメン
とんこつしょうゆ味 パリっと焼きのり

3.5

■ジャンル：ラーメン　■製法：ノンフライめん

- ■調理方法：熱湯4分　■付属品：液体スープ、レトルト具（豚肉・玉ねぎ・メンマ）、かやく（ほうれん草）、焼きのり2枚、胡椒　■総質量（麺）：173g(60g)　■カロリー：364kcal
- ■麺：毎度のことながら、ややゴム質が輪郭クッキリ高密度　■つゆ：十勝新津製麺の醤油らしい仕事、洗練された力強さがある一方、魂を揺さぶるエモーショナルな部分は無い　■その他：構成も試食感も丹敷の舞本舗版と全く同一だが、何故か待ち時間が1分違う？
- ■試食日：2000.4.29　■賞味期限：2000.9.5
- ■入手方法：ローソン ¥248

No.1598 カネボウフーズ　4 901551 119158
スープの名店
横浜風とんこつしょうゆ味

3.5

■ジャンル：ラーメン　■製法：ノンフライめん

- ■調理方法：熱湯4～5分　■付属品：液体スープ、かやく（チャーシュー・ほうれん草・ねぎ）、のり3枚　■総質量（麺）：118g(75g)　■カロリー：405kcal
- ■麺：おー、従来のカネボウノンフライ麺よりふくよか、密度感があり滑らか、レベルは高い　■つゆ：万人向けのとんこつ、底力は無いが、薬臭さや嫌味な部分も無く上品　■その他：商品名とは裏腹に麺の印象が強かった、いつから横浜って豚骨醤油のメッカになっちゃったんだ？
- ■試食日：2000.5.5　■賞味期限：2000.8.15
- ■入手方法：am-pm ¥168

No.1600 日清食品　4 902105 029909
名店仕込み自慢の味 一風堂
赤丸新味

4

■ジャンル：ラーメン　■製法：ノンフライめん

- ■調理方法：熱湯4分　■付属品：液体スープ、調味タレ、かやく（ごま・キクラゲ・ねぎ）、チャーシュー一枚入り　■総質量（麺）：132g(70g)　■カロリー：471kcal
- ■麺：細いががっちり・しっかり、強烈な存在感　■つゆ：分子間密度が高い（？）感じ、濃いけれども嫌われる臭さは無い　■その他：チャーシューは質素だが肉っぽい、店舗のオリジナルな味は知らないが文句のない高品質
- ■試食日：2000.5.7　■賞味期限：2000.8.28
- ■入手方法：セブンイレブン ¥248

No.1614 明星食品　4 902881 409025
スタミナにんにくラーメン
とんこつ味 太麺 黒ごまチリスパイス付

2.5

■ジャンル：ラーメン　■製法：油揚げめん

- ■調理方法：熱湯3分　■付属品：液体スープ、粉末スープ、かやく（ごま・ニンニク・味付豚挽肉・赤唐辛子・ニラ）、スパイス　■総質量（麺）：124g(90g)　■カロリー：599kcal
- ■麺：太麺というよりも幅広扁平麺、コシも十分あるが多分うどん的でもある　■つゆ：素性はオーソドックスな豚骨風だが、かやくやスパイスで賑やか、うるさい　■その他：大量の（スライスでなく）ブツ切りにんにくが最大の特徴、豪快で大胆、繊細は無し
- ■試食日：2000.5.23　■賞味期限：2000.9.23
- ■入手方法：デイリーストア ¥168

No.1616 横山製麺工場　4 903077 200945
八ちゃん 本場物仕込み 極旨
キムチラーメン 豚骨濃厚スープに韓国江原道産キムチの旨みが充満！

2.5

■ジャンル：ラーメン　■製法：フリーズドライめん

- ■調理方法：熱湯3分　■付属品：液体スープ、かやく（キムチ・キクラゲ・ニラ）、とうがらし粉　■総質量（麺）：98g(57g)　■カロリー：310kcal
- ■麺：どうした八ちゃん？昔はこんな軟弱麺じゃなかったし、しなしな抑制不足、4分戻して良いからシャキッとさせてよ　■つゆ：酸みが強い、唐辛子を全部入れると俺にとって心地よい辛さ、豚骨味は常識の範囲だが酸味と辛味に隠れ気味　■その他：ニラとキムチはたっぷり、だが昔の八ちゃんFD麺はまさに輝いていたのに…（涙）
- ■試食日：2000.5.26　■賞味期限：2000.10.19
- ■入手方法：デイリーストア ¥248

No.1619 日清食品　4 902105 023181
日清の 赤とんこつ
辛みそ香味油 とんこつラーメン

3

■ジャンル：ラーメン　■製法：油揚げめん

- ■調理方法：熱湯3分　■付属品：液体スープ。かやく（チャーシュー・コーン・ねぎ・ごま・茎わかめ・キクラゲ）は混込済　■総質量（麺）：133g(90g)　■カロリー：555kcal
- ■麺：滑らかさが別の質感は水準以上だが、量が多いので最後の方は飽きちゃうな　■つゆ：唐辛子豚骨の香りは最近やたらと鼻にする、辛さに特別なもの感じないが僅かな獣臭さがある　■その他：一年前なら目新しい味だけど、ちょっと選ぶ理由に欠けるな
- ■試食日：2000.5.29　■賞味期限：2000.9.20
- ■入手方法：ファミリーマート ¥168

とんこつ味

No.1620 日清食品　4 902105 023198
日清の 黄とんこつ
香りカレー とんこつラーメン

- ジャンル：ラーメン　製法：油揚げめん
- ■調理方法：熱湯3分　■付属品：液体スープ。かやく（チャーシュー・コーン・ねぎ・ごま・ニンニクの芽・レッドベルペパー）は混込済　■総質量（麺）：132g（90g）　■カロリー：554kcal
- ■麺：「赤」と同印象、やや細かめ細かい質感がある、でも量が多くて飽きやすい　■つゆ：黄色い外観からは意外や豚骨8：カレー2の比率、カレーは脇役だが、豚骨風味はユニーク　■その他：他に無いユニークな味、だが成功しているとは言い難い、基本骨格は「赤」に準ずる
- ■試食日：2000.5.30　■賞味期限：2000.8.31
- ■入手方法：ファミリーマート ¥168

No.1627 大黒食品工業　4 904511 001104
マイフレンド 博多 とんこつらーめん
塩味 コッテリ風味まろやか塩あじ 大盛1.5

- ジャンル：ラーメン　製法：油揚げめん
- ■調理方法：熱湯3分　■付属品：粉末スープ、かやく（キャベツ・ごま・コーン・生姜・人参・葱）　■総質量（麺）：114g（90g）　■カロリー：548kcal
- ■麺：湿っぽい印象だがその分軽くない、意外と気泡感が少ない、二世代前の袋麺という感じ　■つゆ：臭くないライト豚骨、「コッテリ」じゃないよ、刺激は殆ど無いが生姜の香りがユニーク　■その他：肉はなし、野菜がもっとあるといいな、（失礼ながら）予想外に）欠点が少なかった
- ■試食日：2000.6.8　■賞味期限：2000.9.13
- ■入手方法：オリンピック藤沢店 ¥158

No.1649 十勝新津製麺　4 904856 002491
港町 長崎仕込み チャンポン

- ジャンル：ラーメン　製法：ノンフライめん
- ■調理方法：熱湯4分　■付属品：液体スープ、レトルト具（豚肉・なると・竹の子・イカ・人参・葱・エビ・玉ねぎ・キクラゲ）、キャベツ　■総質量（麺）：185g（60g）　■カロリー：690kcal
- ■麺：十勝新津製麺としては太麺だがその分湯戻りが悪く芯が残る、基本的性格は変わらず　■つゆ：同じ港町でもサンヨー食品のとは別物、優等生っぽくまとまり変な癖はないが迫力不足　■その他：レトルト具は種類が多くデッカイので良、キャベツを乾物として分離したのも好判断
- ■試食日：2000.7.3　■賞味期限：2000.11.13
- ■入手方法：サンクス ¥248

No.1651 カネボウフーズ　4 901551 119240
香ばしい 揚げねぎラーメン 豚骨味

- ジャンル：ラーメン　製法：ノンフライめん
- ■調理方法：熱湯4分　■付属品：粉末スープ、かやく（フライドオニオン・揚げねぎ・ごま・ガーリック・卵・ねぎ・なると）　■総質量（麺）：90g（70g）　■カロリー：336kcal
- ■麺：やや扁平、輪郭がある明快なノンフライ、あまり小麦粉感覚が無い　■つゆ：ニンニクと揚げねぎ臭を強調、ミルキーさもあるが、やや好き嫌いが分かれそう　■その他：一応豚骨の通ったキャラクターがある、購入価格を考慮すれば上出来か
- ■試食日：2000.7.6　■賞味期限：2000.10.29
- ■入手方法：デイリーヤマザキ ¥138

No.1652 日清食品　4 902105 025703
出前一丁 ねりごまラーメン

- ジャンル：ラーメン　製法：油揚げめん
- ■調理方法：熱湯3分　■付属品：ペースト状スープ、ごまラー油、かやく（ちんげん菜・味付鶏肉・なると・ねぎ）　■総質量（麺）：103g（70g）　■カロリー：479kcal
- ■麺：あんまり根性のある麺じゃないね、細めで軽め　■つゆ：ごまよりもピーナッツの香りが強い、もっと濃くて良い（もしくは、お湯を少な目に）、ラー油ももっと強く！　■その他：ちんげん菜以外の具はもっとインパクトがほしいな、製品全体の方向性は悪くないと思う
- ■試食日：2000.7.7　■賞味期限：2000.10.19
- ■入手方法：デイリーヤマザキ ¥143

No.1657 ヤマダイ　4 903088 002453
ニュータッチ 懐かしの 即席ラーメン
とんこつ味 旨みとコクをスープに凝縮

- ジャンル：ラーメン　製法：油揚げめん
- ■調理方法：熱湯3分　■付属品：粉末スープ、かやく（豚肉・ごま・キクラゲ・紅生姜・ねぎ）入り）　■総質量（麺）：80g（65g）　■カロリー：364kcal
- ■麺：しなしな軟弱麺だが気泡感は意外に少ない、表面の摩擦係数が少ない（スープのせい？）　■つゆ：ややとろみがかっており、人工的な深みはある、食の通った紅生姜の辛さがアクセント　■その他：細かな具が多く舌触りが煩雑、高級感は皆無、でも購入価格相当の満足は一応ある
- ■試食日：2000.7.14　■賞味期限：2000.10.26
- ■入手方法：デイリーヤマザキ ¥100

No.1675 エースコック　4 901071 228071

これも うま辛 とんがらしヌードル
とんこつ味

ジャンル ラーメン　**製法** 油揚げめん

- **調理方法**：熱湯3分　■**付属品**：なし。粉末スープ、かやく（豚肉・キャベツ・玉ねぎ・ニンニク、赤唐辛子）は混込済　■**総質量（麺）**：73g(55g)　■**カロリー**：327kcal
- **麺**：薄い扁平麺、スープとの絡みは良いが、食べ応えには欠ける　■**つゆ**：唐辛子とニンニクがストレートに出ている、ベースは甘めのミルキーとんこつなのだが　■**その他**：肉はいかにも乾燥といった感じ、キャベツは大量、パワフルだがエネルギッシュではない
- ■**試食日**：2000.8.4　■**賞味期限**：2000.10.2
- ■**入手方法**：ドン・キホーテ京浜蒲田店 ¥88

No.1731 東洋水産　4 901990 521826

麺づくり 濃厚豚骨　生麺感覚のこだわりノンフライ麺

ジャンル ラーメン　**製法** ノンフライめん

- **調理方法**：熱湯4分　■**付属品**：粉末スープ、おこのみ油、かやく（ごま・チャーシュー・ねぎ・キクラゲ）　■**総質量（麺）**：86g(65g)　■**カロリー**：337kcal
- **麺**：超細麺だがハード、気合が入っている、負けない麺　■**つゆ**：深いけれどクドくないスープだ　■**その他**：東洋水産の本気を見た、具はシンプル、「Tokyo Walker」なんてのを作るのと同メーカの製品とは思えないな
- ■**試食日**：2000.10.5　■**賞味期限**：2001.1.9
- ■**入手方法**：ファミリーマート ¥143

No.1753 十勝新津製麺　4 904856 003184

らーめん五丈原　とんしお

ジャンル ラーメン　**製法** ノンフライめん

- **調理方法**：熱湯3分　■**付属品**：液体スープ、レトルト具（豚肉・メンマ・玉ねぎ）、のり一枚、かやく（ごま・ねぎ）　■**総質量（麺）**：148g(60g)　■**カロリー**：468kcal
- **麺**：いつもの十勝新津品質に力強さがついてきた、優良品質　■**つゆ**：真剣さを感じる、豚骨味は奥深いが嫌らしさが無く自然、九州の豚骨とは違う解釈　■**その他**：この会社は目標が定まると強い、昔から麺汁具共に高次元だったが遂にバランスもとれてきた、制作は煩雑、割り当てられた売場面積からしてサンクスも本気だね
- ■**試食日**：2000.10.30　■**賞味期限**：2001.3.20
- ■**入手方法**：サンクス ¥258

No.1760 東洋水産　4 901990 521918

俺のとんこつ　濃厚うまコク　コシの強さが自慢の細麺だぜ！

ジャンル ラーメン　**製法** 油揚げめん

- **調理方法**：熱湯3分　■**付属品**：なし。粉末スープ、かやく（豚肉・ごま・フライドガーリック・キクラゲ・唐辛子・ねぎ）は混込済　■**総質量（麺）**：95g(75g)　■**カロリー**：462kcal
- **麺**：細くて気泡感有り、「俺のしょうゆ」より比重が大きそう、ゴム質気味　■**つゆ**：クセを作為的に強調、ドンシャリ音のオーディオみたい、でもあまり薬臭く無いのが救い　■**その他**：パッケージから想像した程エグくはなかった、カップの外周が高温になるので持ちにくい
- ■**試食日**：2000.11.7　■**賞味期限**：2001.2.20
- ■**入手方法**：ローソン ¥168

No.1762 エースコック　4 901071 230630

スーパーカップ 1.5 Silver　厳選ポークの濃厚 とんこつラーメン

ジャンル ラーメン　**製法** 油揚げめん

- **調理方法**：熱湯5分　■**付属品**：液体スープ、粉末スープ、かやく（焼豚・ごま・キクラゲ・ねぎ）、調味油　■**総質量（麺）**：138g(90g)　■**カロリー**：573kcal
- **麺**：細めで気泡跡が残る、食感が軽い、香りや味わいは期待するな、大盛り　■**つゆ**：獣臭有、濃い味わいが案外単純、試食中に慣れてしまうが化学調味料っぽく舌が痺れる　■**その他**：大盛りなのに具は微少、後半は飽きる、肉体労働者向きか？
- ■**試食日**：2000.11.9　■**賞味期限**：2001.3.5
- ■**入手方法**：ローソン ¥178

No.1765 カネボウフーズ　4 901551 119462

横浜 家系ラーメン　豚骨しょうゆ

ジャンル ラーメン　**製法** ノンフライめん

- **調理方法**：熱湯4分　■**付属品**：液体スープ、粉末スープ、かやく（チャーシュー・メンマ・ほうれん草・ねぎ）、焼のり三枚　■**総質量（麺）**：143g(85g)　■**カロリー**：559kcal
- **麺**：カネボウとしては例外的にがっちりした骨太ノンフライ麺、しなやかさも備わり高水準　■**つゆ**：濃くて深い、そしてその割に薬臭さや人工的な刺激を感じない　■**その他**：バランス・完成度高し、海苔が厚い、焼豚は貧弱だが大した欠点とは思わない
- ■**試食日**：2000.11.11　■**賞味期限**：2001.3.5
- ■**入手方法**：セブンイレブン ¥248

とんこつ味

とんこつ味

No.1770 マルタイ　4 902702 003043
博多屋台　焦がし玉葱の香味オイル入り 濃厚とんこつ

- **ジャンル** ラーメン　**製法** 油揚げめん
- ■ 調理方法：熱湯3分　■ 付属品：粉末スープ、かやく（煎りごま・ねぎ）、調味油、紅生姜
- ■ 総質量（麺）：127g(82.5g)　■ カロリー：628kcal
- ■ 麺：やや細めで柔らかめ、滑らかさはある方、大量　嫌いけれど嫌らしいではない、不思議に油っぽくない、獣臭ありあり　■ その他：ネギは大量、調味油も大量、肉は無いので注意、クセは強いので覚悟できる人が食すべき
- ■ 試食日：2000.11.17　■ 賞味期限：2001.3.6
- ■ 入手方法：セブンイレブン ¥168

No.1774 明星食品　4 902881 405171
評判の店 恵比寿流
とんこつ塩らーめん

- **ジャンル** ラーメン　**製法** ノンフライめん
- ■ 調理方法：熱湯3分　■ 付属品：液体スープ、粉末スープ、かやく（チャーシュー・ごま・キクラゲ・ねぎ・なると）
- ■ 総質量（麺）：90g(60g)　■ カロリー：333kcal
- ■ 麺：ノンフライ細麺はごわごわ感があるが豚骨味には欠点にならない、しっかり感はある　■ つゆ：乳臭さが隠し味どころかかなり張り出している、癖のないマイルド豚骨、薄い塩感覚　■ その他：キクラゲが多量、焼豚が正方形、国籍不明、本流じゃない
- ■ 試食日：2000.11.21　■ 賞味期限：2001.3.11
- ■ 入手方法：ファミリーマート ¥158

No.1795 東洋水産　4 901990 522182
これぞ！濃厚白濁 とんこつラーメン

- **ジャンル** ラーメン　**製法** 油揚げめん
- ■ 調理方法：熱湯3分　■ 付属品：液体スープ、粉末スープ、かやく（チャーシュー・ねぎ・キクラゲ・ガーリックチップ）、調味油
- ■ 総質量（麺）：117g(80g)　■ カロリー：526kcal
- ■ 麺：油揚げ細麺はやや軟らかで反面気泡感がある、食べごたえはそこそこあるが強力スープに負けている　■ つゆ：これでもかと言うくらい濃く、ニンニクや焦げ臭くセもあるが、不思議と人工的ではない、やや甘さも感じる　■ その他：シャキシャキきくらげは特徴的なのでもっと沢山！ 食べる際は周りに一声掛けるべき
- ■ 試食日：2000.12.9　■ 賞味期限：2001.4.12
- ■ 入手方法：コミュニティストア ¥198

No.1797 エースコック　4 901071 230692
芳醇だし コクとんこつ

- **ジャンル** ラーメン　**製法** 油揚げめん
- ■ 調理方法：熱湯3分　■ 付属品：粉末スープ、かやく（焼豚・ごま・キクラゲ・ねぎ）、調味油
- ■ 総質量（麺）：94g(70g)　■ カロリー：440kcal
- ■ 麺：細くて堅めの油揚げめんはやや安直な質感保存方法だね、エースコックの匂い　■ つゆ：ダシ成分は十分以上に出ている、やや後味が尾を引く、魚系の香りは最近の流行りだね　■ その他：焼豚のタレ風味付けは、エースコック史上味付けは、アッサリ味で新鮮、キクラゲは大判、欠点は少ないがこの値段なら突出した箇所が欲しい
- ■ 試食日：2000.12.11　■ 賞味期限：2001.3.18
- ■ 入手方法：サンクス（限定）¥178

No.1800 日清食品　4 902105 029688
香りだしらあめん 香味白湯 小麦が香るノンフライ麺

- **ジャンル** ラーメン　**製法** ノンフライめん
- ■ 調理方法：熱湯4分　■ 付属品：粉末スープ、かやく（焼豚・キャベツ・ごま・ねぎ・キクラゲ）
- ■ 総質量（麺）：102g(70g)　■ カロリー：414kcal
- ■ 麺：同シリーズ醤油より心持ち太め、相変わらず豪快かつ繊密な高質ノンフライ麺　■ つゆ：やや乾燥臭さを感じるが欠点には至らず、強い臭みは無い、表面はアッサリ味は複雑　■ その他：小さいけど少し癖のある豚肉は食事にリズムを与える、価格以上の満足感あり
- ■ 試食日：2000.12.15　■ 賞味期限：2001.3.12
- ■ 入手方法：サンクス（限定）¥198

No.1805 東洋水産　4 901990 522205
でかまるスペシャルミレニアム
濃厚豚骨醤油味 煮玉子とワンタン5個入り!!

- **ジャンル** ラーメン　**製法** 油揚げめん
- ■ 調理方法：熱湯3分　■ 付属品：液体スープ、粉末スープ、レトルト調理品（味付卵）ワンタン・メンマ・ねぎが混込済　■ 総質量（麺）：143g(85g)　■ カロリー：599kcal
- ■ 麺：気泡感のある安っぽい麺、一応の重量感はあるが、ソフトで踏ん張りのない印象、大量　■ つゆ：泡立つような軽いとろみは邪魔、濃厚ではない、珍しく粉末スープがダマになった　■ その他：ワンタンの代わりに肉無し、卵と大盛りだけではこの価格を説明出来ない、持ち駒を適当に組み合わせただけの安直な印象
- ■ 試食日：2000.12.19　■ 賞味期限：2001.4.3
- ■ 入手方法：ローソン（限定）¥198

No.441 日清食品　4 902105
CUP NOODLE Booton ブートンヌードル ヤキブタ・しょうゆとんこつ

- ジャンル：ラーメン　製法：油揚げめん
- 調理方法：熱湯3分　付属品：なし。粉末スープ、かやく（焼豚・コーン・メンマ・ネギ）は混込済　総質量(麺)：78g(60g)

No.444 日清食品　4 902105
強麺 いかチャンポン GO! MEN

- ジャンル：ラーメン　製法：油揚げめん
- 調理方法：熱湯3分　付属品：なし。粉末スープ、かやく（イカ・キャベツ・卵・人参・キクラゲ）は混込済　総質量(麺)：78g(60g)

No.462 日清食品　4 902105 002439
めんコク チャーシューラーメン
はらペコに効く、おいしさ大満足。

- ジャンル：ラーメン　製法：油揚げめん
- 調理方法：熱湯3分　付属品：粉末スープ、かやく（焼豚・なると・ねぎ）　総質量(麺)：84g(65g)

No.464 日清食品　4 902105 002452
めんコク ねぎ肉ラーメン
はらペコに効く、おいしさ大満足。

- ジャンル：ラーメン　製法：油揚げめん
- 調理方法：熱湯3分　付属品：粉末スープ、かやく（豚肉・ねぎ）　総質量(麺)：83g(65g)

No.465 日清食品　4 902105 002346
日清の九州味ラーメン バリとん

- ジャンル：ラーメン　製法：油揚げめん
- 調理方法：熱湯3分　付属品：粉末スープ、かやく（焼豚・ごま・ねぎ）、調味オイル、紅生姜　総質量(麺)：83g(65g)

No.475 明星食品　4 902881
ラーの道 とんこつラーメン　麺は細打ち、スープはコクうまのこと。

- ジャンル：ラーメン　製法：ノンフライめん
- 調理方法：熱湯3分　付属品：なし。粉末スープ、かやくは混込済　総質量(麺)：No Data

No.487 明星食品　4 902881 041324
かけろ！ 一平ちゃん
ごま風味とんこつ味

- ジャンル：ラーメン　製法：油揚げめん
- 調理方法：熱湯3分　付属品：No Data
- 総質量(麺)：No Data

No.488 明星食品　4 902881 041256
一平ちゃん こっとりとんこつ味 げんこつスープのラーメン屋

- ジャンル：ラーメン　製法：油揚げめん
- 調理方法：熱湯3分　付属品：No Data
- 総質量(麺)：No Data

No.492 明星食品　4 902881 044110
麺's 倶楽部 男のスタミナニンニク
とんこつラーメン

- ジャンル：ラーメン　製法：油揚げめん
- 調理方法：熱湯3分　付属品：No Data
- 総質量(麺)：No Data

とんこつ味

とんこつ味

No.498 明星食品 4 902881 044035	No.499 明星食品 4 902881 040044	No.500 明星食品 4 902881 044134
チャルメラ コーン 博多とんこつ味	チャルメラ コーン こくのあるとんこつスープ	チャルメラ 高菜ラーメン こくのあるとんこつスープ
ジャンル ラーメン　製法 油揚げめん	ジャンル ラーメン　製法 油揚げめん	ジャンル ラーメン　製法 油揚げめん
■調理方法：熱湯3分　■付属品：No Data　■総質量（麺）：No Data	■調理方法：熱湯3分　■付属品：粉末スープ、かやく（紅生姜・コーン・チャーシュー・なると・白ゴマ・ねぎ）、調味油　■総質量（麺）：90g(66g)	■調理方法：熱湯3分　■付属品：スープ、かやく、調味油　■総質量（麺）：No Data

No.506 明星食品 4 902881 047524	No.508 明星食品 4 902881 044066	No.516 明星食品 4 902881 047616
豪華逸品 とんこつラーメン	個性派あつめた 麺's 倶楽部 にぎやかチャンポン	当社比2.0倍！どでかとんこつラーメン 肉・紅しょうが入り
ジャンル ラーメン　製法 油揚げめん	ジャンル ラーメン　製法 油揚げめん	ジャンル ラーメン　製法 油揚げめん
■調理方法：熱湯3分　■付属品：スープ、かやく（えび・豚肉・卵・キクラゲ・ニンニクの芽・ねぎ・赤唐辛子）、調味油　■総質量（麺）：96g(65g)	■調理方法：熱湯5分　■付属品：スープ、かやく、香味油　■総質量（麺）：No Data	■調理方法：熱湯3分　■付属品：特製スープ、かやく（チャーシュー・ごま・キクラゲ・ねぎ）、調味油、紅生姜　■総質量（麺）：148g(120g)

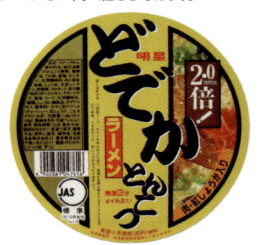

No.537 東洋水産 4 901990 027250	No.558 東洋水産 4 901990	No.563 東洋水産 4 901990 26444
2001麺 海鮮ちゃんぽん	日本全国ラーメンめぐり 長崎ちゃんぽん KeroKero Keroppi	麺づくり 濃厚豚骨 豚骨エキスのまったり風味 強ごし麺
ジャンル ラーメン　製法 ノンフライめん	ジャンル ラーメン　製法 油揚げめん	ジャンル ラーメン　製法 ノンフライめん
■調理方法：熱湯3分　■付属品：なし。粉末スープ、かやく（えび・キャベツ・いか・キクラゲ・かに様かまぼこ・ネギ）は混込済　■総質量（麺）：68g(52g)	■調理方法：熱湯3分　■付属品：No Data　■総質量（麺）：No Data	■調理方法：熱湯4分　■付属品：No Data　■総質量（麺）：No Data

No.568 東洋水産	4 901990 029347

西日本限定 これが本場の味 長崎ちゃんぽん

ジャンル ラーメン　製法 油揚げめん

- 調理方法：No Data　付属品：No Data
- 総質量(麺)：No Data

No.574 東洋水産	4 901990 020367

激めん とんこつ ワンタンラーメン
紅しょうが

ジャンル ラーメン　製法 油揚げめん

- 調理方法：熱湯3分　付属品：No Data
- 総質量(麺)：No Data

No.594 エースコック	4 901071 263065

夜鳴き屋 熊本とんこつ 火の国仕立て こだわりの細麺

ジャンル ラーメン　製法 油揚げめん

- 調理方法：熱湯3分　付属品：No Data
- 総質量(麺)：No Data

No.595 エースコック	4 901071 263010

夜鳴き屋 揚げニンニク荒びき 熊本とんこつ こだわりの細麺

ジャンル ラーメン　製法 油揚げめん

- 調理方法：熱湯3分　付属品：No Data
- 総質量(麺)：No Data

No.601 エースコック	4 901071 230036

スーパー 1.5倍 とんこつラーメン
博多味

ジャンル ラーメン　製法 油揚げめん

- 調理方法：熱湯3分　付属品：No Data
- 総質量(麺)：No Data

No.603 エースコック	4 901071 230098

スーパーカップ 1.5倍 豚キムチラーメン とんこつしょうゆ味

ジャンル ラーメン　製法 油揚げめん

- 調理方法：熱湯3分　付属品：No Data
- 総質量(麺)：No Data

No.625 サンヨー食品	4980 3969

サッポロ一番 Cup Star
九州ラーメン

ジャンル ラーメン　製法 油揚げめん

- 調理方法：熱湯3分　付属品：なし。粉末スープ、かやく(豚肉・ごま・乾燥野菜・乾燥紅生姜)は混込済　総質量(麺)：75g(60g)

No.638 サンヨー食品	4 901734 001225

サッポロ一番 味いっちゃん
とんこつラーメン

ジャンル ラーメン　製法 油揚げめん

- 調理方法：熱湯3分　付属品：No Data
- 総質量(麺)：No Data

No.641 サンヨー食品	4 901734 001874

サッポロ一番 いっちゃよか
長浜風ラーメン

ジャンル ラーメン　製法 油揚げめん

- 調理方法：熱湯3分　付属品：No Data
- 総質量(麺)：No Data

とんこつ味

とんこつ味

No.649 カネボウフーズ　4 901551
カルビラーメン テジ(豚)カルビ入り・とんこつ味

- ジャンル：ラーメン
- 製法：No Data
- 調理方法：熱湯3分
- 付属品：No Data
- 総質量(麺)：No Data

No.674 カネボウフーズ　4943 1742
ホームラン軒 とんたんめん とんこつだしのスッキリスープ

- ジャンル：ラーメン
- 製法：ノンフライめん
- 調理方法：No Data
- 付属品：No Data
- 総質量(麺)：No Data

No.706 カネボウフーズ　4 902552 015005
ラーメン街道3号線 本場博多の味　超ビッグなチャーシュー入り 大盛

- ジャンル：ラーメン
- 製法：ノンフライめん
- 調理方法：熱湯4分
- 付属品：液体スープ、チャーシュー、紅生姜、かやく（ごま・ねぎ）
- 総質量(麺)：155g(90g)

No.773 横山製麺工場　4 903077 200655
八ちゃん 麺の華 とんこつ

- ジャンル：ラーメン
- 製法：フリーズドライめん
- 調理方法：熱湯4分
- 付属品：No Data
- 総質量(麺)：97g(g)

No.793 マルタイ　4 902702 009120
火の国 熊本ラーメン 味のキメテは特製香味油

- ジャンル：ラーメン
- 製法：油揚げめん
- 調理方法：熱湯3分
- 付属品：No Data
- 総質量(麺)：No Data

No.794 マルタイ　4 902702 008284
阿蘇高原 高菜ラーメン 辛口

- ジャンル：ラーメン
- 製法：油揚げめん
- 調理方法：No Data
- 付属品：No Data
- 総質量(麺)：No Data

No.796 マルタイ　4 902702 009090
長崎 ちゃんぽん みそとんこつ味

- ジャンル：ラーメン
- 製法：油揚げめん
- 調理方法：熱湯5分
- 付属品：No Data
- 総質量(麺)：No Data

No.798 マルタイ　4 902702 008833
博多 長浜ラーメン 焼豚・有明産海苔付

- ジャンル：ラーメン
- 製法：油揚げめん
- 調理方法：熱湯3分
- 付属品：No Data
- 総質量(麺)：No Data

No.801 マルタイ　4 902702 008314
焼豚ねぎ 博多ラーメン

- ジャンル：ラーメン
- 製法：油揚げめん
- 調理方法：熱湯4分
- 付属品：No Data
- 総質量(麺)：No Data

No.806 マルタイ	4 902702 008369

長崎ちゃんぽん ゴールド

- ジャンル：チャンポン　製法：油揚げめん
- 調理方法：熱湯5分　付属品：粉末スープ、かやく（野菜・ミートボール・イカ・なると・コーン・グリーンピース・椎茸）、調味油、スパイス　総質量（麺）：106g(73g)

No.809 サンポー食品	4 901773 010011

元祖 焼豚ラーメン
本場九州とんこつ味

- ジャンル：ラーメン　製法：油揚げめん
- 調理方法：熱湯3分　付属品：粉末スープ、かやく（豚肉・なると・ねぎ）、紅生姜、調味油　総質量（麺）：90g(70g)

No.810 サンポー食品	4 901773

長崎ちゃんぽん 九州の味

- ジャンル：ラーメン　製法：油揚げめん
- 調理方法：熱湯5分　付属品：粉末スープ、かやく（キャベツ・人参・ねぎ・乾燥鶏肉・乾燥豚肉・卵・蒲鉾）、調味油　総質量（麺）：95g(70g)

No.813 サンポー食品	4 901773 010110

九州名産 たか菜ラーメン

- ジャンル：ラーメン　製法：油揚げめん
- 調理方法：熱湯3分　付属品：粉末スープ（かまぼこ・ごま入り）、かやく（高菜漬け）　総質量（麺）：103g(70g)

No.818 サンポー食品	4 901773 010189

長崎ちゃんぽん 大盛り

- ジャンル：ラーメン　製法：油揚げめん
- 調理方法：熱湯5分　付属品：粉末スープ、かやく（キャベツ・人参・ねぎ・豚肉・卵・蒲鉾・玉ねぎ）、調味油　総質量（麺）：125g(95g)

No.832 寿がきや食品	4 901677 017697

たまらーめん マイルド豚骨
香辛野菜たっぷりの、たまらんうまさ！

- ジャンル：ラーメン　製法：油揚げめん
- 調理方法：熱湯3分　付属品：No Data
- 総質量（麺）：No Data

No.867 日本生活協同組合連合会	4 902220 228683

co-op ちゃんぽん 無かんすいたまごつなぎ

- ジャンル：ラーメン　製法：油揚げめん
- 調理方法：熱湯5分　付属品：粉末スープ、かやく（キャベツ・いか・かまぼこ・コーン・人参）、香味油　総質量（麺）：88.5g(64g)

No.913 徳島製粉	4 904760 011046

金ちゃん 金どん チャンポンめん
トンコツ味 うまみ味

- ジャンル：ラーメン　製法：油揚げめん
- 調理方法：熱湯3分　付属品：No Data
- 総質量（麺）：No Data

No.916 徳島製粉	4 904760 010186

金ちゃん チャンポンめん

- ジャンル：ラーメン　製法：油揚げめん
- 調理方法：熱湯5分　付属品：粉末スープ、かやく（キャベツ・豚肉・なると・人参）、香味油　総質量（麺）：95g(70g)

とんこつ味

COLUMN 3　謎のコロッケラーメン

即席ラーメンの世界では多くの商品が華やかに誕生しても、その大半はすぐに消えていってしまってそこはかとなき儚さを感じてしまう。私が袋やカップのフタを保管しておこうと思った動機の一つは、これらの商品がある一時市場で輝く存在であった証を少しでもハッキリと記憶に残したいという想いからだ。出来ることなら味や香りをそっくり保存したいところだが、残念ながら現在の科学技術にそれは望めない。

カップ麺の場合、保管スペースの問題があるので基本的にはフタだけを保管して、余程特殊なもの以外、カップ本体は泣く泣く破棄している。しかし、フタだけでは製品の情報が不十分な場合が多く、後で色々と悩むことになってしまうのだ。まずは時期の特定で、殆どの場合賞味期限（または製造日）はシュリンク外装のフィルムかカップ自体に印字されるため、フタだけが残っていてもいつ頃製造・販売された製品かが判らない。そして詳細情報の殆どがカップ側のみに書かれていて、製造したメーカーを特定することすら出来ないものがある。大手の製品ならばそれぞれの雰囲気というのがあって、大凡の当たりを付けて製品名から広告やプレスリリースなどの情報に辿り着くことができるが、マイナーなメーカーの製品だと皆目見当が付かない。

巻頭に近い6ページで紹介した「コロッケラーメン」はメーカー不詳で、十年以上も私を悩ませていた謎の商品だった。そこには品名と注意書きとバーコードの数字が並ぶだけ。デザインは1980年台の雰囲気が漂っており、今一つ垢抜けないので大手の製品だとは思えなかった。一つ気が付いたのは、フタを剥がす際につまむベロに描かれているヤカンの絵、これはどこかで見たことがある！これはそう、東洋水産のカップ麺に良く表示されているものと一緒だ！そして、このヤカンの絵は東洋水産グループのボーソー東洋や東和エステートの製品でも使われているものだ。

「コロッケラーメン」を作ったメーカーは東洋水産の関連企業らしい、ということまでは判ったが、ここから先にはなかなか進めなかった。バーコードの数字（JANコード）の前半部"4 901783"は国籍と会社名を表現しているのだが、数字から逆引きする手段が無い。勿論前述のボーソー東洋や東和エステートとは異なることを確認している。"4 901783"、この数字は一体何なんだ!?

答えは意外なところにあった。ある日、とある食料品の通販サイトを当てもなく眺めていて、「おー福神漬の缶詰か〜、だいぶ昔に実物を見かけたことがあるな」などと見入っていた。このサイトは珍しく売り物にバーコードの数字が添え書きされていたのだが、そこには脳裏に焼き付いてしまったあの番号、"4 901783"があるではないか！この食料品サイトは株式会社酒悦のもの。そして酒悦は東洋水産グループ。十年以上の謎が全てこの時、氷解した。

1997年秋以降に食べた即席ラーメンは、きちんとデータベースを作成してこのような不手際が起きないように管理している。また最近では写真を全方向から撮影して、まさに死角無しの記録を心掛けている。

図は東洋水産関係だが全て違う会社のもの、一番上がコロッケラーメン）

第五章 その他の味

SOKUSEKIMENCYCLOPEDIA

たんたんめん 力一杯

No.585	東洋水産　4 901990
ジャンル	ラーメン
製法	油揚げめん
調理方法	熱湯5分
味	担々

■総質量(麺)：147g(77g)
■カロリー：No Data

[付属品] かやく(豚肉・ねぎ・人参・にら)、もち

[解説] 1980年発売。300円という定価は当時の一般的製品の倍以上であり、その後の高額カップ麺の先駆けであった。濃い味のスープに餅をはじめとする豊富な具と大柄のカップで、この時代としては特別な存在感を醸し出していたが、高級感の演出という点では今一歩だったという気がする。

ACE ONE
60秒ヌードル カレー味

No.590	エースコック　4 901071
ジャンル	ラーメン
製法	油揚げめん
調理方法	熱湯60秒
味	カレー

■総質量(麺)：No Data
■カロリー：No Data

[解説] 1982年、明星のQuick 1 (P7参照)より2カ月程遅れての発売。製品の特徴はQuick 1とほぼ重複するものであるが、知名度の点で大きく負けており、私の生活圏でAce Oneを見かけることはあまり無かった。

No.1062 明星食品　4 902881 043243

うまつゆラーメン
トマト仕立ての野菜スープ

- ジャンル：ラーメン
- 製法：ノンフライめん
- 調理方法：熱湯3分
- 味：トマト

2.5

■総質量（麺）：83g（60g）
■カロリー：304kcal

[付属品] 粉末スープ、調味油、かやく（キャベツ・トマト・玉葱・マッシュルーム・卵）

[麺] 細めスーパーノンフライ、伸びがない、ぼそぼそする　[つゆ] ラーメンというよりも野菜スープ、塩気強し、かすかにスパイス　[その他] 健康食品風、洋風スープにたまたま麺がはいってる感じ、パワー感少なめ

[試食日] 1998.7.10　[賞味期限] 1998.10.25　[入手方法] No Data

No.1777 東洋水産　4 901990 522021

HOT NOODLEう!なぎさのチャウダー
ニッポン放送 SNAIL RAMP 竹村あきらプロデュース

- ジャンル：ラーメン
- 製法：油揚げめん
- 調理方法：熱湯3分
- 味：海鮮

2

■総質量（麺）：66g（50g）
■カロリー：310kcal

[付属品] なし。粉末スープ、かやく（貝柱様かまぼこ・山東菜・イカ・フライドオニオン・コーン・人参）は混込済

[麺] 形状はうどん、黄色はラーメン、でもどっちでもない洋風麺、質感は結構上等、気泡感少　[つゆ] コーンの甘ったるい香りが強い洋風海鮮スープ、雑多で不思議な感覚、うなぎ？判らんな　[その他] 具もにぎやか、落ち着きのない印象、おやつ感覚、食事としては役不足

[試食日] 2000.11.23　[賞味期限] 2001.3.6　[入手方法] ドラゴンさんよりいただく

No.750 大黒食品工業　4 904511 000145

マイフレンド カレーラーメン

- ジャンル：ラーメン
- 製法：油揚げめん
- 調理方法：熱湯3分
- 味：カレー

■総質量（麺）：78g（65g）
■カロリー：No Data

[付属品] スープ、かやく（豚肉・ポテト・人参・ねぎ）

[解説] 昭和の雰囲気を残すパッケージ。カレー濃度は薄かった気がする。

No.759 大黒食品工業

大黒 冷し中華
さわやかなおいしさ

- ジャンル：冷しラーメン
- 製法：油揚げめん
- 調理方法：熱湯4分水さらし
- 味：No Data

■総質量（麺）：80g（65g）
■カロリー：No Data

[付属品] スープ、かやく（豚肉・ポテト・人参・オニオン・ねぎ）

[解説] 初めてこの製品を食べた際は不味さに驚いたが、改良を重ねて今でも売り続けているのは立派。

No.986 (社)日本即席食品工業協会NC

Skip Cows イマヤス プロデュース！ Love Love Ramen (非売品)

- ジャンル：ラーメン
- 製法：油揚げめん
- 調理方法：熱湯3分
- 味：クリーム

■総質量(麺)：79g(50g)
■カロリー：375kcal

[付属品]なし。粉末スープ、かやく(卵・なると・コーン)は混込済

[麺]ぎゃ〜！ピンクの麺。柔らかめ　[つゆ]牛乳スープ！でも悪くはない、中華と言うより洋風だな　[その他]ハート型のなるとに「LOVE」の文字。極めて個性的だがたくさん食べられる味ではない。この製品はオールナイトニッポン、Skip Cowsというバンド(DJ)の企画で作られたものだとか

[試食日]1998.2.26　[賞味期限]1998.6.30　[入手方法]cara@Zからいただく

No.831 寿がきや食品　4 901677 017567

夏のラーメン コチュジャン ニラ豚キムチ
たっぷり 唐辛子みそを効かせた、刺激辛口スープ

- ジャンル：ラーメン
- 製法：油揚げめん
- 調理方法：熱湯3分
- 味：辛味噌

■総質量(麺)：No Data
■カロリー：No Data

[解説]季節限定、暑い夏を乗り切るための刺激性商品。

No.1330 新横浜ラーメン博物館

ミソカレーヌードル

- ジャンル：ラーメン
- 製法：油揚げめん
- 調理方法：熱湯5分
- 味：カレー

■総質量(麺)：70g(55g)
■カロリー：318kcal

[付属品]なし。粉末スープ、かやく(味付豚肉ミンチ・たまねぎ・ねぎ・紅生姜)は混込済

[麺]幅3mm強の太麺、5分戻しなので食べ応えがあり頼もしい、気泡感も少ない　[つゆ]人工的で重たく湿った味だと予想したが、全てが良い方に裏切られた。良い所を突いてる　[その他]具はシンプルだが紅生姜が効果的。

[試食日]1999.6.24　[賞味期限]1999.11.16　[入手方法]セブンイレブン ¥168

No.1609 新横浜ラーメン博物館

トンコツカレーヌードル

- ジャンル：ラーメン
- 製法：油揚げめん
- 調理方法：熱湯3分
- 味：カレー

■総質量(麺)：74g(55g)
■カロリー：353kcal

[付属品]なし。粉末スープ、かやく(味付豚挽肉・人参・ごま・揚げねぎ・ねぎ)は混込済

[麺]ふた昔前のカップ麺のよう、ラー博の前作ミソカレーヌードルの強烈な存在感とは別物　[つゆ]初めは豚骨よりカレーの香りが優位だが後に逆転する、1+1が2に達しない、素性は悪くないが　[その他]前作を結構高く評価していたので今回は期待外れ、豚骨とカレーが潰し合っている

[試食日]2000.5.18　[賞味期限]2000.7.13　[入手方法]セブンイレブン

No.573 東洋水産

金色のどらいラーメン カレー味

4 901990 020374

ジャンル	ラーメン
製法	油揚げめん
調理方法	熱湯4分
味	カレー

■総質量(麺)： g(g)
■カロリー： kcal

[付属品]粉末スープ、調味油

[解説]ビールのスーパードライ旋風に便乗か？すっきりした味にきつめの香辛料。

No.1164 日清食品

JAPON マッシュルーム＆ボンゴレビアンコ with パセリ

ジャンル	ラーメン
製法	油揚げめん
調理方法	熱湯3分
味	ボンゴレ

■総質量(麺)：62g(50g)
■カロリー：276kcal

[付属品]なし。スープ、かやく（はまぐり・玉ねぎ・赤ピーマン・パセリ・マッシュルーム）は混込済

[麺]カップうどん以上に薄い扁平率6ぐらいの幅広麺、気泡やや多めで柔らかく軽い　[つゆ]洋風スープもライト感覚、JAPONという名には反するな、ヘルシー気分　[その他]コロンとした本物っぽいハマグリは最大の特徴、でも「軽食」という印象

[試食日]1998.11.24　[賞味期限]1999.3.8　[入手方法]ampm ¥168

No.991 日清食品

サイリウムヌードル ミネストローネ
(JIS上級、厚生省許可特定保険用食品)

ジャンル	ラーメン
製法	ノンフライめん
調理方法	熱湯3分
味	No Data

■総質量(麺)：57g(33g)
■カロリー：191kcal

[付属品]なし（スープ、かやく（トマト・キャベツ・いんげん・赤ピーマン・豚肉）は混込済

[麺]サイリウム種皮（って何だ？）入りめんは幅広、結構シコシコしている　[つゆ]トマト風味で物足りない部分を脱脂粉乳かなんかでカバーしているみたい　[その他]「健康食品」は大抵美味しくないしサイリウムの袋麺もイマイチだと思ったがカップはまだまともな出来だった

[試食日]1998.03.03　[賞味期限]1998.5.4　[入手方法]サンエブリー ¥198

No.1749 横山製麺工場

八ちゃん 横濱 インターコン・ラーメン ビーフコンソメ味

4 903077 201003

ジャンル	ラーメン
製法	フリーズドライめん
調理方法	熱湯4分
味	牛肉

■総質量(麺)：100g(57g)
■カロリー：295kcal

[付属品]液体スープ、粉末スープ、かやく（ビーフジャーキー・ねぎ・メンマ）

[麺]FD麺はやや細めだがしなやか、食感は生に近いが、歯切れの爽快さに欠けるのが残念　[つゆ]不透明で淡い茶色、とろみあり、一風変わった洋風＋韓国風で、やや人工的な舌触りあり　[その他]具のビーフジャーキーは初めて見るがちょっと手抜きか、ブランド料でプラス100円かな？

[試食日]2000.10.26　[賞味期限]2001.3.13　[入手方法]ファミリーマート ¥298

No.925 東洋水産 4 901990 029834
沖縄そば
紅しょうが入り（ローソン専売）

ジャンル ラーメン　**製法** 油揚げめん

- **調理方法**：熱湯4分　■**味**：沖縄そば　■**付属品**：なし。粉末スープ、かやく（豚肉・たまご・かまぼこ・紅生姜・ねぎ）は混込済　■**総質量（麺）**：88g（75g）　■**カロリー**：No Data
- ■**麺**：うどん風の麺はカップとは思えないほどしっかりしている　■**つゆ**：生姜の香りがやや強いが、これが沖縄スピリッツか？　■**その他**：ローソンの地方麺シリーズの一環
- ■**試食日**：1997.09.28　■**賞味期限**：No Data
- ■**入手方法**：No Data

No.953 エースコック 4 901071 209025
イタリアンヌードル ラ メンチェ
イタリアンシーフードヌードル バジル＆オリーブオイル

ジャンル ラーメン　**製法** 油揚げめん

- **調理方法**：熱湯3分　■**味**：海鮮　■**付属品**：なし。粉末スープ、かやくは混込済　■**総質量（麺）**：72g（60g）　■**カロリー**：330kcal
- ■**麺**：麺は幅広で、食感に少しゴムっぽさがある　■**つゆ**：スープはくせのない白湯とんこつ系に、非中華風の隠し味が入っているみたい　■**その他**：具はえび・いか・歯ごたえのあるタマネギ、「かやく」欄に記載がないけどベーコンも発見。もっとイタリアンを強調すべきと思う
- ■**試食日**：1997.12.7　■**賞味期限**：1998.3.30
- ■**入手方法**：No Data

No.961 カネボウフーズ 4 901551 112838
味のめぐり会い 味噌カレーラーメン 運命のいたずらでめぐり会った二人（あじ）

ジャンル ラーメン　**製法** 油揚げめん

- **調理方法**：熱湯3分　■**味**：カレー　■**付属品**：ペースト状スープ、かやく（じゃがいも、豚肉、人参、たまねぎ、ねぎ）　■**総質量（麺）**：102g（62g）　■**カロリー**：409kcal
- ■**麺**：カネボウだけど油で揚げた麺は可もなく不可もなく　■**つゆ**：味噌とカレーが「味のめぐり会い」と言うが、1＋1が2に違っていない、という印象　■**その他**：まあ…当初の予想よりはマシだったな
- ■**試食日**：1997.12.23　■**賞味期限**：1998.2.10
- ■**入手方法**：No Data

No.966 日清食品 4 902105
カップヌードル
ペパーバーベキューチキン

ジャンル ラーメン　**製法** 油揚げめん

- **調理方法**：熱湯3分　■**味**：　■**付属品**：なし。粉末スープ・かやく（フライドチキン・キャベツ・人参・玉葱）は混込済　■**総質量（麺）**：80g（60g）　■**カロリー**：381kcal
- ■**麺**：カップヌードル標準のめん。これが標準　■**つゆ**：ちょいと酸っぱ味があり、また胡椒が効いている　■**その他**：具のキャベツは珍しい。小指の先ほどのフライドチキンはいまいち
- ■**試食日**：1998.1.4　■**賞味期限**：Oct.97
- ■**入手方法**：No Data

No.969 横山製麺工場 4 903077 200631
八ちゃん キムチラーメン

ジャンル ラーメン　**製法** フリーズドライめん

- **調理方法**：熱湯4分　■**味**：キムチ　■**付属品**：液体スープ、かやく（フリーズドライ白菜キムチ）　■**総質量（麺）**：90g（57g）　■**カロリー**：270kcal
- ■**麺**：八ちゃん得意のフリーズドライめんは腰があって滑らか　■**つゆ**：あっさりとしていて癖がない　■**その他**：白菜キムチは肉厚で歯ごたえ良好
- ■**試食日**：1998.1.18　■**賞味期限**：1998.5.24
- ■**入手方法**：ローソン ¥198

No.983 日清食品 4 902105
カップヌードル Stew Noodle ハヤシ

ジャンル ラーメン　**製法** 油揚げめん

- **調理方法**：熱湯3分　■**味**：トマト　■**付属品**：なし。粉末スープ、かやく（牛肉・人参・いんげん・玉葱）は混込済　■**総質量（麺）**：83g（60g）　■**カロリー**：390kcal
- ■**麺**：幅広のめんはちょっとカップヌードルらしくない　■**つゆ**：たしかに少し酸味の効いたトマトシチュー風味　■**その他**：肉もしっかりしている。脱中華風としてはまあまあ
- ■**試食日**：1998.2.19　■**賞味期限**：1998.4.13
- ■**入手方法**：No Data

No.1000 日清食品　4 902105
カップヌードル
Chinese Noodle エビチリ ピリ辛スープ

■ジャンル：ラーメン　■製法：油揚げめん

- ■調理方法：熱湯3分　■味：トマト　■付属品：なし。スープ、かやく（えび・赤ピーマン・玉ねぎ・卵）は混込済　■総質量（麺）：75g (60g)　■カロリー：359kcal
- ■麺：いつものカップヌードル麺　■つゆ：トマトの酸味＋かすかにアジア系のスパイスが漂う　■その他：エビチリと聞いてでっかい海老を連想すると…失望する。小エビの数は多い
- ■試食日：1998.03.19　■賞味期限：1998.7.2
- ■入手方法：No Data

No.1008 日清食品　4 902105
カップヌードル 辛口 レッドカレー

■ジャンル：ラーメン　■製法：油揚げめん

- ■調理方法：熱湯3分　■味：カレー　■付属品：なし。スープ、かやく（鶏唐揚げ・いんげん・人参・玉葱）は混込済　■総質量（麺）：81g (60g)　■カロリー：395kcal
- ■麺：カップヌードルとしては幅が広い　■つゆ：赤っぽいスープはまあ辛め、でんぷんのゴモゴモ感がいまいちじゃま　■その他：具の鶏唐は量はあるが底に潜ってるので、最初は具がない！と思った
- ■試食日：1998.3.31　■賞味期限：1998.7.19
- ■入手方法：ファミリーマート

No.1009 エースコック　4 901071 209032
イタリアンきのこヌードル ラメンチェ チーズ＆オリーブオイル

■ジャンル：ラーメン　■製法：油揚げめん

- ■調理方法：熱湯3分　■味：No Data　■付属品：なし。スープ、かやく（しめじ・マッシュルーム・きぬさや・赤ピーマン）は混込済　■総質量（麺）：73g (60g)　■カロリー：350kcal
- ■麺：幅広めんは黄色っぽい、やわらかめ　■つゆ：洋風スープ感覚、ちょっと人工的な感じ　■その他：具のしめじは珍しくて良い、でも続けて食べると飽きそうだな
- ■試食日：1998.4.2　■賞味期限：1998.8.18
- ■入手方法：ローソン ¥143

No.1029 エースコック　4 901071 275006
超うまカレーラーメン 黄金のルウ

■ジャンル：ラーメン　■製法：油揚げめん

- ■調理方法：熱湯3分　■味：カレー　■付属品：粉末スープ、カレールウ、仕上げ香辛料、かやく（玉葱・ほうれん草・ねぎ・人参）　■総質量（麺）：105g (60g)　■カロリー：502kcal
- ■麺：細め、あまり印象に残ってない　■つゆ：どろどろしていて不気味である　■その他：四袋も付いていて作る楽しさ（面倒臭さ）はあったが…
- ■試食日：1998.5.3　■賞味期限：1998.9.17
- ■入手方法：No Data

No.1032 東洋水産　4 901990 029490
ホットヌードル オニオンビーフ カレー

■ジャンル：ラーメン　■製法：油揚げめん

- ■調理方法：熱湯3分　■味：カレー　■付属品：なし。スープ、かやく（牛挽肉・馬鈴薯・ローストオニオン・人参）は混込済　■総質量（麺）：74g (55g)　■カロリー：335kcal
- ■麺：しなやか、というか、へなへなした感じ　■つゆ：おっ！これはかなりハードな、乾いた感じの辛さだ　■その他：馬鈴薯は歯ごたえがある
- ■試食日：1998.5.12　■賞味期限：1998.8.27
- ■入手方法：ファミリーマート

No.1057 カネボウフーズ　4 901551 113163
キムチらーめん

■ジャンル：ラーメン　■製法：ノンフライめん

- ■調理方法：熱湯5分　■味：キムチ　■付属品：液体スープ、かやく（フリーズドライキムチ）　■総質量（麺）：120g (85g)　■カロリー：415kcal
- ■麺：フリーズドライ麺はちょっと扁平、なめらか、コシ良し　■つゆ：実は脂っぽいのだが、キムチの辛さに消されてるとは思わせない　■その他：キムチは量が多く歯ごたえよし
- ■試食日：1998.6.30　■賞味期限：1998.10.27
- ■入手方法：¥248

その他

No.1148 サンヨー食品　4 901734
サッポロ一番 CupStar カレー南ばん　中辛 鶏のからあげ

3.5

- ジャンル：ラーメン　製法：油揚げめん
- 調理方法：熱湯3分　味：カレー　付属品：なし。スープ、かやく（鶏唐揚げ・ねぎ・人参・かまぼこ）は混込済　総質量(麺)：87g(60g)　カロリー：392kcal
- 麺：うどんとしては少し細め、柔らかいが弱くはない、気泡は少ない少ない方　つゆ：マイルド、ダシ成分を感じる　その他：鶏唐揚げは大きく食べごたえあり、突出した部分は無いがバランス良好
- 試食日：1998.11.6　賞味期限：1999.2.12
- 入手方法：No Data

No.1190 日清食品　4 902105 022801
チキンラーメン プラスカレー

2.5

- ジャンル：ラーメン　製法：油揚げめん
- 調理方法：丼お湯入れ3分　味：カレー　付属品：粉末スープ（かやく（鶏肉・玉ねぎ・ねぎ・人参）入り）　総質量(麺)：97g(80g)　カロリー：439kcal
- 麺：縦横比2.5の扁平ちぢれ麺は袋版を連想させる。表面の摩擦係数が小さくぷりぷりしてる、ひ弱な麺　つゆ：どろっとしている、マルちゃんのカレーうどんのような？　つゆその他：(実際はどうだか判らんが) コストをあまり掛けていない印象を受けた
- 試食日：1998.12.27　賞味期限：1999.3.8
- 入手方法：とうきゅう伊勢原店 ¥143

No.1242 エースコック　4 901071 224028
オリーブヌードル　トマト味

3

- ジャンル：ラーメン　製法：油揚げめん
- 調理方法：熱湯3分　味：トマト　付属品：なし。粉末スープ、かやく（キャベツ・ベーコン・玉ねぎ・コーン・チーズ・ねぎ）は混　総質量(麺)：77g(60g)　カロリー：348kcal
- 麺：姉妹品のポパイ同様、細くて薄く柔らかい麺。でも意外にコシがある　つゆ：トマト風味にチーズやスパイスが混ざり、気分はイタリアン。臭さは程々。　その他：これをラーメンと思ってはいけない。だが意外にまとまりは良い。
- 試食日：1999.3.5　賞味期限：1999.7.8
- 入手方法：No Data

No.1250 明星食品　4 902881 047906
Burgers テリヤキ
てりやきバーガー味

2.5

- ジャンル：ラーメン　製法：油揚げめん
- 調理方法：熱湯3分　味：No Data　付属品：なし。粉末スープ、かやく（ハンバーグ・ポテト・キャベツ）は混込済　総質量(麺)：74g(55g)　カロリー：363kcal
- 麺：汁と具が強烈なので麺の印象が薄い、まあ普通　つゆ：ケチャップとソースの混ざった味は異様な雰囲気　その他：直径35mmのハンバーグとフライドポテトで受けは狙える
- 試食日：1999.3.16　賞味期限：1999.6.10
- 入手方法：No Data

No.1257 東洋水産　4 901990 520157
ホットヌードル　カレー

3

- ジャンル：ラーメン　製法：油揚げめん
- 調理方法：熱湯3分　味：カレー　付属品：なし。粉末スープとかやく（牛挽肉・じゃがいも・人参・玉ねぎ・ねぎ）　総質量(麺)：76g(55g)　カロリー：336kcal
- 麺：気泡は多めだが幅広で存在感はある　つゆ：赤ワイン仕立てだそうだが判らん、食欲をそそるようには出来ている、適度な辛さ・とろみ　その他：じゃがいものデカさはかなりのもの。空腹時に食べて失敗は無いだろう
- 試食日：1999.3.25　賞味期限：1999.7.24
- 入手方法：No Data

No.1304 エースコック　4 901071 228033
カツカレーヌードル　とんかつ

2.5

- ジャンル：ラーメン　製法：油揚げめん
- 調理方法：熱湯3分　味：カレー　付属品：なし（固形ルウ・とんかつ・ねぎ・人参・玉ねぎは混込済）　総質量(麺)：80g(65g)　カロリー：399kcal
- 麺：細めでやや扁平系らかく、スープを良く絡めるが歯ごたえに欠ける　つゆ：中辛、ごもごも感が強い、平板な感じ　その他：豚カツは人差し指先大の物が4個程と頑張ったが、歯応え弱し（肉とカツが大差ない食感）
- 試食日：1999.5.21　賞味期限：1999.9.20
- 入手方法：マルエツ深沢店 ¥128

No.1308 東洋水産　4 901990 520300
つゆまる 沖縄そば
あっさりソーキ味

- ジャンル：ラーメン　■製法：油揚げめん
- ■調理方法：熱湯4分　■味：沖縄そば　■付属品：なし。スープ、かやく（豚肉・たまご・かまぼこ・ねぎ・紅生姜）は混込済　■総質量（麺）：73g（60g）　■カロリー：367kcal
- ■麺：麺はうどん風の形状、油揚げめんだが4分戻しの為か密度が高く食感良し　■つゆ：あっさりながらに力強い、だしが出ている、■その他：肉は薄いがリアル、生姜の香りが嫌でない人にはお勧め
- ■試食日：1999.5.25　■賞味期限：1999.9.26
- ■入手方法：No Data

No.1364 エースコック　4 901071 276188
スーパーカップミニ 韓国風 チゲラーメン ピリ辛みそがいい感じ

- ジャンル：ラーメン　■製法：油揚げめん
- ■調理方法：熱湯3分　■味：辛味噌　■付属品：なし。スープ・かやく（コチュジャン・キムチ・豆腐・ねぎ・赤ピーマン）は混込済　■総質量（麺）：39g（30g）　■カロリー：165kcal
- ■麺：細め、生麺を目指してはいないな、量が軽い　■つゆ：口先だけが辛い、ダシ成分は出ている　■その他：気泡感のあるゼリーのような豆腐の食感が不思議、キムチは良い
- ■試食日：1999.7.29　■賞味期限：1999.11.14
- ■入手方法：am-pm ¥98

No.1473 明星食品　4 902881 049474
亜細亜麺紀行 印度風 スパイシーラーメン 黒カレー 数量限定品

- ジャンル：ラーメン　■製法：油揚げめん
- ■調理方法：熱湯3分　■味：カレー　■付属品：粉末スープ、かやく（鶏肉唐揚げ・赤唐辛子・赤ピーマン・マッシュルーム・フライドオニオン）、スパイス（パセリ）　■総質量（麺）：89g（65g）　■カロリー：385kcal
- ■麺：しなやかさに欠けごわごわする、スープが強力なのでもっと多くても良い、相性は良い　■つゆ：脳天を突き抜ける辛さ！高回転エンジン、剃刀の切れ味、とはいえ結構甘みもあり複雑な味が絡み合っている　■その他：相当思い切った企画、万人向けを切り捨てた分好印象、三月に一回位は食べてもいいな
- ■試食日：1999.12.9　■賞味期限：2000.3.20
- ■入手方法：サークルK ¥188

No.1489 東洋水産　4 901990 520980
通のこだわりシリーズ 沖縄そば

- ジャンル：ラーメン　■製法：油揚げめん
- ■調理方法：熱湯5分　■味：沖縄そば　■付属品：粉末スープ、かやく（豚肉・卵・ねぎ・かまぼこ）、紅生姜　■総質量（麺）：99g（80g）　■カロリー：443kcal
- ■麺：沖縄そばの名に恥じぬ太くてコシのあるもの、でももっとハードでも良い　■つゆ：脂っ気無しの豚鶏節ダシスープ、でももっと力強さがあると良い　■その他：万人受けするようちょっと妥協したか？同社の「つゆまる沖縄そば」以上を期待したのに
- ■試食日：1999.12.27　■賞味期限：2000.4.27
- ■入手方法：サークルK ¥198

No.1518 東洋水産　4 901990 521130
麺づくり これがうわさの 芝麻醤麺 ねりゴマの風味とコクのピリ辛スープ

- ジャンル：ラーメン　■製法：ノンフライめん
- ■調理方法：熱湯4分　■味：ごま　■付属品：液体スープ、粉末スープ、かやく（ごま・味付豚肉ミンチ・卵・赤ピーマン・にら・ねぎ）　■総質量（麺）：90g（65g）　■カロリー：343kcal
- ■麺：カネボウとはやや趣の異なる、ちぢれの強いノンフライ、スープとの相性良し　■つゆ：辛さは大したことない、ゴマの甘さが新鮮、液体と粉末、両方の長所が出ている　■その他：類型的ではないけれど違和感もなく狙いは良い、具は標準レベル
- ■試食日：2000.2.03　■賞味期限：2000.5.28
- ■入手方法：デイリーストア ¥143

No.1539 東洋水産　4 901990 521222
沖縄そば（ローソン限定販売）

- ジャンル：ラーメン　■製法：油揚げめん
- ■調理方法：熱湯4分　■味：沖縄そば　■付属品：粉末スープ、（かやく（豚肉・卵・かまぼこ・紅生姜・ねぎ）は混込済　■総質量（麺）：100g（85g）　■カロリー：490kcal
- ■麺：幅5mmの扁平麺、シリーズの他製品と同様シャキッとしないが断面積が大きい分歯ごたえあり　■つゆ：何となく軽く粉末臭い、塩分高め（このシリーズは手持ちの素材を寄せ集めただけで開発者の熱意が伝わってこない
- ■試食日：2000.2.23　■賞味期限：2000.6.16
- ■入手方法：ローソン ¥168

No.1556 日清食品　4 902105 029701
とんがらし麺　キムチ・ユッケジャン味

ジャンル：ラーメン　**製法**：ノンフライめん

- **調理方法**：熱湯4分　**味**：キムチ　**付属品**：粉末スープ、調理油、かやく（キャベツ・白菜キムチ・赤唐辛子・ニラ・ごま）、激辛パウダー
- **総質量（麺）**：91g(65g)　**カロリー**：362kcal
- **麺**：ノンフライ細麺はしっかり根性がある、心地よい噛み応え　**つゆ**：軽量級だが高速パンチ!カミソリの辛さ、しかしダシも十分出ており品下さはない、辛さだけならタイ産即席麺に負けず　**その他**：白菜＋キャベツは良い、肉が無くともハンディではない、個性明確、辛さ以外の部分もきちんとしている
- **試食日**：2000.3.13　**賞味期限**：2000.7.1
- **入手方法**：am-pm ¥143

No.1557 日清食品　4 902105 026809
とんがらし麺　キムチ・海鮮チゲ味

ジャンル：ラーメン　**製法**：油揚げめん

- **調理方法**：熱湯3分　**味**：キムチ　**付属品**：激辛パウダー。粉末スープ、かやく（イカ・キャベツ・白菜キムチ・ごま・赤唐辛子・ニンニクの芽）は混込済
- **総質量（麺）**：77g(60g)　**カロリー**：357kcal
- **麺**：こちらは油揚げ麺、扁平で歯応えは弱いがハンディでない　**つゆ**：あれ？上品じゃん、魚介類の臭み皆無、激辛パウダーも見かけだけ（元々そこそこ辛い）、味わいはある　**その他**：ダイエット目的の若い女性がメインターゲットだと断言する、韓国風味は期待するな、品質はソツが無い
- **試食日**：2000.3.14　**賞味期限**：2000.6.22
- **入手方法**：am-pm ¥143

No.1559 東洋水産　4 901990 521345
HOT NOODLE　魅惑のキーマカレー

ジャンル：ラーメン　**製法**：油揚げめん

- **調理方法**：熱湯3分　**味**：カレー　**付属品**：なし。粉末スープ、かやく（味付け豚肉ミンチ・玉ねぎ・グリーンピース・赤ピーマン）は混込済　**総質量（麺）**：77g(55g)　**カロリー**：342kcal
- **麺**：柔らかいヌードルめん、こういうものだと割り切れば悪くはない　**つゆ**：唐辛子が突出しているがその他の辛み成分も検知できる、軽くはないが乾いた辛さ　**その他**：他製品と一線を画す趣がある、挽肉が全体の雰囲気に合っている
- **試食日**：2000.3.17　**賞味期限**：2000.7.9
- **入手方法**：am-pm ¥143

No.1576 東洋水産　4 901990 521468
でかまる　キムチラーメン
シャッキリキムチ使用

ジャンル：ラーメン　**製法**：油揚げめん

- **調理方法**：熱湯3分　**味**：キムチ　**付属品**：粉末スープ、真空パック具（白菜キムチ・もやし）　**総質量（麺）**：130g(85g)　**カロリー**：475kcal
- **麺**：細めで軟らかめだが気泡感はあまり感じない　**つゆ**：牛肉の力、豆板醤の辛みと酸味は感じるが、発酵した香りじゃないんだよなー　**その他**：乾燥でない分白菜ともやしの食感は良い、キムチと呼ぶには底が浅い
- **試食日**：2000.4.9　**賞味期限**：2000.8.8
- **入手方法**：サンクス ¥148

No.1588 日清食品　4 902105 020869
JAPON　完熟トマト＆シーフード
バジルが香る、さわやかブイヤベース

ジャンル：ラーメン　**製法**：油揚げめん

- **調理方法**：熱湯3分　**味**：トマト　**付属品**：なし。粉末スープ、かやく（イカ・玉子・エビ・トマト・玉ねぎ・パセリ）は混込済　**総質量（麺）**：63g(50g)　**カロリー**：296kcal
- **麺**：うどんのような幅広麺、粗あっさり、力でいない、粗っぽさはいまいち　**つゆ**：明らかなイタリアン風味、地中海の香り、酸味強し、基本的にあっさり　**その他**：具は小さい、何故か名前はジャポン、メインディッシュには物足りなくスープ代わりか
- **試食日**：2000.4.24　**賞味期限**：2000.8.7
- **入手方法**：am-pm ¥143

No.1589 日清食品　4 902105 020876
JAPON　厚焼たまご＆キノコ
陳皮が香る、さわやかチキンスープ

ジャンル：ラーメン　**製法**：油揚げめん

- **調理方法**：熱湯3分　**味**：鶏肉　**付属品**：なし。粉末スープ、かやく（卵・鶏肉・竹の子・平茸・椎茸・ごま・ねぎ）は混込済　**総質量（麺）**：66g(50g)　**カロリー**：303kcal
- **麺**：縦横比1、気泡を感じる訳ではないが食感が軽い、ヌードル麺　**つゆ**：ちょっとうわごとらしいがユニークな茸の香り、柑橘類（ゆず？）の皮の香りもする　**その他**：ラーメンと思わなければ冒険もある佳作、中華ではなく洋風、卵と鶏肉は大きい
- **試食日**：2000.4.25　**賞味期限**：2000.8.9
- **入手方法**：am-pm ¥143

No.1595 明星食品　4 902881 040297
KYUSHU-OKINAWA Summit 2000 沖縄そば

- ジャンル：沖縄そば　製法：油揚げめん
- ■調理方法：熱湯5分　■味：沖縄そば　■付属品：粉末スープ（ねぎ入り）、チャーシュー、紅生姜、七味唐辛子　■総質量（麺）：89g（77g）　■カロリー：389kcal
- ■麺：幅広麺はラーメンと考えるとコシがある、でももっとハードでもよいな　■つゆ：油っぽさのないかつお昆布だしは口当たりが優しい、香辛料でバランスをとっている　■その他：（この製品に限らず）沖縄そばはもっと全国的に普及してよいと思う、小型焼豚一枚
- ■試食日：2000.5.2　■賞味期限：2000.9.10
- ■入手方法：デイリーストア ¥143

No.1602 サンヨー食品　4 901734 003380
サッポロ一番 黒カリー BLACK HOT

- ジャンル：ラーメン　製法：油揚げめん
- ■調理方法：熱湯3分　■味：カレー　■付属品：なし。粉末スープ、かやく（豚肉・玉葱・アスパラガス）は混込済　■総質量（麺）：82g（55g）　■カロリー：355kcal
- ■麺：やや重たく湿った感じ、存在感はある　■つゆ：カレーラーメンとしてはユニーク、台湾即席麺の匂いがする、後味爽快でよろしい　■その他：好き嫌いが分かれそう、肉は記憶に残らない、玉葱は定番、アスパラは効果的
- ■試食日：2000.5.9　■賞味期限：2000.8.19
- ■入手方法：ファミリーマート ¥143

No.1608 日清食品　4 902105 020203
CUP NOODLE CHEESE CURRY

- ジャンル：ラーメン　製法：油揚げめん
- ■調理方法：熱湯3分　■味：カレー　■付属品：なし。粉末スープ、かやく（チェダーチーズ・パルメザンチーズ・牛肉・人参・玉葱・ねぎ）は混込済　■総質量（麺）：85g（60g）　■カロリー：421kcal
- ■麺：やや幅広だが基本的にカップヌードルの文法に則る質感　■つゆ：脱脂粉乳っぽいチーズの香りがカレーに混ざって不思議、辛さは程々　■その他：お湯で戻りそこねたチーズの食感は×、風変わりだし悪くはないが、一回食べればいいや
- ■試食日：2000.5.16　■賞味期限：2000.8.25
- ■入手方法：am-pm ¥143

No.1639 サンヨー食品　4 901734 003441
サッポロ一番 韓国家庭料理 キムチ鍋風ラーメン

- ジャンル：ラーメン　製法：油揚げめん
- ■調理方法：熱湯3分　■味：キムチ　■付属品：液体スープ、粉末スープ、かやく（キャベツ・白菜キムチ・葱・ニラ）　■総質量（麺）：87g（65g）　■カロリー：377kcal
- ■麺：太め、空気感は残るが骨太でしっかりした歯応えがある　■つゆ：おお！（良い意味で）下品で猥雑な香りがする、複雑、酸味強し　■その他：嫌がる人も多いだろうが良くやったと思う、よくある去勢されたようなキムチ味とは違う
- ■試食日：2000.6.22　■賞味期限：2000.10.9
- ■入手方法：デイリーヤマザキ ¥143

No.1640 東洋水産　4 901990 521550
HOT NOODLE 牛辛だし キムチ 豚肉たっぷり 白菜キムチ入り

- ジャンル：ラーメン　製法：油揚げめん
- ■調理方法：熱湯3分　■味：キムチ　■付属品：なし。粉末スープ、かやく（豚肉・キムチ・ねぎ・唐辛子）は混込済　■総質量（麺）：73g（62g）　■カロリー：321kcal
- ■麺：しなしなソフト気味で気泡感も残る、弾性が強く伸びる感じ　■つゆ：韓国的臭みは控えめ（なので物足りない）、ダシ成分は豊富、辛さは程々　■その他：昨日のサッポロ一番の方が遥かに本格的だが、肉が入っているところはこちらの勝ち
- ■試食日：2000.6.23　■賞味期限：2000.10.8
- ■入手方法：デイリーヤマザキ ¥143

No.1643 サンヨー食品　4 901734 003472
サッポロ一番 トンコツカリー YELLOW HOT

- ジャンル：ラーメン　製法：油揚げめん
- ■調理方法：熱湯3分　■味：カレー　■付属品：なし。粉末スープ、かやく（コーン・ポテト・アスパラガス・人参）は混込済　■総質量（麺）：77g（55g）　■カロリー：361kcal
- ■麺：細めだが、ダレていないのでそこそこの存在感は確保している　■つゆ：日清の黄とんこつとは異なりカレー主体トンコツは従、結構刺激がある　■その他：お互いに潰し合いかねない組み合わせだが、適度な緊張感を維持できており良い
- ■試食日：2000.6.26　■賞味期限：2000.10.18
- ■入手方法：ファミリーマート ¥143

No.1671 明星食品　4 902881 470032
ラーメンの王道 CURRY カレーらあ麺 スリランカ風

- ジャンル：ラーメン
- 製法：油揚げめん
- 調理方法：熱湯3分　味：カレー　付属品：なし。粉末スープ、かやく（えび・卵・魚肉練り製品・ねぎ）は混込済
- 総質量（麺）：70g (50g)
- カロリー：327kcal
- 麺：扁平で軽いヌードル麺、まーこのスープに重たい麺は合わないだろうな
- つゆ：ココナッツミルク風味主体、乳臭さで辛さは抑制、どことなく日本的味付けを感じる
- その他：セブンイレブン企画物、嫌いじゃないが、現地料理っぽさを期待するな、基本的に優等生
- 試食日：2000.7.31　賞味期限：2000.11.19
- 入手方法：セブンイレブン　¥158

No.1672 エースコック　4 901071 228088
ラーメンの王道 CURRY カレーらあ麺 タイ風

- ジャンル：ラーメン
- 製法：油揚げめん
- 調理方法：熱湯3分　味：カレー　付属品：なし。粉末スープ、かやく（なす・鶏肉・黄ピーマン・赤ピーマン）は混込済
- 総質量（麺）：74g (55g)
- カロリー：321kcal
- 麺：潤いには欠けるが、やや硬めで確かな歯ごたえ
- つゆ：ココナッツミルクは裏方さん、ストレートな唐辛子の辛さ
- その他：ナスは大きくて有効、「スリランカ」に比べると直接的、でも決して破綻していない
- 試食日：2000.8.1　賞味期限：2000.11.19
- 入手方法：セブンイレブン　¥158

No.1673 エースコック　4 901071 228095
ラーメンの王道 CURRY カレーらあ麺 インド風

- ジャンル：ラーメン
- 製法：油揚げめん
- 調理方法：熱湯3分　味：カレー　付属品：なし。粉末スープ、かやく（枝豆・味付鶏肉そぼろ・玉ねぎ）は混込済
- 総質量（麺）：70g (55g)
- カロリー：311kcal
- 麺：「タイ」と基本骨格は似ているが気のせいか若干ソフト？
- つゆ：全二作に対して、唐辛子が弱い分いわゆるカレー粉の比率が高い、辛さは結構ある
- その他：枝豆や玉ねぎが細かいので食べるのに邪魔なし、古典的解釈のカレーラーメン
- 試食日：2000.8.2　賞味期限：2000.11.20
- 入手方法：セブンイレブン　¥158

No.1674 東洋水産　4 901990 521628
ラーメンの王道 CURRY カレーらあ麺 欧風

- ジャンル：ラーメン
- 製法：油揚げめん
- 調理方法：熱湯3分　味：カレー　付属品：なし。粉末スープ、かやく（牛肉、玉ねぎ・人参・ネギ）は混込済
- 総質量（麺）：74g (50g)
- カロリー：328kcal
- 麺：気泡感は少ないが弾性が強くスポンジ、輪郭は明快なのに、ウレタン製パッキンみたい
- つゆ：やや穀粉質を感じる、常識的なカレーラーメン、辛さは程々、嫌われる味ではない
- その他：良くも悪くもうまくまとめた印象
- 試食日：2000.8.3　賞味期限：2000.11.15
- 入手方法：セブンイレブン　¥158

No.1707 エースコック　4 901071 263089
夜鳴き屋 カレーラーメン はじめました こだわりのカレールウ

- ジャンル：ラーメン
- 製法：油揚げめん
- 調理方法：熱湯3分　味：カレー　付属品：粉末スープ、ペースト状カレールウ、かやく（玉ねぎ・ポテト・人参・葱）
- 総質量（麺）：89g (60g)
- カロリー：407kcal
- 麺：やや扁平形状、ゴムスポンジ状弾性体で軸方向の伸び量大
- つゆ：でんぷんのゴモゴモ感強し、比較的単純なカレー風味、ちは物足りないな
- その他：ラーメンというよりヌードル感覚、肉が無いのが寂しい
- 試食日：2000.9.7　賞味期限：2000.11.15
- 入手方法：100円ショップ　¥100

No.1723 エースコック　4 901071 275037
カレー市場 激辛×33 カレーヌードル 激辛！激うま！泣ける辛さのドラマチック

- ジャンル：ラーメン
- 製法：油揚げめん
- 調理方法：熱湯3分　味：カレー　付属品：なし。粉末スープ、かやく（ポテト・牛肉・玉ねぎ・赤唐辛子・ねぎ）は混込済
- 総質量（麺）：75g (55g)
- カロリー：329kcal
- 麺：やや細めのヌードル麺で主張しないタイプだが、だらしなく伸びることはない
- つゆ：豪快な辛さはある程度の重量感を伴う、旨み成分も出ているのだろうが詳細の判別不能、馬鈴薯は結構あるが肉は少ない、泣きはしないが鼻水が出る、血行促進食品、覚悟が必要
- 試食日：2000.9.25　賞味期限：2001.1.17
- 入手方法：ファミリーマート　¥158

No.1724 エースコック　4 901071 275020
カレー市場　タイ風レッドカレーヌードル　大辛 さらっと辛いエスニックパワー

- ジャンル：ラーメン　製法：油揚げめん
- ■調理方法：熱湯3分　■味：カレー　■付属品：なし。粉末スープ、かやく（鶏肉・タケノコ・椎茸・ねぎ・赤ピーマン）　■総質量（麺）：69g(55g)　■カロリー：288kcal
- ■麺：意識してだろうか？良くも悪くも印象をあまり残さない麺、決して貧弱ではないのだが
- ■つゆ：アジア系ハーブの香り強い、常識的な辛さのライト感、ライト感覚、さらさら粘度低し
- ■その他：スープが主、筍と椎茸が雰囲気を出している、決して万人向けの味ではないな
- ■試食日：2000.9.25　■賞味期限：2001.1.29
- ■入手方法：ファミリーマート ¥158

No.1738 十勝新津製麺　4 904856 2484
冷し 棒々鶏麺

- ジャンル：冷しラーメン　製法：ノンフライめん
- ■調理方法：熱湯5分水さらし　■味：No Data　■付属品：液体スープ、レトルト具（鶏肉）、自家製辣油芝麻醤、かやく（青梗菜）　■総質量（麺）：172g(65g)　■カロリー：363kcal
- ■麺：いつもながらコシの強い麺、ダレがない、一割増量を希望（この会社の商品全般に言える）
- ■つゆ：胡麻だれと鶏肉の絡みは良い、辛さより甘さが勝つ、複雑だが豊かな味の要素はない
- ■その他：同社「四川担々麺」と共通パーツ多いがバランスはこちらが上、作る手間が「即席」じゃないよ
- ■試食日：2000.10.14　■賞味期限：2000.12.18
- ■入手方法：¥248 (298 かも？)

No.1778 東洋水産　4 901990 522014
HOT NOODLE う！下町風ビーフシチュー　ニッポン放送 SNAIL RAMP 竹村あきら 対抗商品 TS プロデュース

- ジャンル：ラーメン　製法：油揚げめん
- ■調理方法：熱湯3分　■味：牛肉　■付属品：なし。粉末スープ、かやく（牛肉・人参・玉ねぎ・ねぎ）は混込済　■総質量（麺）：73g(50g)　■カロリー：331kcal
- ■麺：同シリーズ「チャウダー」より細いが5mm近い幅広麺、白色、食感しっかり、洋風パスタ感覚　■つゆ：確かにビーフシチューの味がする、人工的で嫌な匂いが無いのが驚き　■その他：ゲテ物の予感を受けたが意外な出来、牛肉も大量、でもラーメンの仲間という感じはしない
- ■試食日：2000.11.24　■賞味期限：2001.3.14
- ■入手方法：ローソン ¥143

No.1810 エースコック　4 901071 228118
ホクホク ポテトヌードル　チリビーフ味 1/4 カット

- ジャンル：ラーメン　製法：油揚げめん
- ■調理方法：熱湯3分　■味：牛肉　■付属品：なし。粉末スープ、かやく（ポテト・キャベツ・コーン・赤ピーマン・チーズ）は混込済　■総質量（麺）：68g(50g)　■カロリー：303kcal
- ■麺：古風な感じのヌードル麺、軽々しさが無いのは救い　■つゆ：気分は洋風、中華風ではない、意外に辛い、トマトと玉ねぎの香り　■その他：揚げ馬鈴薯は親指大が三個、結構迫力がある、ラーメンだと思わなければ後悔しないかな
- ■試食日：2000.12.25　■賞味期限：2001.3.27
- ■入手方法：セイフー ¥143

▲本書に掲載した写真はカップのフタを正面から撮ったものに限定しているが、現在は側面や裏面の写真も撮るようにしている。
丸いカップはコロコロ転がって安定せず、側面をうまく撮影できないので、この「カップ・スタビライザー」を開発した。これでバッチリ！

No.442 日清食品	4 902105

CUP NOODLE mini CURRY
カレー

ジャンル ラーメン　**製法** 油揚げめん

- 調理方法：熱湯3分　■味：カレー　■付属品：なし。粉末スープ、かやく（フライドポテト・牛肉・植物蛋白・玉ねぎ・人参・ネギ）は混込済　■総質量（麺）：42g(30g)

No.443 日清食品	4 902105

JAPON トマトヌードル
これがおいしい低カロリー

ジャンル ラーメン　**製法** ノンフライめん

- 調理方法：熱湯3分　■味：トマト　■付属品：No Data　■総質量（麺）：No Data

No.474 明星食品	4 902881

チャルメラSpecial ひまわり色の夏カレー スパイシーカレー うわさのジューシー肉ボール

ジャンル ラーメン　**製法** 油揚げめん

- 調理方法：熱湯3分　■味：カレー　■付属品：なし。粉末スープ、かやくは混込済　■総質量（麺）：No Data

No.484 明星食品	4980 7042

青春という名のラーメン 勝手にミートボール　カレー味

ジャンル ラーメン　**製法** 油揚げめん

- 調理方法：熱湯3分　■味：カレー　■付属品：なし。粉末スープ、かやく（ミートボール・人参・ネギ）は混込済　■総質量（麺）：77g(57g)

No.496 明星食品（沖縄明星食品㈱製造）	4 902881 040297

沖縄そば かつおこんぶだし 紅しょうが七味唐がらし付

ジャンル 沖縄そば　**製法** 油揚げめん

- 調理方法：熱湯5分　■味：沖縄そば　■付属品：No Data　■総質量（麺）：No Data

No.540 東洋水産	4 901990 020916

L.L.Noodle カレー

ジャンル ラーメン　**製法** 油揚げめん

- 調理方法：熱湯3分　■味：カレー　■付属品：なし。粉末スープ、かやく（牛肉・揚げ玉・人参・玉ねぎ・ネギ）は混込済　■総質量（麺）：93g(70g)

No.575 東洋水産	4 901990 020893

沖縄そば 紅しょうが入り

ジャンル ラーメン　**製法** 油揚げめん

- 調理方法：熱湯5分　■味：沖縄そば　■付属品：No Data　■総質量（麺）：No Data

No.586 東洋水産	4 901990 020978

麻婆ラーメン 豆腐入り はし付き

ジャンル ラーメン　**製法** 油揚げめん

- 調理方法：熱湯5分　■味：豆板醤　■付属：スープ、レトルトまあぼラーメンの具、かやく（豆腐・ねぎ・赤ピーマン）　■総質量（麺）：142g(77g)

No.593 エースコック	4 901071 201012

カレーヌードル

ジャンル ラーメン　**製法** 油揚げめん

- 調理方法：熱湯3分　■味：カレー　■付属品：No Data　■総質量（麺）：No Data

その他

No.618 エースコック　4 901071 210014
四川菜館 麻婆拉麺
四川風五目料理付 高温高圧製法麺

■ ジャンル：ラーメン　■ 製法：油揚げめん
■ 調理方法：熱湯4分　■ 味：豆板醤　■ 付属品：スープベース、調理済みかやく（麻婆の素・たけのこ・豚肉・椎茸・きくらげ・ねぎ）　■ 総質量(麺)：134g(70g)

No.622 サンヨー食品　4 901734
サッポロ一番 Cup Star
カレー南ばん

■ ジャンル：ラーメン　■ 製法：油揚げめん
■ 調理方法：熱湯3分　■ 味：カレー　■ 付属品：No Data　■ 総質量(麺)：No Data

No.627 サンヨー食品　4988 5248
サッポロ一番 ミニカップ
カレーヌードル

■ ジャンル：ラーメン　■ 製法：油揚げめん
■ 調理方法：熱湯3分　■ 味：カレー　■ 付属品：なし。粉末スープ、かやく（ポテト・豚肉・人参・ネギ・植物性蛋白）は混込済　■ 総質量(麺)：41g(30g)

No.647 カネボウフーズ　4 901551 001828
ナイスカップ カレーヌードル
ミネラル入り

■ ジャンル：ラーメン　■ 製法：油揚げめん
■ 調理方法：No Data　■ 味：カレー　■ 付属品：No Data　■ 総質量(麺)：No Data

No.663 カネボウフーズ　4 901551 112326
人気のカレーラーメン 大盛 さわやかな辛さ ガラムマサラ使用 生味ノンフライ麺

■ ジャンル：ラーメン　■ 製法：ノンフライめん
■ 調理方法：No Data　■ 味：カレー　■ 付属品：No Data　■ 総質量(麺)：No Data

No.683 カネボウフーズ　4 901551 117703
ジャガカレーラーメン 満腹萬福
中華カレー スープがよくのる食べごたえ麺

■ ジャンル：ラーメン　■ 製法：No Data
■ 調理方法：No Data　■ 味：カレー　■ 付属品：No Data　■ 総質量(麺)：No Data

No.691 カネボウフーズ　4973 1552
カラメンテ 大辛 カレーラーメン

■ ジャンル：ラーメン　■ 製法：ノンフライめん
■ 調理方法：熱湯4分　■ 味：カレー　■ 付属品：スープ、かやく（ねぎ・なると卵・レッドピーマン）　■ 総質量(麺)：94g(64g)

No.715 ヤマダイ　4 903088 000787
ニュータッチ ワンコインヌードル
手づくり派 カレー味

■ ジャンル：ラーメン　■ 製法：油揚げめん
■ 調理方法：熱湯3分　■ 味：カレー　■ 付属品：No Data　■ 総質量(麺)：No Data

No.758 大黒食品工業　4 904511 000329
マイフレンド カレーラーメン
ピリリとした風味と香りがひろがる

■ ジャンル：ラーメン　■ 製法：油揚げめん
■ 調理方法：熱湯3分　■ 味：カレー　■ 付属品：粉末スープ、かやく（豚肉・ポテト・人参・オニオン・ネギ）　■ 総質量(麺)：80g(65g)

その他

No.789 はくばく(白麦米株式会社) 4 902571 211754	No.802 マルタイ 4 902702 008680	No.855 東和エステート 4 961814 029914
怪物製作所 冷し中華 大増量 ピリッと辛口 怪物スープ	**カレーラーメン 青春に TRY BIG**	**大阪ラーメン おおきに カレー**
ジャンル：冷しラーメン　製法：油揚げめん	ジャンル：ラーメン　製法：油揚げめん	ジャンル：ラーメン　製法：油揚げめん
■調理方法：熱湯3分水さらし　■味：No Data　■付属品：スープ、錦糸卵、紅生姜、ふりかけ　■総質量(麺)：187g(120g)	■調理方法：熱湯3分　■味：カレー　■付属品：No Data　■総質量(麺)：No Data	■調理方法：熱湯3分　■味：カレー　■付属品：粉末スープ、かやく　■総質量(麺)：No Data

ミニ・コラム❸

「なななな・なんだこれは？」山本利夫監督（1983年作品）より (P82コラム参照)

Scene 1
一日一食、悪印ラーメン！
具はもやしだけだ！

Scene 2
あれ見てみろ！ もう府中の人達は自分の意志では即席ラーメンを食べられないのだ

Scene 3
中華三昧を侵食する悪印ラーメン

Scene 4
正義のチャーシュービーム
受けてみよ！

Scene 5
今だ、必殺
フォーメーションＶ！

Scene 6
悪のかたまり敗れたり〜

劇中に出てくる「悪印ラーメン」の正体は特撮で3個100円のラーメンを大量に買い込み黒く塗ったもの。上記映画（28分）を作るために40本以上のフィルムを使ったが、当時8mmフィルム一本（約3分）＋現像代が2,000円強であり、映画作製中は極度の金欠状態に陥った。そのため、撮影に使い終えた「悪印ラーメン」を毎日のように食べる時期が続いた。

第六章 うどん・そば

SOKUSEKIMENCYCLOPEDIA

ぐ うどん
ごぼう天 玉子 花ふ きつね わかめ

No.823 サンポー食品	4 901773 010219
ジャンル	うどん
製法	油揚げめん
調理方法	熱湯5分

■総質量（麺）：142g（90g）
■カロリー：No Data

[付属品] 粉末スープ、かやく（ごぼう天ぷら・味付け油揚げ・卵・わかめ・花ふ・葱）、七味唐辛子

[解説]「男性専用」（P105参照）と同じノリで、文字が前面に出て自己主張しているパッケージ。もっともこの製品のスープは常識的で、具が華やかなのが特徴。麺が軽いというか弱い印象なのはラーメンと同様。

一味うまい うどん定食
誘電熟成（ご飯付き）

No.1138 加ト吉	
ジャンル	うどん
製法	油揚げめん
調理方法	熱湯＋電子レンジ 2分30秒（600W）

■総質量（麺）：283g（65g） ■カロリー：385kcal

[付属品] 液体スープ、揚げ玉、かやく（ねぎ・わかめ）、ごはん、永谷園おとなのふりかけ（さけ）

[麺] 幅広で薄い麺は気泡が多く根性がない
[つゆ] 薄い色の関西風で、チープなめんに合わない [その他] 小さなふりかけだけではご飯に対して物足りない

[試食日] 1998.10.25　[賞味期限] 1998.8.4
[入手方法] ¥328

ヤッターマン おかめうどん

No.844	ポーソー東洋　4 960393 100021
ジャンル	うどん
製法	油揚げめん
調理方法	熱湯5分

■総質量(麺)：No Data
■カロリー：No Data

[解説]1980年台初頭と思われる。五目ラーメン（P17参照）同様ヤッターマンといってもロゴのみの使用。この会社は東洋水産グループに属すと思われ、この時期袋めんも含めて製品を色々出していたが、その後の消息は不明、吸収合併されたのかな？

ペヤング 水餃子
スタミナ お口のエチケット ガム入り

No.731	まるか食品
ジャンル	水餃子
製法	油揚げ餃子
調理方法	熱湯4分

■総質量(麺)：43g (No Data)
■カロリー：No Data

[付属品]粉末スープ、かやく（ねぎ・なると・レッドピーマン）、ガム

[解説]ワンタンを得意としていたペヤングが、その応用編として出したのがこの製品。ワンタンの皮を厚ぼったくした感じである一方、脆くなった。口臭消しのガムが付いていることより、焼肉のサイドメニューとしてこの製品を位置付けているものと思われる。

No.861 富士菊製麺工場

里の風味 そうめんできた！
F.D 冷凍乾燥

ジャンル	そうめん
製法	フリーズドライめん
調理方法	熱湯3分

■総質量(麺)：70g(57g)
■カロリー：No Data

[付属品]スープ、かやく（あげ・ねぎ・わかめ・椎茸・なると・かにかま）

[解説]この会社は現存だが、カップ麺を作っているようには見えない。この製品もOEMかな？

No.1071 小豆島手延素麺共同組合（十勝新津製麺） 4 973968 006628

小豆島 あったか 手延べ そうめん
島の光

ジャンル	そうめん
製法	ノンフライめん
調理方法	熱湯3分

■総質量(麺)：114g(60g)
■カロリー：251kcal

[付属品]液体スープ、かやく（わかめ・くきわかめ・しきんのり・きくらげ）

[麺]しっかりコシがある良い麺、太さがまばらなのが手作り風
[つゆ]あっさり上品、袋には製造が「丹頂の舞本舗」とある
[その他]海草がたっぷり、落ち着く味で、飽食に疲れた時に良さそう

[試食日]1998.7.23　[賞味期限]1998.11.15　[入手方法]No Data

No.725 加ト吉 4 901520 485420

さぬきコロッケうどん
うどんによく合うコロッケです

ジャンル	うどん
製法	油揚げめん
調理方法	熱湯5分

■総質量(麺)：No Data
■カロリー：No Data

[解説]一見生タイプのうどんに見えるが実は油揚げめん。

No.735 まるか食品 4 902885 000617

ペヤング 納豆麺 うどん しょうゆ おかめ納豆使用 どんな味？イケる味！

ジャンル	うどん
製法	油揚げめん
調理方法	熱湯5分

■総質量(麺)：85g(70g)
■カロリー：386kcal

[解説]1996年発売。納豆はタカノフーズ「おかめ納豆」をフリーズドライにしたものを使用。

No.703 カネボウフーズ　4 902552 010406

ひやむぎ 醤油めんつゆ
わかめ入り

ジャンル	ひやむぎ
製法	ノンフライめん
調理方法	熱湯3分水さらし

[付属品] 液体つゆ、わかめ、やくみ（ごま・ねぎ）

[解説] カネボウが一時期よく出していた弁当箱スタイルのつけ麺。

■総質量（麺）：99g（80g）
■カロリー：No Data

No.1459 十勝新津製麺／白石興産　4 901828 037215

冷やしかしわ 鶏肉たっぷり 白石の
冷し温麺 幻の麺、

ジャンル	そうめん
製法	ノンフライめん
調理方法	熱湯5分水さらし

■総質量（麺）：166g（60g）
■カロリー：305kcal

[付属品] 液体スープ、レトルト具（鶏肉・玉ねぎ・ごぼう）、かやく（野沢菜）

[麺] 熱い「温麺」よりもちもちとした重量感がある、あっさりしているのにパワフル　[つゆ] つゆ自身は普通の鰹だしだが、レトルト具が油っぽく全体として上手くまとまっている　[その他] 鶏肉はややぱさついているが量は十分、カップの蓋に冷水注入口と水切り口が開いているのが笑える

[試食日] 1999.11.23　[賞味期限] 2000.2.16　[入手方法] Tuson特派員よりいただく

No.755 大黒食品工業

大黒 ざるそば
わさび・のり付

ジャンル	そば
製法	No Data
調理方法	熱湯5分水さらし

[付属品] つゆ、わさび、のり

[解説] 1980年台初期と思われる。この会社は昔から冷し麺が好きなようだ。

■総質量（麺）：125g（75g）
■カロリー：No Data

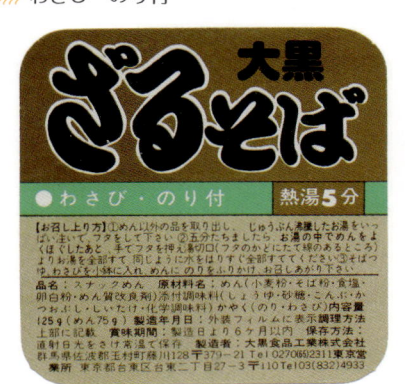

No.785 横山製麺工場　4 903077 200297

八ちゃん ざるそば
「水きりざる」つき容器 いきいき健康！

ジャンル	そば
製法	フリーズドライめん
調理方法	熱湯4分水さらし

[付属品] 液体つゆ、かやく（きざみのり）、粉末わさび

[解説] リアルな食感の麺に水切りのザルまで付いている、製造コストの高そうな品。

■総質量（麺）：120g（65g）
■カロリー：No Data

うどん・そば

No.830 寿がきや食品　4 901677 017550

カレーうどん
S&Bカレー使用 コクと香りの自信作

ジャンル	うどん
製法	No Data
調理方法	熱湯5分

- 総質量(麺) : No Data
- カロリー : No Data

[解説]エスビーは自前で袋のカレーうどんを出しているが、カップ麺だから許諾したのかな。

No.1725 エースコック　4 901071 275013

カレー市場 給食のカレーうどん
甘口 なつかし、おいしい 先生、おかわり

ジャンル	うどん
製法	油揚げめん
調理方法	熱湯3分

- 総質量(麺) : 78g(55g)
- カロリー : 384kcal

[付属品]なし。固形ルー、かやく（ポテト・豚肉・玉ねぎ・人参・ねぎ）は混込済

[麺]5mm はあろうワイド麺は一見迫力があるが、食べてみると軽くて根性なし　[つゆ]小麦粉を溶いたっ！という感じが出ている、オブラートに包んだ辛さ、悪い香りではない　[その他]価格相応の満足は得られない、確かに子供向、肉はカップヌードルみたい

[試食日]2000.09.26　[賞味期限]2001.1.28　[入手方法]ファミリーマート ¥158

No.685 カネボウフーズ　4943 1506

なったり庵 とろみのあんかけそば
そば粉四割 ノンフライ

ジャンル	そば
製法	ノンフライめん
調理方法	熱湯5分

- 総質量(麺) : 95g(64g)
- カロリー : No Data

[付属品]液体スープ、粉末スープ、かやく（卵・鶏肉・揚げ玉・葱）

[解説]とろみがうまみの！広東麺シリーズのあんかけ手法をそば・うどんにも展開したもの。

No.687 カネボウフーズ　4973 1910

寿限無庵 ノンフライ そば粉四割 とりなんばんそば

ジャンル	そば
製法	ノンフライめん
調理方法	No Data

- 総質量(麺) : No Data
- カロリー : No Data

[解説]一時期のカネボウはノンフライ麺を武器に破竹の勢いで製品を発表していた。製麺業から撤退するとは、諸行無常。

No.933 東洋水産　4 901990 026147
2001麺 肉入り天そば

- ジャンル：そば　製法：ノンフライめん
- 調理方法：熱湯3分　付属品：なし。粉末スープ、かやく（豚肉・小えび天ぷら・オニオン揚げ玉・かまぼこ・ねぎ）は混込済　総質量（麺）：59g（45g）　カロリー：No Data
- 麺：ノンフライのそばは初めてだな。ちょっと細く柔らかすぎ　つゆ：スープはちょい甘め　その他：さくら海老天と豚肉が入っているのがユニーク
- 試食日：1997.10.14　賞味期限：No Data
- 入手方法：No Data

No.955 日清食品　4 902105 021316
どん兵衛 白だし鶏うどん

- ジャンル：うどん　製法：油揚げめん
- 調理方法：熱湯3分　付属品：粉末スープ、かやく（卵・人参・ねぎ等）、黒胡椒　総質量（麺）：80g（65g）　カロリー：366kcal
- 麺：幅広で存在感あり、もうちょい固い方が好みだが　つゆ：問題の白だしスープは上品でかつ旨味も十分出ており良いぞ！黒胡椒がもっと効いてもいいくらい　その他：それでもカップうどんの世界に新たな地平を切り開いたつゆと評す
- 試食日：1997.12.9　賞味期限：1998.4.14
- 入手方法：No Data

No.959 明星食品　4 902881 042406
お千代の秘密 とりわかめそば スーパーデリシャスおばあちゃんのワザ

- ジャンル：そば　製法：油揚げめん
- 調理方法：熱湯3分　付属品：粉末スープ、かやく（鶏肉、わかめ、揚げ玉、かまぼこ等）、ペースト状薬味（七味、ゆず）　総質量（麺）：91g（70g）　カロリー：389kcal
- 麺：麺には黒ゴマが混ぜてあるそうだが隠し味程度、カップそばとしてはまあ密度があり、角の取れた麺　つゆ：スープは薬味がうまく効いている　その他：薄っぺらいけど鶏肉の食感もまあよい
- 試食日：1997.12.20　賞味期限：1998.3.15
- 入手方法：No Data

No.960 日清食品　4 902105
日清庵 えび天そば『そ』

- ジャンル：そば　製法：油揚げめん
- 調理方法：熱湯3分　付属品：なし。スープとかやく（えび天、人参、しいたけ、ねぎ）は混込済　総質量（麺）：76g（60g）　カロリー：354kcal
- 麺：「お千代の秘密」に比べて麺はシャープな感じ　つゆ：やや甘め　その他：えび天の歯ごたえが良い
- 試食日：1997.12.21　賞味期限：1998.3.27
- 入手方法：No Data

No.964 エースコック　4 901071 214029
とん汁うどん こころもからだもあったまる

- ジャンル：うどん　製法：油揚げめん
- 調理方法：熱湯3分　付属品：液体スープ、かやく（豚肉・ごぼう・人参・ねぎ）、七味　総質量（麺）：105g（66g）　カロリー：422kcal
- 麺：太めで密度が高い印象。やや良　つゆ：みそがベースで少しどろっとした感触　その他：肉とごぼうがざくざく入っていて飽きさせない
- 試食日：1997.12.29　賞味期限：1998.4.20
- 入手方法：No Data

No.973 日清食品　4 902105
日清庵 カレーうどん「う」

- ジャンル：うどん　製法：油揚げめん
- 調理方法：熱湯3分　付属品：なし（スープ・かやくはカップに混込済）　総質量（麺）：83g（60g）　カロリー：390kcal
- 麺：標準的なうどん麺、少～し固めか　つゆ：標準的なカレー味スープ、香りの割に辛くない　その他：具の牛肉は食べ応え有り。もっと刺激が欲しい
- 試食日：1998.1.31　賞味期限：1998.2.16
- 入手方法：No Data

No.987 カネボウフーズ　4 901551 113019
えびかき揚げ天そば

- **ジャンル**：そば　**製法**：ノンフライめん
- **調理方法**：熱湯4分　**付属品**：液体スープ、かき揚げ天ぷら、かやく(ねぎ)、七味唐辛子　**総質量(麺)**：128g(80g)　**カロリー**：464kcal
- **麺**：ノンフライ麺は固め、能書き通りコシが強い。そば粉五割はわからん　**つゆ**：甘すぎずよい　**その他**：天ぷらは海老の存在感が弱い
- **試食日**：1998.2.27　**賞味期限**：1998.4.25
- **入手方法**：サンエブリー ¥248

No.994 横山製麺工場　4 903077 300010
八ちゃん亭 フリーズドライめん 牛肉うどん

- **ジャンル**：うどん　**製法**：フリーズドライめん
- **調理方法**：熱湯5分　**付属品**：液体スープ、レトルト具(牛肉)、かやく(ねぎ)、七味唐辛子　**総質量(麺)**：125g(57g)　**カロリー**：No Data
- **麺**：うどんと言うには細いがさすがフリーズドライ麺、ぷりぷりコシがある　**つゆ**：無難な味、化学調味料が強いか？　**その他**：レトルトの牛肉は圧巻！これはよい
- **試食日**：1998.3.08　**賞味期限**：1998.5.19
- **入手方法**：No Data

No.1012 明星食品　4 902881 043113
お千代の秘密 ちゃんぽんうどん

- **ジャンル**：うどん　**製法**：油揚げめん
- **調理方法**：熱湯5分　**付属品**：粉末スープ、かやく(鶏つくね・椎茸・キャベツ・人参・蒲鉾)、スパイス　**総質量(麺)**：89g(70g)　**カロリー**：401kcal
- **麺**：あまり自己主張しない　**つゆ**：胡椒も入っており、ことなく洋風でもある　**その他**：国籍不明、具は野菜がたくさんはいってる印象
- **試食日**：1998.4.5　**賞味期限**：1998.7.16
- **入手方法**：No Data

No.1034 ヤマダイ　4 903088 001777
ニュータッチ みそ味 豚汁うどん

- **ジャンル**：うどん　**製法**：油揚げめん
- **調理方法**：熱湯4分　**付属品**：ペースト状スープ、かやく(豚肉・油揚げ・ごぼう・人参・ねぎ)、七味　**総質量(麺)**：108g(90g)　**カロリー**：434kcal
- **麺**：幅広の揚げ麺、密度は並　**つゆ**：みそ汁に不自然な程ダシ(化学調味料)を加えた、というような感じ　**その他**：肉がリアル、総じて具は良い方
- **試食日**：1998.5.15　**賞味期限**：1998.6.21
- **入手方法**：中野屋 ¥145

No.1038 日清食品　4 902105
エビよせ天入り 天そば
(高速道路限定品？)

- **ジャンル**：そば　**製法**：油揚げめん
- **調理方法**：熱湯3分　**付属品**：なし。スープ、かやく(えび入り天ぷら・蒲鉾・ねぎ)は混込済　**総質量(麺)**：84g(60g)　**カロリー**：399kcal
- **麺**：たぶん…どん兵衛と同じように思えるだが…　**つゆ**：No Data　**その他**：どん兵衛のようでどん兵衛でない、天ぷらが後のせでないから？カップのデザインもどこかカップヌードル風の模様がある
- **試食日**：1998.5.23　**賞味期限**：1998.8.3
- **入手方法**：名神高速のどこかのサービスエリア自販機 ¥200

No.1040 エースコック　4 901071 232016
スーパーカップ 天ぷらきつねうどん

- **ジャンル**：うどん　**製法**：油揚げめん
- **調理方法**：熱湯5分　**付属品**：粉末スープ、海老入りかき揚げ、七味。油揚げは混込済　**総質量(麺)**：115g(90g)　**カロリー**：545kcal
- **麺**：太いが気泡が多く密度が低い感じ、量は多い　**つゆ**：あまり印象に残らない　**その他**：天ぷらの油の質が良くない、極度に空腹な時でないとすぐに飽きそう
- **試食日**：1998.5.26　**賞味期限**：1998.8.6
- **入手方法**：No Data

No.1043 アカギ　4 902485 001328
冷したぬきそば

- ジャンル：そば　製法：油揚げめん
- 調理方法：熱湯3分水さらし　付属品：液体スープ、揚げ玉、のり、七味唐辛子
- 総質量（麺）：150g（82g）　カロリー：No Data
- 麺：油揚げめんの限界か、冷しそばならもっと重い存在感が欲しい　つゆ：ちょい甘さ　その他：揚げ玉は固くて歯ごたえよし
- 試食日：1998.6.7　賞味期限：1998.10.20
- 入手方法：クリエイトSD ¥98

No.1045 日清食品　4 902105 021330
どん兵衛 牛玉辛だしうどん

- ジャンル：うどん　製法：油揚げめん
- 調理方法：熱湯3分　付属品：粉末スープ、かやく（牛肉・卵・椎茸・ねぎ）、刻み赤唐辛子　総質量（麺）：80g（65g）　カロリー：365kcal
- 麺：うんと幅広、しかし軽め　つゆ：オレンジ色の粉末、乾いた辛さ、新しさを感じる　その他：卵は邪魔、肉もっと欲しい、夏の味覚だな
- 試食日：1998.6.9　賞味期限：1998.10.12
- 入手方法：ローソン ¥143

No.1047 イトメン　4 901104 303263
ぶっかけ おろしうどん

- ジャンル：うどん　製法：油揚げめん
- 調理方法：熱湯4分お湯切り　付属品：液体スープ、かやく（揚げ玉・ごま・大根おろし）　総質量（麺）：114g（80g）　カロリー：420kcal
- 麺：うどんとしては細いがしっかりしている　つゆ：少なめ、スープの甘さを大根おろしが押さえバランスがとれている　その他：焼うどんよりさっぱりしてる、水切りして冷やした方がより良さそう
- 試食日：1998.6.13　賞味期限：1998.10.6
- 入手方法：京都で購入

No.1070 アカギ　4 902485 001359
冷し たぬきうどん

- ジャンル：うどん　製法：油揚げめん
- 調理方法：ゆで5分水切り　付属品：液体つゆ、揚げ玉、きざみのり、七味唐辛子　総質量（麺）：150g（82g）　カロリー：No Data
- 麺：軽い食感、水切りするので少しは油臭さが軽減する方がいい　つゆ：甘い！もうちょい甘さを抑えた方が好みだな、それ以外は印象薄　その他：食後感があまり良く無い
- 試食日：1998.7.20　賞味期限：1998.10.24
- 入手方法：¥98

No.1096 日清食品　4969 8527
ミニどん兵衛 天ぷらそば（東版）

- ジャンル：そば　製法：油揚げめん
- 調理方法：熱湯3分　付属品：粉末スープ。かやく（天ぷら）は混込済　総質量（麺）：46g（34g）　カロリー：225kcal
- 麺：麺は西版も東版もどちらも似たようなもの　つゆ：醤油の香りが口に残り「食べた」という気分がする　その他：No Data
- 試食日：1998.9.7　賞味期限：1998.11.17
- 入手方法：No Data

No.1097 日清食品　4969 8374
ミニどん兵衛 天そば（西版）

- ジャンル：そば　製法：油揚げめん
- 調理方法：熱湯3分　付属品：粉末スープ。かやく（天ぷら）は混込済　総質量（麺）：46g（34g）　カロリー：225kcal
- 麺：麺は東版も西版もどちらも似たようなもの　つゆ：ひ弱な印象で満足感に欠ける　その他：誤差の範囲か？天ぷらは西版の方がしょっぱく感じる
- 試食日：1998.9.7　賞味期限：1998.10.6
- 入手方法：No Data

No.1099 ジャスコ　　4 901810 211890
TOPVALU きつねうどん

- **ジャンル**：うどん　**製法**：油揚げめん
- ■調理方法：熱湯5分　■付属品：粉末スープ。油揚げは混込済　■総質量（麺）：91g(72g)　■カロリー：401kcal
- ■麺：幅広だが気泡が多いようで軽い、存在感の薄いめん　■つゆ：醤油よりもダシ重視、甘め　■その他：油揚げのボリュームは水準以上
- ■試食日：1998.9.10　■賞味期限：1998.12.12
- ■入手方法：No Data

No.1105 カネボウフーズ　　4 901551 113279
ぐっどん 釜揚げうどん
ごまだれ風味

- **ジャンル**：うどん　**製法**：ノンフライめん
- ■調理方法：熱湯4分＋熱湯希釈たれ　■付属品：液体めんつゆ、かやく（わかめ・かまぼこ）、ふりかけ（ごま）、たれ用カップ　■総質量（麺）：104g(85g)　■カロリー：349kcal
- ■麺：珍しいノンフライうどんは細めでなめらか　■つゆ：甘めのたれは、食べきる前に無くなってしまった　■その他：作るのも食べるのもちょっと面倒くさい
- ■試食日：1998.9.18　■賞味期限：1999.1.30
- ■入手方法：No Data

No.1111 明星食品　　4 902881 043410
なべ屋のうどん 卵とじうどん
しょうゆ味

- **ジャンル**：うどん　**製法**：油揚げめん
- ■調理方法：熱湯5分　■付属品：粉末スープ、特製コクのたれ、かやく（FD溶き卵・ねぎ・椎茸・ふ・わかめ）　■総質量（麺）：97g(70g)　■カロリー：405kcal
- ■麺：太いので存在感があり、五分戻しのわりには即席っぽい　■つゆ：かつおだしが有効、かなり塩辛いが複雑な味、若干トロみあり　■その他：妙に椎茸がリアル、方向性としては面白い、高血圧の人には毒かな？
- ■試食日：1998.9.24　■賞味期限：1999.1.31
- ■入手方法：No Data

No.1129 東洋水産　　4 901990 026994
野菜天ぷらうどん

- **ジャンル**：うどん　**製法**：油揚げめん
- ■調理方法：熱湯5分　■付属品：粉末スープ。野菜天ぷら（ごぼう・春菊・にんじん）・かまぼこは混込済　■総質量（麺）：92g(70g)　■カロリー：447kcal
- ■麺：同社の赤いきつねよりも太くて重量感がある、負けないめん　■つゆ：優しい舌触りだが個人的には塩がきつい　■その他：春菊のチョイスは野菜臭くて良い
- ■試食日：1998.10.15　■賞味期限：1999.2.25
- ■入手方法：No Data

No.1131 カネボウフーズ　　4 901551 113187
ぶっかけうどん ぐっどん

- **ジャンル**：うどん　**製法**：ノンフライめん
- ■調理方法：熱湯4分お湯切り　■付属品：液体スープ、ふりかけ（のり・ごま）　■総質量（麺）：135g(80g)　■カロリー：308kcal
- ■麺：細めのノンフライうどんは縦横比3、薄い　■つゆ：わずかに甘い　■その他：ちょっと単調、冷やした方が良かったかな
- ■試食日：1998.10.17　■賞味期限：1998.11.2
- ■入手方法：No Data

No.1140 日清食品　　4 902105
どん兵衛 きつね ジューシィうどん（たて型カップ仕様）

- **ジャンル**：うどん　**製法**：油揚げめん
- ■調理方法：熱湯3分　■付属品：なし。粉末スープ・かやく（油揚げ・かまぼこ・ねぎ）は混込済　■総質量（麺）：75g(60g)　■カロリー：333kcal
- ■麺：大柄のめんは縦横比も大きい、柔らかくて噛み応え弱し、普通のどん兵衛と違う？　■つゆ：それらしい表記（E or W）はないが、上品で力強さがないので関西版だな　■その他：油揚げも5cm角のたて型カップ専用でぶ厚い（1cm弱）
- ■試食日：1998.10.27　■賞味期限：1998.9.3
- ■入手方法：東名高速某 SA 自販機にて購入

No.1153 東洋水産　4 901990 020503
赤いきつねうどん
（20周年バージョン）

- ジャンル：うどん
- 製法：油揚げめん
- 調理方法：熱湯5分　■付属品：粉末スープ。かやく（油揚げ・卵・かまぼこ）は混込済　■総質量（麺）：92g(74g)　■カロリー：417kcal
- ■麺：太めで固い、5分戻してもへこたれない根性麺は食べ応えあり　■つゆ：基本に忠実な関東風カップうどんつゆ、ちょいと塩分過多かな？　■その他：やっぱこれがメートル原器だな、安心と信頼
- ■試食日：1998.11.13　■賞味期限：1999.1.19
- ■入手方法：No Data

No.1158 日清食品／日航商事
うどんですかい　きざみあげ入り JAL ORIGINAL NOODLE SNACK

- ジャンル：うどん
- 製法：油揚げめん
- 調理方法：熱湯3分　■付属品：なし。スープ、かやく（油揚げ・ネギ）は混込済　■総質量（麺）：39g(30g)　■カロリー：182kcal
- ■麺：幅広だが薄い、気泡感が少なく滑らか、どん兵衛とは違うみたい　■つゆ：透明度低い、醤油よりもだし優位の関西風、刺激感少ない　■その他：揚げは小さいがふくよか、全体的にどん兵衛より上品で良いと思う、でも割高
- ■試食日：1998.11.17　■賞味期限：1999.2.8
- ■入手方法：am/pm ¥108

No.1168 カネボウフーズ　4 901551 113354
手作り 五割そば　えびかき揚げ

- ジャンル：そば
- 製法：ノンフライめん
- 調理方法：熱湯4分　■付属品：液体スープ、かき揚げ天（えび・グリーンピースなど）、ねぎ、七味唐辛子　■総質量（麺）：126g(80g)　■カロリー：423kcal
- ■麺：ノンフライ麺は堅め、そばとしては密度が高すぎる、もっと緩くか平板、でも塩分高　■つゆ：上品という感じ　■その他：指示通り食べる際にかき揚げを入れると最後まで固い部分がある、豪華そうだけど…
- ■試食日：1998.11.30　■賞味期限：1999.4.17
- ■入手方法：No Data

No.1172 エースコック　4 901071 208059
みそ煮込み風うどん

- ジャンル：うどん
- 製法：油揚げめん
- 調理方法：熱湯5分　■付属品：ペースト状スープ、かやく（油揚げ・鶏肉・にんじん・かまぼこ・ねぎなど）　■総質量（麺）：132g(90g)　■カロリー：497kcal
- ■麺：太いが軽い感じで食べ応えに欠ける、量は多い　■つゆ：名古屋風少しくど目みそ味、でもダシが効いていて鍋物の汁の雰囲気もある　■その他：具が小さい、名古屋城としゃちほこの絵はお決まりのパターンだな
- ■試食日：1998.12.6　■賞味期限：1999.4.11
- ■入手方法：ローソン ¥168

No.1176 十勝新津製麺／小豆島手延素麺共同組合　4 904856 001395
おいしい 十勝親鳥たっぷり 手延小豆島にゅうめん

- ジャンル：そうめん
- 製法：ノンフライめん
- 調理方法：熱湯3分　■付属品：液体スープ、レトルト具（鶏肉・玉ねぎ）、かやく（ほうれん草？）　■総質量（麺）：166g(60g)　■カロリー：305kcal
- ■麺：ノンフライ麺は質実剛健という感じ　■つゆ：上品だが深い　■その他：大きくて歯ごたえの良い鶏肉があるから飽きずに食べられる
- ■試食日：1998.12.11　■賞味期限：1999.4.27
- ■入手方法：No Data

No.1178 東洋水産　4 901990 029230
白い ちからうどん

- ジャンル：うどん
- 製法：油揚げめん
- 調理方法：熱湯5分　■付属品：粉末スープ、パックもち、七味唐辛子　■総質量（麺）：101g(66g)　■カロリー：413kcal
- ■麺：赤いきつねと変わらない印象　■つゆ：これも赤いきつねと変わらない印象　■その他：餅は約4.5cm角5mm厚、エースコックのより柔らかい、揚げ玉・ちいさな油揚げは印象に残らない
- ■試食日：1998.12.13　■賞味期限：1999.4.20
- ■入手方法：No Data

No.1185 日航商事／日清食品　4503 2912
そばですかい
SOBA de SKY 小えび天入り

- ジャンル：そば
- 製法：油揚げめん

■ 調理方法：熱湯3分　■ 付属品：なし。粉末スープ、かやく（小えび天・ねぎ）は混込済　■ 総質量(麺)：35g(26g)　■ カロリー：165kcal

■ 麺：柔らかく歯ごたえにかけるが、そばの香りは強い方　■ つゆ：尖った所のない、上品でマイルドな味、でも平板ではない　■ その他：どん兵衛より上だな、しかし量が少なすぎる

■ 試食日：1998.12.22　■ 賞味期限：1999.2.19
■ 入手方法：No Data

No.1188 東洋水産　4 901990 024013
緑のたねき
天そば（ミニ）北海道版カップ

- ジャンル：そば
- 製法：油揚げめん

■ 調理方法：熱湯3分　■ 付属品：粉末スープ。かやく（小えび天ぷら・かまぼこ・ねぎ）は混込済　■ 総質量(麺)：42g(30g)　■ カロリー：200kcal

■ 麺：比較的ハード、食感は本当のそばに近くて良い　■ つゆ：めんとのマッチング良し、とんがっていない　■ その他：これぞカップそばの基準だ、大抵の他社製品を上回る

■ 試食日：1998.12.25　■ 賞味期限：1998.12.25
■ 入手方法：北海道で購入

No.1195 砂押商店（現・麺のスナオシ）　4 973288 113235
天ぷらそば　本格派

- ジャンル：そば
- 製法：油揚げめん

■ 調理方法：熱湯3分　■ 付属品：粉末スープ、かやく（揚げ玉（えび・山菜）・ねぎ）　■ 総質量(麺)：92g(83g)　■ カロリー：429kcal

■ 麺：柔らか過ぎる！根性無しめんは全体の印象をひ弱にする　■ つゆ：塩気はそこそこ、スープは水準に達しているんだよな　■ その他：カップ印刷にそば・うどん名が併記されているのが笑える、天かすは細かい

■ 試食日：1999.1.05　■ 賞味期限：1999.2.28
■ 入手方法：秋葉原で購入 ¥90

No.1217 日清食品　4 902105 20746
日清庵　そ　えび天そば

- ジャンル：そば
- 製法：No Data

■ 調理方法：熱湯3分　■ 付属品：なし。かやく（小えび天揚げ玉・人参・椎茸・蒲鉾）は混込済　■ 総質量(麺)：71g(55g)　■ カロリー：331kcal

■ 麺：細めだがひ弱ではない、同時比較ではないがどん兵衛よりしっかりしてるか？　■ つゆ：これといった欠点はないが、積極的に推せる点も見あたらない　■ その他：スープやかやくの封を切る手間が惜しい人へお勧め

■ 試食日：1999.2.1　■ 賞味期限：1999.3.26
■ 入手方法：シズオカヤ ¥143

No.1231 ヤマダイ　4 903088 001777
ニュータッチ　豚汁うどん
合わせみそ味

- ジャンル：うどん
- 製法：油揚げめん

■ 調理方法：熱湯4分　■ 付属品：ペースト状スープ、揚げ玉、かやく（豚肉・油揚げ・人参・ねぎ・ごぼう）　■ 総質量(麺)：110g(70g)　■ カロリー：461kcal

■ 麺：幅が広く大きい麺だが密度が低い。しかし食べ終わりまで一応食べ応えがある　■ つゆ：「汁」っぽいスープ、あまりカんでいない感じ　■ その他：量はもう一息だが、肉やごぼうのリアルさはなかなか。思ったより良かった

■ 試食日：1999.2.19　■ 賞味期限：1999.5.8
■ 入手方法：No Data

No.1234 日清食品　4 902105 021477
どん兵衛　白だし鶏だんごうどん

- ジャンル：うどん
- 製法：油揚げめん

■ 調理方法：熱湯3分　■ 付属品：粉末スープ、黒胡椒、かやく（鶏肉団子φ15mm4個・卵・人参・ねぎ）　■ 総質量(麺)：79g(65g)　■ カロリー：364kcal

■ 麺：5mmはあろう幅広麺は普通のどん兵衛と別物、だが根性があまりないところは共通　■ つゆ：女性的な味をスパイスで締めているが、胡椒がベストマッチなのかは疑問　■ その他：肉団子は結構リアル、嫌われる要素は少ないかな

■ 試食日：1999.2.23　■ 賞味期限：1999.6.13
■ 入手方法：No Data

No.1279 東洋水産　4 901990 520218
おそば屋さんのカレー南ばんそば

- ジャンル：そば
- 製法：油揚げめん
- 調理方法：熱湯4分
- 付属品：油揚げめんだがあまりそれを意識させないが、そばのような気もしないな
- 総質量(麺)：82g(65g)
- カロリー：373kcal
- 麺：油揚げめんだがあまりそれを意識させないが、そばのような気もしないな
- つゆ：結構濃く辛いが軽い、鼻に息を抜く際粉っぽさを感じる
- その他：よくあるカレー味即席麺のようにでんぷんでどろどろしていないのは良い
- 試食日：1999.4.22
- 賞味期限：1999.9.9
- 入手方法：ローソン ¥143

No.1325 日清食品　4 902105 021484
どん兵衛 辛だし 担々うどん

- ジャンル：うどん
- 製法：油揚げめん
- 調理方法：熱湯3分
- 付属品：粉末スープ、かやく(味付肉そぼろ・赤ピーマン・しいたけ・ねぎ)
- 総質量(麺)：80g(66g)
- カロリー：363kcal
- 麺：幅5mm強の超扁平麺は軽量級だが一応の食べ応えあり
- つゆ：結構辛いのだが、重たい印象は無い。根は上品
- その他：肉もどきはたくさん入ってる、見掛けほど本気じゃないな
- 試食日：1999.6.17
- 賞味期限：1999.10.26
- 入手方法：No Data

No.1391 まるか食品　4 902885 000839
ペヤング ふる里うどん 幅広めん

- ジャンル：うどん
- 製法：油揚げめん
- 調理方法：熱湯5分
- 付属品：粉末スープ、かやく(油揚げ・ごぼう・人参・ねぎ・七味唐辛子)
- 総質量(麺)：86g(70g)
- カロリー：385kcal
- 麺：気泡感はあるが、幅7〜8ミリの超扁平麺は迫力十分！めん質量70gとは思えない量感
- つゆ：やや甘めだがしつこくないので十分許容範囲
- その他：ごぼうは大きく固いので歯ごたえ強力、決して高品質ではないが印象に残る箇所が多い
- 試食日：1999.9.10
- 賞味期限：2000.1.16
- 入手方法：サンエブリー ¥143

No.1398 日清食品　4 902105 021514
どん兵衛 天ぷらうどん

- ジャンル：うどん
- 製法：油揚げめん
- 調理方法：熱湯3分
- 付属品：粉末スープ、天ぷら(後のせ)
- 総質量(麺)：99g(74g)
- カロリー：480kcal
- 麺：幅5ミリの扁平麺は密度が低く柔らかめ、存在が軽い
- つゆ：甘口、フォーカスも甘い
- その他：天ぷらは吸水性が高く経時変化が大きい、全体的に軟派
- 試食日：1999.9.17
- 賞味期限：2000.1.26
- 入手方法：am-pm ¥143

No.1421 カネボウフーズ　4 901551 113798
そば処山形風 鴨南蛮そば

- ジャンル：そば
- 製法：ノンフライめん
- 調理方法：熱湯4分
- 付属品：液体つゆ、かやく(鴨肉・かまぼこ・ねぎ)
- 総質量(麺)：108g(70g)
- カロリー：294kcal
- 麺：ノンフライ麺はそばとしての資質は良いが、縮れに違和感、もっと太く
- つゆ：やや甘めだがネギの辛さで相殺されている、もっと刺激があって良い
- その他：鴨の存在が希薄、エネルギー源にはなりにくい
- 試食日：1999.10.15
- 賞味期限：2000.2.17
- 入手方法：am-pm ¥143

No.1427 カネボウフーズ　4 901551 113781
めん処上州風 ごまだれうどん

- ジャンル：うどん
- 製法：ノンフライめん
- 調理方法：熱湯4分
- 付属品：液体スープ、かやく(揚げ玉・鶏肉・かまぼこ・ねぎ・椎茸)
- 総質量(麺)：108g(70g)
- カロリー：346kcal
- 麺：うどんとしては細いがノンフライでコシがあり、表面滑らか
- つゆ：タイトルから想像されるほどゴマの風味はきつくない、みそ味仕立て
- その他：揚げ玉があるのでノンフライ故の粉っぽさは感じない
- 試食日：1999.10.21
- 賞味期限：1999.12.16
- 入手方法：am-pm ¥143

No.1449 十勝新津製麺／白石県産　4 901828 037161
かしわうーめん
鶏肉たっぷり 白石の温麺 幻の麺

- ジャンル　そうめん　■製法　ノンフライめん
- ■調理方法：熱湯4分　■付属品：液体スープ、レトルト具（鶏肉・玉ねぎ・ごぼう）、かやく（ねぎ・青菜？）　■総質量（麺）：166g(60g)　■カロリー：305kcal
- ■麺：丸断面でつるつる滑らか、即席らしくない、長さが短い、良くも悪くも後に残らない　■つゆ：薄味あっさり系、素麺のつゆと判別出来ない　■その他：あっさりした麺つゆをレトルト具の深さが十分補う、十勝新津製麺は丹頂の舞本舗で最近有名になったな
- ■試食日：1999.11.14　■賞味期限：1999.12.4
- ■入手方法：Tuson 特派員よりいただく

No.1452 日清食品　4 902105 20777
日清庵 そ えび天そば

- ジャンル　そば　■製法　油揚げめん
- ■調理方法：熱湯3分　■付属品：なし。粉末スープ、かやく（小エビ天・椎茸・人参・ねぎ）は混込済　■総質量（麺）：72g(55g)　■カロリー：331kcal
- ■麺：油揚げめんを感じさせず、適度な歯ごたえがある　■つゆ：嫌な後味はない、どん兵衛より自然かもしれない　■その他：椎茸が意外に肉厚、全体的に軽い感覚
- ■試食日：1999.11.18　■賞味期限：2000.2.28
- ■入手方法：ファミリーマート ¥143

No.1453 (株)良品計画RS46　4 934761 705767
無印良品 ミニキムチうどん

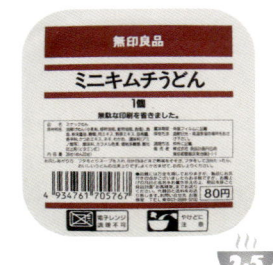

- ジャンル　うどん　■製法　油揚げめん
- ■調理方法：熱湯3分　■付属品：粉末スープ（かやく（わかめ・ねぎ）入り）　■総質量（麺）：38g(33g)　■カロリー：No Data
- ■麺：軽い食感だがまあ標準的なカップうどん麺　■つゆ：ちょっと人工的で後味が良くないが、キムチ味は食欲を刺激してしまうな　■その他：わかめは二枚程と貧弱、暖かいおやつとしての存在意義はある
- ■試食日：1999.11.18　■賞味期限：2000.1.27
- ■入手方法：無印良品 ¥80

No.1454 日清食品　4 902105 020760
日清庵 う えび天うどん わかめ入り

- ジャンル　うどん　■製法　油揚げめん
- ■調理方法：熱湯3分　■付属品：なし。粉末スープ、かやく（小エビ天・わかめ・ねぎ）は混込済　■総質量（麺）：71g(60g)　■カロリー：341kcal
- ■麺：根性の足りないダラダラうどん麺　■つゆ：昨日の「そ えび天そば」と同傾向、印象に残りにくい　■その他：えび天は身より殻の香ばしさが食欲に寄与するし、わかめは気持ち程度
- ■試食日：1999.11.19　■賞味期限：2000.3.6
- ■入手方法：ファミリーマート ¥143

No.1456 サンヨー食品　4 901734 002994
サッポロ一番 麺屋佐吉 神田風天ぷらそば

- ジャンル　そば　■製法　油揚げめん
- ■調理方法：熱湯3分　■付属品：なし。スープ、かやく（小えび天・揚げ玉・ねぎ・かまぼこ）は混込済　■総質量（麺）：74g(55g)　■カロリー：324kcal
- ■麺：軽くてソフト、だが何となくソバっぽい感じが意外に出ている　■つゆ：これもあまり印象に残らないけれど、やや甘めかな　■その他：日清の「そ えび天そば」が硬いならば、こちらは柔だな、小えび天は細かい
- ■試食日：1999.11.19　■賞味期限：2000.3.6
- ■入手方法：ファミリーマート ¥143

No.1458 サンヨー食品　4 901734 003007
サッポロ一番 麺屋佐吉 浪花風きつねうどん

- ジャンル　うどん　■製法　油揚げめん
- ■調理方法：熱湯3分　■付属品：なし。スープ、かやく（味付け油揚げ・卵・ねぎ・かまぼこ）は混込済　■総質量（麺）：72g(55g)　■カロリー：312kcal
- ■麺：日清「う えび天うどん」より太いし歯ごたえしっかり、こっちの勝ち　■つゆ：あ、名前通りの関西風でダシ重視、同社「神田風天ぷらそば」とは別物だね　■その他：油揚げは小指大の大きさ、卵のせいか焦点がソフトに感じる
- ■試食日：1999.11.21　■賞味期限：2000.3.20
- ■入手方法：ミニストップ ¥143

No.1463 十勝新津製麺　4 904856 001586
北海道発 手のべ かも南うどん

- ジャンル：うどん
- 製法：ノンフライめん
- 調理方法：熱湯5分
- 付属品：液体スープ、レトルト具（鶏肉・玉ねぎ）、ねぎ、七味唐辛子
- 総質量（麺）：169g（60g）
- カロリー：344kcal
- 麺：太std くはないが密度が高く詰まった感じ、戻りが悪くやや硬い、存在感は大
- つゆ：澄んだ感じ、あっさりしている、やや人工的か？
- その他：同じ「白石温麺」と全体の傾向が酷似、但し具はやや貧弱か、十勝新津製麺っぽさが良く出ている
- 試食日：1999.11.27
- 賞味期限：2000.3.24
- 入手方法：ファミリーマート ¥248

No.1471 東洋水産　4 901990 520898
カレーうどん

- ジャンル：うどん
- 製法：油揚げめん
- 調理方法：熱湯3分
- 付属品：なし。粉末スープ、かやく（豚肉・ねぎ・かまぼこ・人参）は混込済
- 総質量（麺）：79g（55g）
- カロリー：346kcal
- 麺：幅5mm扁平麺は揚げ物っぽく気泡感があり3分で戻りきらない所もある、でも良いのだ！
- つゆ：麺もスープも袋麺カレーうどんとの強い関連を感じる（黒い豚カレーうどん以上に）
- その他：意外に肉が入っている、ブランドイメージの継承が出来ており好感、懐かしい味
- 試食日：1999.12.6
- 賞味期限：2000.4.11
- 入手方法：サークルK ¥143

No.1486 明星食品　4 902881 049511
一平ちゃん どか天うどん
本格かき揚げ入り

- ジャンル：うどん
- 製法：油揚げめん
- 調理方法：熱湯5分
- 付属品：粉末スープ（ねぎ・赤唐辛子・ごま入り）、かき揚げ（あと乗せ指定）
- 総質量（麺）：118g（70g）
- カロリー：573kcal
- 麺：太めの麺のなかに、まれに極太麺（実測8mm）が混じっている、油揚げ感はあるが食べ応えあり
- つゆ：まろやかさが個性的、わずかにとろみがある、やや濁っている、塩分強め
- その他：ごまの香りが一風変わっている、かき揚げはデカクバリバリしてるが香りはもう一歩
- 試食日：1999.12.24
- 賞味期限：2000.3.17
- 入手方法：am-pm ¥168

No.1492 エースコック　4 901071 214036
鬼辛 キムチうどん

- ジャンル：うどん
- 製法：油揚げめん
- 調理方法：熱湯5分
- 付属品：粉末スープ、調味油、かやく（キムチ・とうふ・ネギ・赤唐辛子）
- 総質量（麺）：89g（65g）
- カロリー：377kcal
- 麺：やや太め、気泡感が残るがゴワゴワしている分食べ応えは確保されている
- つゆ：豆板醤全開、うどんには珍しい調味油のせいか湿った重たい辛さ
- その他：良い意味での下品さもある、万人向けではない、具の白菜と豆腐は良い
- 試食日：2000.1.6
- 賞味期限：2000.4.30
- 入手方法：サークルK ¥158

No.1493 日清食品　4 902105 021507
どん兵衛 鳥南そば

- ジャンル：そば
- 製法：油揚げめん
- 調理方法：熱湯3分
- 付属品：粉末スープ、かやく（味付鶏肉・揚げ玉・卵・ネギ・人参）
- 総質量（麺）：89g（70g）
- カロリー：397kcal
- 麺：気のせいか通常のどん兵衛よりしっかりしている気がする、もっとハードでもよいけど
- つゆ：自然な味わいだが焦点が甘い、もっとキリっと、ピリっとした部分が欲しい
- その他：鶏肉は意外にふくよか、でもこれが唯一のアピール点、ネギは大きめ
- 試食日：2000.1.7
- 賞味期限：2000.3.9
- 入手方法：am-pm ¥143

No.1510 明星食品　4 902881 019528
いっぺん食べたらやめられない 一平ちゃん どか天そば
本格濃厚だし 乱切り麺

- ジャンル：そば
- 製法：油揚げめん
- 調理方法：熱湯3分
- 付属品：粉末スープ、かき揚げ（後のせ指定）
- 総質量（麺）：118g（70g）
- カロリー：586kcal
- 麺：たまにうどんみたいな太さの麺が混ざっている、高質ではないが、蕎麦っぽい軽さがでている
- つゆ：不純というか、どこか「悪」を感じる（けなしているのではない）、ごまの香り
- その他：かき揚げはお菓子のよう、有名なカップそばは明らかに別路線、同シリーズうどんと似ている
- 試食日：2000.1.26
- 賞味期限：2000.5.6
- 入手方法：ローソン ¥168

No.1514 カネボウフーズ　4 901551 113897
そば粉五割使用 天そば
大きな天ぷら入り

- ジャンル：そば　■製法：ノンフライめん
- ■調理方法：熱湯4分　■付属品：液体つゆ、天ぷら、七味唐辛子　■総質量(麺)：145g (80g)　■カロリー：532kcal
- ■麺：ノンフライそばは強度が高すぎるのでは？天ぷらそばには油揚げめんの方が合うような気がする　■つゆ：マイルドというか、キレがない、塩分少なめ　■その他：天ぷらはお湯を吸ってカップ一杯に拡張するほどデカい、でも殆どコロモだけだよ
- ■試食日：2000.1.29　■賞味期限：2000.4.24
- ■入手方法：デイリーストア ¥248

No.1535 良品計画RS46　4 934761 704111
ミニうどん

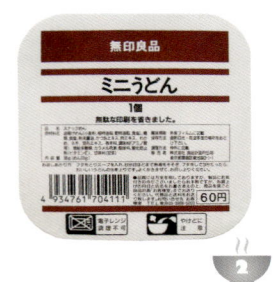

- ジャンル：うどん　■製法：油揚げめん
- ■調理方法：熱湯3分　■付属品：粉末スープ（かやく（ねぎ・わかめ）入り）　■総質量(麺)：38g (33g)　■カロリー：No Data
- ■麺：うどんとしては細め、存在が薄い、塩分も多そう　■つゆ：かつオダシの強い関西風だね、甘め　■その他：本当に小さな、クズのようなわかめが入っていた
- ■試食日：2000.2.20　■賞味期限：2000.1.27
- ■入手方法：無印良品 ¥60

No.1545 サンボー食品　4 901773 010318
昆布かつおだし ごぼう天うどん

- ジャンル：うどん　■製法：油揚げめん
- ■調理方法：熱湯5分　■付属品：粉末スープ、ごぼう天ぷら、七味唐辛子　■総質量(麺)：91g (65g)　■カロリー：433kcal
- ■麺：太いが軽い、力が抜けていて頼りないのだけれど憎めない　■つゆ：ダシ重視しょうゆ控えめ、舌障りの点は無く黒子に徹する　■その他：よくあるせんべいみたいなものとは違い、天ぷらは香りが良く雰囲気が出ている、
- ■試食日：2000.2.29　■賞味期限：2000.5.3
- ■入手方法：高岡さんよりいただく

No.1638 東洋水産　4 901990 521529
辛口 カレーうどん

- ジャンル：うどん　■製法：油揚げめん
- ■調理方法：熱湯3分　■付属品：なし、粉末スープ、かやく（豚肉・玉ねぎ・人参・ねぎ）は混込済　■総質量(麺)：77g (55g)　■カロリー：361kcal
- ■麺：幅広扁平麺は軽い印象だが、マルちゃんのカレーうどんといえばこれ！袋版とも似た印象　■つゆ：普通版に対し唐辛子成分のみを大幅強化、鼻水が出る程の辛さが心地よい　■その他：薄っぺらい肉が意外と味わい深い、味の方向性は袋版&従来のカップと不変、安心したよ
- ■試食日：2000.6.20　■賞味期限：2000.9.29
- ■入手方法：am-pm ¥143

No.1659 東洋水産　4 901990 521512
だしが自慢の旨塩うどん

- ジャンル：うどん　■製法：油揚げめん
- ■調理方法：熱湯5分　■付属品：粉末スープ、かやく（卵・ゆず入りえびボール・ねぎ・ごま）　■総質量(麺)：76g (66g)　■カロリー：344kcal
- ■麺：幅広でボリューム感はあるが、密度は低く軽い、これはこれで独自の世界だね　■つゆ：旨みを意識しすぎて舌先に感じる人工的な薬臭さが唯一最大の欠点、あっさりとの両立を目指したのは分るが　■その他：自然な感じを目指してほしい、えびボールのゆずの香りは効果を上げていない
- ■試食日：2000.7.17　■賞味期限：2000.9.5
- ■入手方法：デイリーヤマザキ ¥143

No.1686 宝幸水産　4 902431 001167
HONIHO 深大寺 天ぷらそば

- ジャンル：そば　■製法：油揚げめん
- ■調理方法：熱湯3分　■付属品：粉末スープ、ねぎ、小えび天ぷら　■総質量(麺)：100g (72g)　■カロリー：404kcal
- ■麺：粘りがないのが（良く言えば）蕎麦らしい、質感には欠けるな　■つゆ：手近なフレーバーを調合しただけの、安直な味づくりに思えた、迫力がない　■その他：天ぷらはまあ大きいが、ふやけると形状の保持ができなくなる
- ■試食日：2000.8.18　■賞味期限：2000.10.7
- ■入手方法：大分で購入 ¥143

No.1687 イトメン　4 901104 302558
関西 肉うどん
すきやき風 旨口しょうゆ味

- **調理方法**：熱湯3分　■**付属品**：粉末スープ、かやく（味付牛肉・ねぎ）　■**総質量（麺）**：85g（70g）　■**カロリー**：368kcal
- ■**麺**：3分で戻りきるか心配だったが案外、やや潤いには欠ける　■**つゆ**：うす味のダシ成分は十分、まろやかで最後まで飲める、刺激性は少ない　■**その他**：抑制がとれている、やや控えめ、肉はリアルだが小さく少ない
- ■**試食日**：2000.8.19　■**賞味期限**：2000.10.18
- ■**入手方法**：山口で購入 ¥100

ジャンル：うどん　**製法**：油揚げめん

No.1694 マルタイ　4 902702 009274
風味満点の えび天うどん
特製かつおこんぶだし

- **調理方法**：熱湯5分　■**付属品**：粉末スープ（わかめ・ねぎ入り）、えび天ぷら、唐辛子　■**総質量（麺）**：92g（71g）　■**カロリー**：416kcal
- ■**麺**：太くて重量感・迫力がある、気泡感は残るが　■**つゆ**：あっさり関西風、だし成分はでているのだが、ちょっと薄い印象　■**その他**：えび天は揚げ玉風で量感に欠ける、麺とその他の部分のバランスに欠ける
- ■**試食日**：2000.8.23　■**賞味期限**：2000.12.2
- ■**入手方法**：滋賀県で購入 ¥98

ジャンル：うどん　**製法**：油揚げめん

No.1695 明星食品　4 902881 407021
関西風味 すうどんでっせ
ヒガシマルうどんスープ使用

- **調理方法**：熱湯5分　■**付属品**：粉末スープ（油揚げ・かまぼこ・ねぎ入り）　■**総質量（麺）**：74g（65g）　■**カロリー**：338kcal
- ■**麺**：うどんのもちもち感が出ている、油揚げめんとしては存在感がある　■**つゆ**：薄口だし味だが弱くない、きちんとスープとして完成させている、さすがはヒガシマル！　■**その他**：具は無いに等しい、基本骨格のみをきちんと仕上げている、具は各自用意かな
- ■**試食日**：2000.8.24　■**賞味期限**：2000.12.19
- ■**入手方法**：滋賀県で購入 ¥128

ジャンル：うどん　**製法**：油揚げめん

No.1696 明星食品　4 902881 407038
かつお風味アップ かけそばでっせ ええだし

- **調理方法**：熱湯3分　■**付属品**：粉末スープ（揚げ玉・かまぼこ・ねぎ・赤唐辛子入り）　■**総質量（麺）**：77g（65g）　■**カロリー**：353kcal
- ■**麺**：細めだが蕎麦っぽさは表現できている、ダレはない　■**つゆ**：うどん同様、しつこくないがダシ風味はきちんと出ている　■**その他**：これも具は最低限・最小限、でも麺とつゆをきちんと仕上げる思想には賛同する
- ■**試食日**：2000.8.25　■**賞味期限**：2000.12.18
- ■**入手方法**：滋賀県で購入

ジャンル：そば　**製法**：油揚げめん

No.1732 イトメン　4 901104 302518
イトメンの二八そば 山菜そば
めんのコシにこだわった山芋つなぎ

- **調理方法**：熱湯3分　■**付属品**：粉末スープ、かやく（青菜・若菜・わらび・かまぼこ）、七味　■**総質量（麺）**：85g（70g）　■**カロリー**：405kcal
- ■**麺**：気泡感は残るものの、太くて比重が大きそうなので、存在感は十分ある　■**つゆ**：醤油のきつさがマイルドに丸められ、ダシが嫌味なくでている　■**その他**：高ä感は全然ないけれどまとめ方は上手、山菜もちょっと甘っるいが効果的
- ■**試食日**：2000.10.5　■**賞味期限**：2000.12.12
- ■**入手方法**：四国で購入

ジャンル：そば　**製法**：油揚げめん

No.1755 エースコック　4 901071 266059
今季収穫松茸使用 松茸うどん
数量限定

- **調理方法**：熱湯3分　■**付属品**：液体スープ、松茸、かやく（ねぎ）、油揚げは混込済　■**総質量（麺）**：92g（60g）　■**カロリー**：343kcal
- ■**麺**：気泡感が残り食感軽め、¥143 水準のごく一般的な油揚げうどん麺　■**つゆ**：待ち時間中は殆ど香り無し、松茸の匂いをふくめてやや人工的な感じ　■**その他**：松茸は親指大 2mm厚が4枚程、歯応え爽快、油揚げは効果的、一点豪華主義が秋に一度食することは否定しない
- ■**試食日**：2000.11.2　■**賞味期限**：2001.2.13
- ■**入手方法**：サンクス ¥198

ジャンル：うどん　**製法**：油揚げめん

うどん・そば

163

No.1775 横山製麺工場　4 903077 200990
八ちゃん 松茸 きのこそば
松茸の香り!! キノコの歯ざわり!!

- **ジャンル** そば　**製法** フリーズドライめん
- **調理方法**：熱湯3分　**付属品**：液体つゆ、かやく（平茸・えび・わかめ・ねぎ・松茸）、七味唐辛子　**総質量（麺）**：89g（57g）　**カロリー**：260kcal
- **麺**：FDそば麺は油揚げめんに比べリアルだが、欲を言えば表面の摩擦係数が高い、質感が軽い　**つゆ**：やや平板で、七味唐辛子の刺激に依存している　**その他**：待機中は松茸の香りがしたが、食べてみると食感が椎茸みたい、えびは乾燥っぽい
- **試食日**：2000.11.22　**賞味期限**：2001.3.8
- **入手方法**：ローソン ¥248

No.1786 日清食品　4 902105 023525
日清の 江戸そば
コクのあるつゆに野菜かき揚げ

- **ジャンル** そば　**製法** 油揚げめん
- **調理方法**：熱湯3分　**付属品**：なし。粉末スープ、かやく（かき揚げ天ぷら・ねぎ）は混込済　**総質量（麺）**：76g（55g）　**カロリー**：363kcal
- **麺**：細め油揚げめんだが、気泡感が少なく歯応えは十分ある　**つゆ**：甘すぎず辛すぎず、バランスがよい、ただつゆ全体がやや油っぽい　**その他**：天ぷらはフレッシュ感がある、製造後間もないせいだな、お買い得感あり
- **試食日**：2000.12.1　**賞味期限**：2001.4.13
- **入手方法**：ファミリーマート ¥128

▲カバーをめくった下の表紙に印刷されているカップの写真。
本書のデザインを手掛けた北村氏が手作りで仕上げたもの。これをカバーにしても良かったかな!?
十万部売れたら、記念品としてこのデザインのカップラーメンを特注で作りましょうね！

ミニ・コラム❹

我が家に現存する最古のカップ
エースコック「カップ焼そばバンバン」
1975年製（発売は1974年）

当時大手メーカーとして初めてカップ焼そばを手掛けたことが話題になった製品で、石立鉄男・嵐山光三郎のCMで「自分でバンバンしなさい」というフレーズは一世を風靡した。二重カップによる断熱構造をとっており、底が球形になっているのが焼そば用カップならではの配慮。最近同社より「ジャンジャン」という名の縦型カップ焼そばが発売されたのを聞いてニヤッとしたのはたぶん40代以上。

会社名を塗り潰して「エコー」としているのは、エコーマシンを作った時の残骸であったため（スピーカーを対向して設置して緩いスプリングで間を繋ぎ、片方のスピーカーから音を出し、もう片方をマイクとして使用すると残響効果が得られる。昔は電気工作少年だった）。

当時、注いだお湯を捨てるという行為は斬新で「焼そばなのに焼いてない」という会話が全国各地で交わされたであろう。

No.447 日清食品	4 902105 013830
どん兵衛 丸ごと 梅 うどん	

- ジャンル：うどん　■製法：油揚げめん
- 調理方法：熱湯3分　■付属品：粉末スープ、かやく、梅干し　■総質量(麺)：No Data

No.448 日清食品	4 902105 004135
どん兵衛 やわらか牛肉 肉うどん	

- ジャンル：うどん　■製法：油揚げめん
- 調理方法：熱湯3分　■付属品：粉末スープ、かやく　■総質量(麺)：No Data

No.449 日清食品	4 902105 002278
どん兵衛 そば天ぷら　あとのせ式だから、天ぷらがサクサクおいしい。	

- ジャンル：そば　■製法：ノンフライめん
- 調理方法：熱湯4分　■付属品：No Data　■総質量(麺)：No Data

No.479 明星食品	4 902881
明星力組 たぬき餅 うどん 1,000円が当たる 富くじ付	

- ジャンル：うどん　■製法：油揚げめん
- 調理方法：熱湯4分　■付属品：No Data　■総質量(麺)：No Data

No.494 明星食品	4 902881 044189
麺's倶楽部 男のスタミナ チャンポンうどん	

- ジャンル：うどん　■製法：油揚げめん
- 調理方法：熱湯5分　■付属品：No Data　■総質量(麺)：No Data

No.497 明星食品	4 902881 047760
コクと辛味の 鬼玉そば ピリっと辛い揚玉 鶏からあげ入り	

- ジャンル：そば　■製法：油揚げめん
- 調理方法：熱湯5分　■付属品：No Data　■総質量(麺)：No Data

No.517 明星食品	4 902881 047715
しょうゆ仕立て あんたのちゃんこうどん	

- ジャンル：うどん　■製法：油揚げめん
- 調理方法：熱湯5分　■付属品：No Data　■総質量(麺)：No Data

No.518 明星食品	4 902881 047708
みそ仕立て あたいのとん汁うどん	

- ジャンル：うどん　■製法：油揚げめん
- 調理方法：熱湯5分　■付属品：No Data　■総質量(麺)：No Data

No.538 東洋水産	4 901990 027236
2001麺 わかめ入り肉うどん	

- ジャンル：うどん　■製法：ノンフライめん
- 調理方法：熱湯3分　■付属品：なし。粉末スープ、かやく（豚肉・かに入り卵・なると・ネギ）は混込済　■総質量(麺)：70g(52g)

うどん・そば

No.552 東洋水産	4 901990	No.553 東洋水産	4 901990	No.572 東洋水産	4 901990 020534

赤いきつね うどん Hello Kitty

- ジャンル：うどん
- 製法：油揚げめん
- 調理方法：No Data
- 付属品：No Data
- 総質量(麺)：No Data

緑のたぬき 天そば けろけろけろっぴ

- ジャンル：そば
- 製法：油揚げめん
- 調理方法：No Data
- 付属品：No Data
- 総質量(麺)：No Data

緑の たぬき 天そば

- ジャンル：そば
- 製法：油揚げめん
- 調理方法：熱湯4分
- 付属品：No Data
- 総質量(麺)：No Data

No.577 東洋水産	4 901990 020305	No.581 東洋水産	4 901990 029414	No.582 東洋水産	4 901990 020800

天竺 天ぷらうどん

- ジャンル：うどん
- 製法：油揚げめん
- 調理方法：熱湯5分
- 付属品：No Data
- 総質量(麺)：No Data

新生姜 わかめうどん 三陸産 あっさり昆布だし

- ジャンル：うどん
- 製法：油揚げめん
- 調理方法：熱湯5分
- 付属品：No Data
- 総質量(麺)：No Data

そうめん 煮込み風

- ジャンル：そうめん
- 製法：フリーズドライめん
- 調理方法：熱湯3分
- 付属品：No Data
- 総質量(麺)：No Data

No.584 東洋水産	4 901990 026543	No.597 エースコック	4 901071 240004	No.607 エースコック	4 901071 278045

玉子とじ 肉うどん はし付き

- ジャンル：うどん
- 製法：油揚げめん
- 調理方法：熱湯5分
- 付属品：スープ、レトルト調理品（味付豚肉）、かやく（卵・かまぼこ・ねぎ・ほうれん草・人参・椎茸）
- 総質量(麺)：140g(90g)

SUPER きつね太郎 うどん

- ジャンル：うどん
- 製法：油揚げめん
- 調理方法：熱湯5分
- 付属品：No Data
- 総質量(麺)：No Data

黒うどん 麦色自然色 全粒小麦・ライ麦使用 本格かつおだし

- ジャンル：うどん
- 製法：油揚げめん
- 調理方法：熱湯5分
- 付属品：No Data
- 総質量(麺)：No Data

No.610 エースコック	4 901071 223021

走れ！！牛ちゃん　牛肉100% 肉うどん

- ジャンル　うどん
- 製法　油揚げめん
- 調理方法：熱湯5分
- 付属品：No Data
- 総重量(麺)：No Data

No.616 エースコック	4 901071 213046

中村さん家のきつねわかめうどん

- ジャンル　うどん
- 製法　油揚げめん
- 調理方法：熱湯5分
- 付属品：No Data
- 総重量(麺)：No Data

No.617 エースコック	4 901071 266004

天ぷら きつねうどん　植物油100% 具が2つで2度おいしい

- ジャンル　うどん
- 製法　油揚げめん
- 調理方法：熱湯5分
- 付属品：No Data
- 総重量(麺)：No Data

No.633 サンヨー食品	4980 3860

サッポロ一番 どんぶり感情　わーっと！ 五目きつねうどん

- ジャンル　うどん
- 製法　油揚げめん
- 調理方法：熱湯5分
- 付属品：粉末スープ、かやく
- 総重量(麺)：No Data

No.636 サンヨー食品	4980 3921

サッポロ一番 どんぶり感情　カレーうどん

- ジャンル　うどん
- 製法　油揚げめん
- 調理方法：熱湯5分
- 付属品：粉末スープ、かやく
- 総重量(麺)：No Data

No.642 サンヨー食品	4 901734 000754

サッポロ一番 これだね きつねうどん　量も味も25%up

- ジャンル　うどん
- 製法　油揚げめん
- 調理方法：熱湯5分
- 付属品：No Data
- 総重量(麺)：No Data

No.643 サンヨー食品	4 901734 000761

サッポロ一番 これだね たねきうどん　量も味も25%up

- ジャンル　うどん
- 製法　油揚げめん
- 調理方法：熱湯5分
- 付属品：No Data
- 総重量(麺)：No Data

No.644 サンヨー食品	4 901734 000648

サッポロ一番 かんさいきつねそば　大盛り あげ玉入り

- ジャンル　そば
- 製法　油揚げめん
- 調理方法：熱湯4分
- 付属品：粉末スープ
- 総重量(麺)：No Data

No.645 サンヨー食品	4 901734 000600

サッポロ一番 博多 とっぱちうどん　大きつね 大盛り 1.5倍当社比

- ジャンル　うどん
- 製法　油揚げめん
- 調理方法：熱湯5分
- 付属品：No Data
- 総重量(麺)：No Data

うどん・そば

No.684 カネボウフーズ　4973 1996
なったり庵　とろみのあんかけうどん
尾張地粉使用　ノンフライ

- ジャンル：うどん
- 製法：ノンフライめん
- 調理方法：熱湯5分
- 付属品：液体スープ、粉末スープ、かやく（油揚げ・卵・蒲鉾・葱）
- 総質量（麺）：95g(64g)

No.686 カネボウフーズ　4973 1927
寿限無庵　ノンフライ　尾張地粉使用
てんぷらうどん

- ジャンル：うどん
- 製法：ノンフライめん
- 調理方法：No Data
- 付属品：No Data
- 総質量（麺）：No Data

No.695 カネボウフーズ　4973 1507
ほんつるうどん　きつね　塩分ひかえめ
いい塩ばい

- ジャンル：うどん
- 製法：No Data
- 調理方法：熱湯5分
- 付属品：No Data
- 総質量（麺）：No Data

No.701 カネボウフーズ　4 902552 010307
釜あげらーめん
ごましょう油　わかめ入り

- ジャンル：うどん
- 製法：ノンフライめん
- 調理方法：熱湯4分
- 付属品：液体たれ、わかめ
- 総質量（麺）：102g(80g)

No.728 まるか食品　4 902885 000020
ペヤング　ワンタン　しょうゆ味

- ジャンル：ワンタン
- 製法：油揚げめん
- 調理方法：熱湯3分
- 付属品：粉末スープ、かやく（卵・なると・ねぎ）
- 総質量（麺）：31g(25g)

No.738 まるか食品　4 902885 000426
ペヤング　肉南ばん
カレーうどん　幅広めん

- ジャンル：うどん
- 製法：油揚げめん
- 調理方法：熱湯5分
- 付属品：スープ、かやく（豚肉・人参・ねぎ）
- 総質量（麺）：88g(60g)

No.744 まるか食品　4 902885 000037
ペヤング　釜あげそば　かき玉子入り

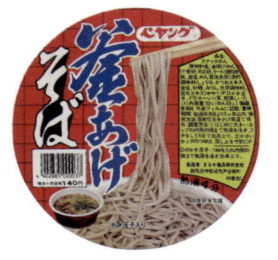

- ジャンル：そば
- 製法：油揚げめん
- 調理方法：熱湯4分
- 付属品：つゆ、かやく（FDかき玉・FDほうれん草・乾燥しいたけ）
- 総質量（麺）：92g(65g)

No.748 まるか食品　4 902885 000242
ペヤング　ふる里うどん　幅広めん

- ジャンル：うどん
- 製法：油揚げめん
- 調理方法：熱湯5分
- 付属品：スープ、かやく（油揚・ごぼう・人参・ねぎ）
- 総質量（麺）：86g(70g)

No.757 大黒食品工業　4 904511 000329
マイフレンド　天ざるそば　小えび天揚げ玉付

- ジャンル：冷しそば
- 製法：油揚げめん
- 調理方法：熱湯3分水さらし
- 付属品：液体スープ、あげ玉・のり・わさび
- 総質量（麺）：135g(80g)

No.760 大黒食品工業　4 904511 000138
大黒 わかめそば

- ジャンル：そば
- 製法：油揚げめん
- 調理方法：熱湯3分
- 付属品：粉末スープ
- かやく（揚げ玉・わかめ・麩・ねぎ）
- 総質量（麺）：82g（65g）

No.765 アカギ　4 902485 001618
AKAGI カレー南ばんうどん
から揚入り

- ジャンル：ラーメン
- 製法：油揚げめん
- 調理方法：熱湯5分
- 付属品：粉末スープ
- 総質量（麺）：No Data

No.774 横山製麺工場　4 903077 200662
八ちゃん 麺の華 そば

- ジャンル：そば
- 製法：フリーズドライめん
- 調理方法：熱湯3分
- 付属品：No Data
- 総質量（麺）：88g（g）

No.776 横山製麺工場　4 903077
八ちゃん 五目うどん さぬきっ子

- ジャンル：うどん
- 製法：フリーズドライめん
- 調理方法：熱湯5分
- 付属品：スープ、かやく（卵・味付あげ・椎茸・わかめ・ねぎ）
- 総質量（麺）：85g（65g）

No.783 横山製麺工場　4 903077 200372
八ちゃん 手延べうどん きつね

- ジャンル：うどん
- 製法：フリーズドライめん
- 調理方法：熱湯5分
- 付属品：スープ、かやく（味付あげ・かまぼこ・わかめ・ねぎ）
- 総質量（麺）：90g（55g）

No.784 横山製麺工場　4 903077 300010
八ちゃん亭 牛肉うどん
牛肉100%レトルト

- ジャンル：うどん
- 製法：フリーズドライめん
- 調理方法：熱湯5分
- 付属品：液体スープ、レトルトかやく（味付牛肉）、かやく（ねぎ）、七味唐辛子
- 総質量（麺）：125g（57g）

No.815 サンポー食品　4 901773 010103
ごぼう天 うどん

- ジャンル：うどん
- 製法：油揚げめん
- 調理方法：熱湯5分
- 付属品：スープ、かやく（揚げ玉・ごぼう・ねぎ）、七味唐辛子
- 総質量（麺）：84g（65g）

No.816 サンポー食品　4 901773 010318
ごぼう天うどん
おいしいごぼう天、旨～いスープ

- ジャンル：うどん
- 製法：油揚げめん
- 調理方法：No Data
- 付属品：No Data
- 総質量（麺）：No Data

No.838 徳島製粉　4 904760 910165
金ちゃん 肉うどん 牛肉100% FD
麺フリーズドライ 一味うまい！！

- ジャンル：うどん
- 製法：フリーズドライめん
- 調理方法：熱湯5分
- 付属品：液体スープ、レトルトかやく（味付牛肉）、かやく（ねぎ）、七味唐辛子
- 総質量（麺）：151g（58g）

No.848 松田食品	4971 2674
ベビースター きつねうどん	

ジャンル うどん　製法 油揚げめん
- 調理方法：熱湯3分　付属品：なし。粉末スープ、かやく（味付油揚げ・ネギ）は混込済　総質量（麺）：37g(32g)

No.853 イトメン	4 901104 302167
山菜そば 山芋つなぎ	

ジャンル そば　製法 油揚げめん
- 調理方法：熱湯3分　付属品：粉末スープ、かやく（乾燥わかめ・乾燥若菜・かまぼこ・乾燥野菜）　総質量（麺）：88g(75g)

No.871 宝辛水産	4 902431 002751
HONIHO 深大寺 天ぷらそば	

ジャンル そば　製法 油揚げめん
- 調理方法：熱湯3分　付属品：粉末スープ、天ぷら、ねぎ　総質量（麺）：100g(72g)

No.906 横山製麺工場	4 903077
八ちゃん 日本の味 そうめん	
煮込み	

ジャンル そうめん　製法 フリーズドライめん
- 調理方法：熱湯3分　付属品：スープ、かやく（えび・椎茸・わかめ・ねぎ・かまぼこ）　総質量（麺）：80g(57g)

No.908 寿がきや食品	4 901677 006691
SNACK うどん こえび天	

ジャンル うどん　製法 油揚げめん
- 調理方法：No Data　付属品：No Data　総質量（麺）：No Data

No.918 徳島製粉	4 904760 010049
金ちゃん きつねうどん	

ジャンル うどん　製法 油揚げめん
- 調理方法：熱湯5分　付属品：粉末スープ、かやく（味付油揚げ・かまぼこ・ねぎ）　総質量（麺）：92g(72g)

ミニ・コラム❺

子ブタの顔が盛り上がる、サンポー「ヤキブタヤキソバPOOTAROU」（1997年頃）

見て、触って楽しいカップ焼そばのフタ。かなり深い凹凸が形成されている。周囲にある指の滑り止めもよく見るとブタの鼻と手の形になっている。デザイン担当者が楽しんで作ったのが伝わってくるが、果たして金型代を償却できるだけの売上があったのだろうか？

第七章　やきそば

SOKUSEKIMENCYCLOPEDIA

アルキメンデス

No.862	大塚食品
ジャンル	かた焼そば
製法	油揚げめん
調理方法	そのまま食べる

■総質量(麺)：No Data
■カロリー：No Data

[解説] 1985年発売。CMはアン・ルイス。レトルトのあんかけ付き硬焼そばでお湯が不要、温めずに食べられるのが売りだったが、冷めた状態では正直言って不味かった。確か定価は200円だったが量も少なく割高な印象。話題性は高かったが販売は長続きしなかった。

怪物製作所 イカ姿焼ウドン
ジュワッと怪物しょうゆ味 イカ原寸かつおぶし

No.790	はくばく　4 902571 211860
ジャンル	焼きうどん
製法	油揚げめん
調理方法	熱湯5分お湯切り

■総質量(麺)：142g(105g)
■カロリー：606kcal

[付属品] スープ、味付けイカ天、かつお節、キャベツ

[解説] 1997年頃の発売。駄菓子屋で売っているようなイカの姿焼がドーンと丸ごと入っている。イカはコリコリした硬い歯触りで香ばしい。醤油味のソースはかなり甘めで焼うどんの太くがコシの弱い麺との相性が悪く、製品としてのバランスはあまり良くなかった。

ヤキブタヤキソバ POOTAROU

| No.907 | サンポー食品 | 4 901773 010226 |

[ジャンル] 焼そば
[製法] 油揚げめん
[調理方法] 熱湯3分お湯切り

■総質量（麺）：125g（95g）
■カロリー：No Data

[付属品] ソース、かやく（キャベツ・豚肉）、ふりかけ（青のり・紅生姜・ごま）、辛子マヨネーズ

[解説] 1997年頃の発売。ハードタイプのフタは、ブタの顔が三次元的に盛り上がっており、存在感抜群（P170参照）。見ているだけで楽しくなる。私のコレクションの中では一番のお気に入り。しかし中身に関しては個性的な外観に反してごく平凡で、安っぽさを感じる味だった。

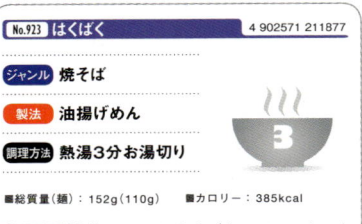

怪物製作所 草食獣
マヨネーズ・ソースヤキソバ

| No.923 | はくばく | 4 902571 211877 |

[ジャンル] 焼そば
[製法] 油揚げめん
[調理方法] 熱湯3分お湯切り

■総質量（麺）：152g（110g）　■カロリー：385kcal

[付属品] 液体ソース、かやく（キャベツ・オニオン・人参）、ふりかけ（青のり・紅しょうが）、マヨネーズ

[麺] 薄緑の麺はほうれん草入りとか。量は多い
[つゆ] マヨネーズの品質が悪く胸焼けしそう
[その他] パッケージはインパクトがあるが…

[試食日] 1997.9.27　[賞味期限] No Data
[入手方法] No Data

やきそば

173

No.1389 徳島製粉　4 904760 013545

金ちゃん焼そば ソース革命！？
有機野菜ソース使用

ジャンル	焼そば
製法	油揚げめん
調理方法	熱湯3分お湯切り

2.5

■総質量（麺）：131g（100g）
■カロリー：572kcal

[付属品] 液体ソース、かやく（キャベツ）

[麺] やや細めで柔らかい、歯ごたえがもう一息　[つゆ] 甘ったるさが少なく、苦みすら感じる。これが有機野菜の味か？　[その他] 具はキャベツ一本とシンプル、麺とソースの方向性がちょっとバラバラ

[試食日]1999.9.8　[賞味期限]1999.8.1　[入手方法]まさや特派員よりいただく

No.747 まるか食品　4 902885 000013

ペヤング やきそば ＆ ワンタン

ジャンル	焼そば
製法	油揚げめん
調理方法	熱湯3分お湯切り

■総質量（麺）：80g（60g）
■カロリー：No Data

[付属品] ソース、かやく（キャベツ）、ふりかけ（ごま・青のり・生姜）

[解説] ペヤングらしい製品。焼きそばの残り湯でワンタンを作るのではなく、それぞれにお湯を注ぐ。

No.803 マルタイ　4 902702 008673

焼チャンポンW
やきそば風 ドーンとデッカイ

ジャンル	焼そば
製法	油揚げめん
調理方法	熱湯4分お湯切り

■総質量：160g（120g）
■カロリー：669kcal

[付属品] 中華ソース、かやく（キャベツ・カニ風味かまぼこ・イカ・魚肉練り製品・人参・わかめ）ふりかけ（煎りごま・カツオミリン・紅生姜・青のり）

No.1203 カネボウフーズ　4 901551 113316

ピザ 焼そば

ジャンル	焼そば
製法	ノンフライめん
調理方法	熱湯4分お湯切り

3

■総質量（麺）：154g（115g）
■カロリー：552kcal

[付属品] 液体ソース、かやく（コーン・赤ピーマン）、ふりかけ（パセリ・チーズ・ガーリック）

[麺] ノンフライ麺は締まっており良い、よくあるふやけた感じは皆無　[つゆ] チーズのせいか食感が重い、ピザ風味は弱め、国籍不明　[その他] カップ焼そばとして麺は突出しているので、次は正攻法で攻めて欲しい

[試食日]1999.1.15　[賞味期限]1999.3.20　[入手方法]No Data

No.530 明星食品　4 902881 048538

ブルドックスパーシーソース 焼そば
ぴりり生紅しょうが

[ジャンル] 焼そば
[製法] 油揚げめん
[調理方法] 熱湯3分お湯切り

■総質量(麺)：124g(100g)
■カ ロ リ ー：545kcal

[付属品] ソース、かやく（キャベツ）、ふりかけ（味付けかつおフレーク・青のり）、紅生姜
[解説] 右の製品と同様に、これも異業種とのコラボレーション企画。

No.1430 明星食品　4 902881 048750

大盛 のりたま やきそば
(丸美屋共同企画)

[ジャンル] 焼そば
[製法] 油揚げめん
[調理方法] 熱湯3分お湯切り

■総質量(麺)：166g(130g)
■カ ロ リ ー：735kcal

[付属品] 液体ソース、かやく（キャベツ）、のりたま
[麺] やや細め、べたべたした感じが少なく食べやすい　[つゆ] 重たい感じがない、ライトソース味　[その他] のりたまの「たま」が個性をだしている、肉は無い

[試食日] 1999.10.24　[賞味期限] 2000.2.15　[入手方法] ファミリーマート ¥168

No.1562 東洋水産　4 901990 521420

インドメン
カレーらしいね

[ジャンル] 焼そば
[製法] 油揚げめん
[調理方法] 熱湯3分お湯切り

■総質量(麺)：208g(100g)
■カ ロ リ ー：585kcal

[付属品] レトルトカレー、液体ソース
[麺] 油揚げめんだが太めで存在感があり、比較的しっかりしている、気泡感は少ない　[つゆ] カレールーは無印ボンやククレを彷彿、辛味は十分あるが単調、脂分が口に残る感じ　[その他] 具は馬鈴薯・人参・僅かな牛肉、あと少しコストをかければ大分良くなると思うが価格がね…

[試食日] 2000.3.20　[賞味期限] 2000.7.29　[入手方法] デイリーストア ¥248

No.1485 狩野食品販売　4 939095 001028

長崎皿うどん うまカップ
かた焼そば 大盛

[ジャンル] かた焼そば
[製法] 油揚げめん
[調理方法] 熱湯3分（あんかけスープのみ）

■総質量(麺)：No Data(70g)
■カ ロ リ ー：No Data

[付属品] 粉末スープ、かやく（キャベツ・コーン・椎茸・人参）
[麺] そのまま食べる油揚げめんは極細、湿気ているのかキレがない、レンジで少し加熱した方がいいかな？　[つゆ] 締まりがない印象、とろみはすぐに消えてしまう　[その他] 具はキャベツしか覚えにない女、写真とは大分違うぞー、珍しさが最大の価値

[試食日] 1999.12.23　[賞味期限] 2000.1.20　[入手方法] 高岡さんよりいただく

No.995 東洋水産　4 901990 021241

今風の焼ちゃんぽん

- [ジャンル] 焼そば
- [製法] 油揚げめん
- [調理方法] 熱湯4分お湯切り

3.5

■総質量（麺）：120g(100g)
■カロリー：562kcal

[付属品]液体ソース、かやく（キャベツ・いか・にんじん）、スパイス

[麺]太いが柔らかめ。もうちょい歯ごたえが欲しいな　[つゆ]塩味基調、ちょっとくどい　[その他]最近マルちゃんは焼そば系の製品攻勢がすごいが、その分個々の個性が散漫か

[試食日]1998.3.14　[賞味期限]1998.7.15　[入手方法]No Data

No.772 横山製麺工場　4 903077 200723

八ちゃん 炒めそうめん そうめんチャンプル

- [ジャンル] 炒めそうめん
- [製法] フリーズドライめん
- [調理方法] 熱湯3分お湯切り

■総質量（麺）：92g(60g)
■カロリー：321kcal

[付属品]液体スープ、かやく（キャベツ・コーン・ローストオニオン・椎茸・人参）

[解説]フリーズドライ麺はそうめんとの相性が良かったが、味付けはちょっとしつこかった。

No.874 井村屋製菓　4 901006 411080

欧風めん マカロリーナ

- [ジャンル] スパゲッティ
- [製法] ノンフライめん
- [調理方法] 熱湯5分

■総質量（麺）：64g(37g)
■カロリー：No Data

[解説]JANコードよりメーカーが井村屋製菓だと判明したが、それ以外の情報が全く無い。

No.873 日清製粉　4 902110 364378

ママー スパッソ ミートソース・スパゲッティ 本格スパゲティがカップになった

- [ジャンル] スパゲッティ
- [製法] ノンフライめん
- [調理方法] 熱湯5分

■総質量（麺）：No Data
■カロリー：No Data

[付属品]ソース

[解説]1989年頃発売。日清といってもこれは日清食品とは全然違う会社である日清製粉によるもの。

No.920 カネボウフーズ　4 901551 112692
ローソン全国海と山の幸焼そば
（ローソン専売）

评価: 1

- ジャンル：焼そば　■製法：油揚げめん
- ■調理方法：熱湯3分お湯切り　■付属品：液体ソース、かやく（キャベツ・イカ・コーン・赤ピーマン・キクラゲ）、青のり　■総質量（麺）：168g(135g)　■カロリー：726kcal
- ■麺：量が多すぎる　■つゆ：単調な味　■その他：大量の麺に、種類は多いけど少ない具、飽きる
- ■試食日：1997.9.20　■賞味期限：No Data
- ■入手方法：No Data

No.952 東洋水産　4 901990 020602
俺の味噌 今時の焼そば 回鍋肉風味だ！

评価: 3.5

- ジャンル：焼そば　■製法：油揚げめん
- ■調理方法：熱湯3分お湯切り　■付属品：どろどろ状ソース、かやく（キャベツ、人参、キクラゲ）、胡麻ふりかけ　■総質量（麺）：127g(100g)　■カロリー：541kcal
- ■麺：ばさばさせず、食感が結構しっかりしている　■つゆ：味噌の香りはそれほどでもないが、妙に甘い味付けではなく飽きさせない　■その他：「俺の塩」はカップ焼そばとしては俺の評価が高かったが、こいつも結構いい
- ■試食日：1997.12.06　■賞味期限：1998.4.11
- ■入手方法：No Data

No.984 サンヨー食品　4 901734 002376
バソキヤ DRY 焼そば
たらこバター風味

评価: 3

- ジャンル：焼そば　■製法：油揚げめん
- ■調理方法：熱湯3分お湯切り　■付属品：シーズニング、調味油、かやく（たらこ・キャベツ）　■総質量（麺）：110g(90g)　■カロリー：545kcal
- ■麺：標準的、あまり特徴がない　■つゆ：たらこスパゲッチー感覚　■その他：DRYというほどのキレの良さはない
- ■試食日：1998.2.21　■賞味期限：1998.6.27
- ■入手方法：ampm ¥148

No.992 エースコック　4 901071 209049
イタリアン焼そば ラメンチェ
ほうれん草とベーコン ローストガーリックオイル仕上げ

评価: 3.5

- ジャンル：焼そば　■製法：油揚げめん
- ■調理方法：熱湯3分お湯切り　■付属品：シーズニングパウダー、調味油、かやく（玉葱・ベーコン・赤ピーマン・ほうれん草）　■総質量（麺）：98g(85g)　■カロリー：480kcal
- ■麺：幅広めんはイタリアンといいながら中華風　■つゆ：味付けは完全にパスタ風。不思議な組み合わせ　■その他：No Data
- ■試食日：1998.3.7　■賞味期限：1998.6.21
- ■入手方法：No Data

No.1002 日清食品　4 902105 022900
どん兵衛 ねぎみそ焼うどん

评価: 3

- ジャンル：焼きうどん　■製法：油揚げめん
- ■調理方法：熱湯3分お湯切り　■付属品：ペースト状ソース、かやく（牛肉・ねぎ・人参）、ふりかけ　■総質量（麺）：116g(90g)　■カロリー：531kcal
- ■麺：標準的油揚げめん　■つゆ：みそ味それほど強くなく、違和感なく食べられた　■その他：No Data
- ■試食日：1998.3.21　■賞味期限：No Data
- ■入手方法：No Data

No.1021 東洋水産　4 901990 029315
昔ながらの焼そば ダブルソース

评価: 3

- ジャンル：焼そば　■製法：油揚げめん
- ■調理方法：熱湯3分お湯切り　■付属品：粉末ソース、液体ソース、かやく（キャベツ）、ふりかけ　■総質量（麺）：125g(100g)　■カロリー：590kcal
- ■麺：分量多し、かなりたくさんお湯を吸っているよう　■つゆ：粉末の豪快さと液体の繊細さが兼ね備わっており、狙いはよい　■その他：具はキャベツだけでちょっと寂しい
- ■試食日：1998.4.19　■賞味期限：1998.7.28
- ■入手方法：No Data

やきそば

No.1024 エースコック　4 901071 279004
中華焼そば　ホタテエキス＆ごま油こだわり醤油味

- ジャンル：焼そば
- 製法：油揚げめん
- 調理方法：熱湯3分お湯切り
- 付属品：液体スープ、かやく（人参・きくらげ・中華ハム）
- 総質量（麺）：105g(85g)
- カロリー：460kcal
- 麺：細めで歯ごたえが弱いがタレはよく絡む
- つゆ：ホタテエキスとごま油とのことで、ソース味以外の焼そばが台頭するのは良いことだ
- その他：きくらげの歯ごたえはいい、それ以外の具は弱い
- 試食日：1998.4.25
- 賞味期限：1998.9.1
- 入手方法：No Data

No.1041 明星食品　4 902881 048682
チーズトッピングの しお焼そば

- ジャンル：焼そば
- 製法：油揚げめん
- 調理方法：熱湯3分お湯切り
- 付属品：液体スープ、かやく（キャベツ）、粉チーズ、スパイス（パセリ・赤唐辛子）
- 総質量（麺）：124g(100g)
- カロリー：575kcal
- 麺：細めで若干気泡が多い感じ
- つゆ：旨みというか、コク成分が足らない
- その他：チーズはこれ以上多いと邪魔であろう
- 試食日：1998.5.31
- 賞味期限：1998.10.14
- 入手方法：No Data

No.1055 ヤマダイ　4 903088 002033
ニュータッチ 生粋麺 肉みそ焼そば 炸醤麺

- ジャンル：焼そば
- 製法：ノンフライめん
- 調理方法：熱湯5分お湯切り
- 付属品：レトルトソース（肉みそ・竹の子・人参）、かやく（パセリ）
- 総質量（麺）：145g(70g)
- カロリー：367kcal
- 麺：焼そばでは極めて希なノンフライ麺はなめらか、柔らかめで弾性が強い
- その他：甘め、肉豊富　その他：一般的なカップのソース焼そばとは別次元な食べ物に思える
- 試食日：1998.6.27
- 賞味期限：1998.9.27
- 入手方法：サンエブリー ¥248

No.1056 大黒食品工業　4 904511 000145
マイフレンド 大盛りやきそば

- ジャンル：焼そば
- 製法：油揚げめん
- 調理方法：熱湯3分お湯切り
- 付属品：液体ソース、かやく（キャベツ）、ふりかけ（青のり・紅生姜・ごま）
- 総質量（麺）：145g(110g)
- カロリー：620kcal
- 麺：気泡多め、弾性強し、量多し
- つゆ：単調だな
- その他：大盛りの分飽きる
- 試食日：1998.6.28
- 賞味期限：1998.2.17
- 入手方法：¥100

No.1068 日清食品　4 902105 022115
U.F.O スパイシーカレー

- ジャンル：焼そば
- 製法：油揚げめん
- 調理方法：熱湯3分お湯切り
- 付属品：液体ソース、かやく（キャベツ・人参・玉葱・コーン）、カレーミックス
- 総質量（麺）：127g(100g)
- カロリー：572kcal
- 麺：焼そばとしてはなめらか、しなやか
- つゆ：乾いた辛さがあり、夏向きの味
- その他：カレーの香りは適度で良いバランスだ
- 試食日：1998.7.17
- 賞味期限：1998.12.11
- 入手方法：No Data

No.1073 東洋水産　4 901990 020633
俺の塩 今どきの焼そば 赤穂の天塩篇

- ジャンル：焼そば
- 製法：油揚げめん
- 調理方法：熱湯3分お湯切り
- 付属品：液体ソース、粉末ソース、かやく（貝柱風蒲鉾・きくらげ・人参・キャベツ）
- 総質量（麺）：113g(100g)
- カロリー：530kcal
- 麺：細めでしなやか、焼そばにしては気泡が少ない
- つゆ：シンプル、見た目も良い選択、赤穂の天塩篇になって一層深い味になったかな？
- その他：飽きのこないカップ焼そばだ
- 試食日：1998.7.26
- 賞味期限：1998.11.6
- 入手方法：No Data

No.1090 ヤマダイ　4 903088 001951
ニュータッチ いかたこ焼そば
チョット辛め

2.5

- ジャンル：焼そば　■製法：油揚げめん
- ■調理方法：熱湯3分お湯切り　■付属品：液体スープ、かやく（キャベツ・いか・たこ）、青のり　■総質量（麺）：134g(100g)　■カロリー：542kcal
- ■麺：ちょっとコシがない　■つゆ：No Data　■その他：いか・たこはあまり存在感ないな
- ■試食日：1998.9.1　■賞味期限：1998.10.6
- ■入手方法：No Data

No.1107 ダイエー　4 909609 504260
キャプテンクック 焼そば

3

- ジャンル：焼そば　■製法：油揚げめん
- ■調理方法：熱湯3分お湯切り　■付属品：液体めんつゆ、かやく（キャベツ）、ふりかけ（花かつお・青のり）　■総質量（麺）：123g(100g)　■カロリー：528kcal
- ■麺：カップ焼そばとしてはぱさぱさ感がなく良質　■つゆ：かつおの風味が深みをだしている　■その他：ブランド名からして大して期待していなかったが意外に良かった
- ■試食日：1998.9.20　■賞味期限：1998.12.6
- ■入手方法：No Data

No.1120 ジャスコ　4 901810 309634
TOPVALU 焼そば！

3

- ジャンル：焼そば　■製法：油揚げめん
- ■調理方法：熱湯3分お湯切り　■付属品：液体ソース、かやく（キャベツ）、ふりかけ（ごま・青のり・紅生姜）　■総質量（麺）：112g(90g)　■カロリー：491kcal
- ■麺：結構エッジが立った、しっかりした麺　■つゆ：あまり個性がない、甘すぎないのはいいけど　■その他：No Data
- ■試食日：1998.10.4　■賞味期限：1998.12.15
- ■入手方法：No Data

No.1154 日清食品　4 902105
日清焼そば UFO（自販機用たて形カップ仕様）

2

- ジャンル：焼そば　■製法：油揚げめん
- ■調理方法：熱湯3分お湯切り　■付属品：液体スープ、かやく（青のり・紅生姜）。キャベツ・揚げ玉は混込済　■総質量（麺）：94g(70g)　■カロリー：410kcal
- ■麺：たっぷりお湯を吸って膨らんだ、という感じで柔らかい　■つゆ：お湯を捨てきりにくく底に液体が溜まる、甘め　■その他：皿形UFOとの違いをきちんと指摘はできんが、あっちの方が旨く感じる
- ■試食日：1998.11.14　■賞味期限：1998.9.14
- ■入手方法：No Data

No.1157 東洋水産　4 901990 027076
今どきの焼そば DX 俺のどろ
シャッキリもやしたっぷり

2.5

- ジャンル：焼そば　■製法：油揚げめん
- ■調理方法：熱湯3分お湯切り　■付属品：液体スープ、かやく（キャベツ）、レトルトもやし　■総質量（麺）：158g(100g)　■カロリー：555kcal
- ■麺：細めで柔らかく貧弱だなー　■つゆ：酸味が強い、くどくて重い感じの味付け　■その他：うーん…これはいけません。生もやしの歯ごたえのみが救い
- ■試食日：1998.11.17　■賞味期限：1999.2.18
- ■入手方法：No Data

No.1181 まるか食品　4 902885
ペヤング やきそば Big!

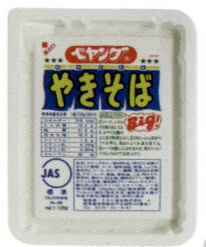

3.5

- ジャンル：焼そば　■製法：油揚げめん
- ■調理方法：熱湯3分お湯切り　■付属品：液体ソース、かやく（キャベツ・鶏肉ミンチ）、スパイス（青のり・ごま）　■総質量（麺）：120g(90g)　■カロリー：518kcal
- ■麺：うん!これがカップ焼そばの原器。しっかりコシがあり気泡感が少ない　■つゆ：他社と比べて甘め控えめ、ハードな感じ　■その他：昔はよく食べたが久しぶり、これなら食品として認められる
- ■試食日：1998.12.16　■賞味期限：1999.1.17
- ■入手方法：No Data

やきそば

179

No.1182 東洋水産　4 901990 028929
やきそば弁当 中華スープ付

- ジャンル：焼そば　■製法：油揚げめん
- ■調理方法：熱湯3分　■付属品：液体ソース、かやく（キャベツ・鶏肉）、スパイス（青のり）
- ■総質量（麺）：127g（100g）　■カロリー：572kcal
- ■麺：柔らかく気泡を感じる、ペヤングよりらかに軟派　■つゆ：甘めで上品、というパワーがない　■その他：中華スープは焼そばと良く合う、これで +0.5 点
- ■試食日：1998.12.19　■賞味期限：1998.12.24
- ■入手方法：No Data

No.1249 エースコック　4 901071 206079
いか焼きそば 大盛り

- ジャンル：焼そば　■製法：油揚げめん
- ■調理方法：熱湯3分お湯切り　■付属品：液体ソース、かやく（いか・キャベツ）、ふりかけ（青のり・紅生姜）　■総質量（麺）：166g（130g）　■カロリー：719kcal
- ■麺：気泡感は少ない方。カップ焼そばとしては力強い、骨太な麺だ　■つゆ：妙な甘ったるさは無い　■その他：基本は外していないが、売りの「いか」は殆ど印象に残っていない。この試食記を書く前にも一回食べているが、その時もいかの印象が無かった
- ■試食日：1999.3.15　■賞味期限：1999.7.4
- ■入手方法：No Data

No.1262 日清食品　4 902105 022122
U.F.O. ターボ湯切りで、おいしくなった！

- ジャンル：焼そば　■製法：油揚げめん
- ■調理方法：熱湯3分お湯切り　■付属品：液体ソース、ふりかけ（青のり・紅生姜）。キャベツは混ží済　■総質量（麺）：130g（100g）　■カロリー：571kcal
- ■麺：UFOは進化しているね、太くてなめらか、食べ応えあり。昔はもっとひどかった筈　■つゆ：いささか単調だが嫌味が無く、最後まで食欲を維持できる　■その他：ターボ湯切りは早く良く切れ便利だね！　味への寄与もある「気」がする。具に肉があるともっと良いが
- ■試食日：1999.4.1　■賞味期限：1999.7.20
- ■入手方法：No Data

No.1275 明星食品　4 902881 048736
えびしお やきそば エビふりかけがサクサクうまい！

- ジャンル：焼そば　■製法：油揚げめん
- ■調理方法：熱湯3分お湯切り　■付属品：液体ソース、かやく（キャベツ・エビ・キクラゲ・人参）、エビふりかけ　■総質量（麺）：125g（100g）　■カロリー：607kcal
- ■麺：やや細めで歯ごたえに若干欠ける　■つゆ：塩味が強く、一本調子の感あり。もっと旨味成分を　■その他：エビの香りが足りない！ふりかけは細かくて「サクサク」しない
- ■試食日：1999.4.17　■賞味期限：1999.8.3
- ■入手方法：No Data

No.1281 サンヨー食品　4 901734 002741
おたふくソース焼そば 大盛り イカ天入り

- ジャンル：焼そば　■製法：油揚げめん
- ■調理方法：熱湯3分お湯切り　■付属品：液体ソース、かやく（キャベツ・イカ天）、ふりかけ（青のり・紅生姜）　■総質量（麺）：175g（130g）　■カロリー：kcal
- ■麺：焼そばとしては気泡感が少なくしなやか　■つゆ：オタフクの名前からもっと甘くドロドロしたものを想像したが意外にあっさり、でも甘め　■その他：イカ天はビールのおつまみを想像した
- ■試食日：1999.4.24　■賞味期限：1999.8.19
- ■入手方法：ローソン

No.1319 マルタイ　4 902702 009472
カップ長崎皿うどん

- ジャンル：かた焼そば　■製法：油揚げめん
- ■調理方法：レトルト具を加熱後麺にかける　■付属品：レトルト具（もやし・人参・きくらげ・白菜・蒲鉾・豚肉・えび・たけのこ）　■総質量（麺）：240g（60g）　■カロリー：381kcal
- ■麺：極細めん、平板な印象。揚げたての香ばしさを求めるのは辛いか？　■つゆ：肉や海老の風味が薄く物足りなさを感じる　■その他：珍しいジャンルで期待が大きい分はぐらかされた気がする
- ■試食日：1999.6.8　■賞味期限：1999.9.26
- ■入手方法：セブンイレブン　¥238

No.1349 カネボウフーズ　4 901551 113460
ホームラン軒 鉄板焼ソースやきそば

1.5

- **ジャンル**：焼そば　■**製法**：ノンフライめん

- ■**調理方法**：熱湯4分お湯切り　■**付属品**：液体ソース、かやく（キャベツ）、ふりかけ（青のり・紅生姜）　■**総重量（麺）**：113g(85g)　■**カロリー**：410kcal

- ■**麺**：細身だがつるつる、しこしこ。でも、上品すぎてこれじゃ焼そばにならないよ！　■**つゆ**：酸味が強め。とにかく、ソースとは全く合わなう味。　■**その他**：ノンフライ麺のソース焼きそばはさぞ素晴らしかろうと思ったが、期待外れ

- ■**試食日**：1999.7.17　■**賞味期限**：1999.6.21
- ■**入手方法**：No Data

No.1351 エースコック　4 901071 206130
いか天焼そば お好みソース

2

- **ジャンル**：焼そば　■**製法**：油揚げめん

- ■**調理方法**：熱湯3分お湯切り　■**付属品**：液体ソース、特製マヨネーズ、かやく（キャベツ）、いか天　■**総重量（麺）**：176g(130g)　■**カロリー**：852kcal

- ■**麺**：気泡感は少ないものの、やや細身かつ though らかめで大盛りなので最後まで食べるのは辛い　■**つゆ**：マヨネーズが入ると細かな味がみんな消えちゃうな、いずれにせよ大味　■**その他**：いか天は前乗せ・後乗せどちらも可だが、前乗せの方が断然良い

- ■**試食日**：1999.7.18　■**賞味期限**：1999.7.18
- ■**入手方法**：No Data

No.1353 サンヨー食品　4 901734 002666
サッポロ一番 ソースやきそば

2.5

- **ジャンル**：焼そば　■**製法**：油揚げめん

- ■**調理方法**：熱湯3分お湯切り　■**付属品**：液体ソース、かやく（キャベツ）、ふりかけ（青のり）　■**総重量（麺）**：120g(90g)　■**カロリー**：No Data

- ■**麺**：焼そばとしては気泡感が少なくそこそこの重量感がある　■**つゆ**：甘みが抑えてあり最後まで飽きさせない　■**その他**：結構まっとうな焼そばだね

- ■**試食日**：1999.7.19　■**賞味期限**：1999.8.2
- ■**入手方法**：No Data

No.1355 東洋水産　4 901990 520348
俺の塩90

3.5

- **ジャンル**：焼そば　■**製法**：油揚げめん

- ■**調理方法**：熱湯90秒お湯切り　■**付属品**：液体ソース、粉末ソース、かやく（キャベツ・人参・キクラゲ）　■**総重量（麺）**：120g(100g)　■**カロリー**：567kcal

- ■**麺**：90秒戻し麺は細いが十分な腰があり存在感を主張している　■**つゆ**：塩味はソースのような妙な甘さがないのが好印象　■**その他**：質実剛健。従来品に入っていた帆立貝蒲鉾はあった方がいいな

- ■**試食日**：1999.7.20　■**賞味期限**：1999.11.2
- ■**入手方法**：No Data

No.1368 日清食品　4 902105 022184
カレー UFO ターボ湯切りでカレーもうまい

3

- **ジャンル**：焼そば　■**製法**：油揚げめん

- ■**調理方法**：熱湯3分お湯切り　■**付属品**：液体ソース、粉末カレーミックス、かやく（キャベツ・コーン・人参）は混込済　■**総重量（麺）**：132g(100g)　■**カロリー**：587kcal

- ■**麺**：柔らかいが気泡感が割に少ないのであまり許せる、ターボ湯切りで水気が少ないのは良い　■**つゆ**：カレー粉の刺激は暑いときに悪くない、いかにも「粉」といった感じだが　■**その他**：肉気が欲しいところだろ

- ■**試食日**：1999.8.3　■**賞味期限**：1999.11.29
- ■**入手方法**：No Data

No.1374 エースコック　4 901071 206154
和風大盛り焼そば 甘辛しょうゆソース

3

- **ジャンル**：焼そば　■**製法**：油揚げめん

- ■**調理方法**：熱湯3分お湯切り　■**付属品**：液体ソース、かやく（ネギ・キャベツ）、ふりかけ（焼のり・かつお・ごま）　■**総重量（麺）**：168g(130g)　■**カロリー**：678kcal

- ■**麺**：細くちょっと軟らかめなので、大盛りが一層大量に感じる　■**つゆ**：通常のソース味より軽く、つっこくない　■**その他**：予想よりは爽やか系だったな、具のネギと海苔が結構合う、肉は無し

- ■**試食日**：1999.8.21　■**賞味期限**：1999.12.12
- ■**入手方法**：No Data

No.1404 ヤマダイ　4 903088 002156
ニュータッチ 東京浅草 ソース焼そば

2.5

- ジャンル：焼そば
- 製法：油揚げめん
- 調理方法：熱湯3分お湯切り
- 付属品：液体ソース、かやく（キャベツ・もやし）、ふりかけ（のり・揚げ玉・紅生姜）
- 総質量（麺）：135g (100g)
- カロリー：560kcal
- 麺：断面が丸っぽい、堅めで歯切れは良い方、■つゆ：ちょっと一本調子、というのかバランスが適正でない感じを受けた　■その他：それなりに工夫している部分もあるのは認めるが、浅草を連想させてくれるかどうか
- 試食日：1999.9.23
- 賞味期限：1999.11.19
- 入手方法：No Data

No.1406 東洋水産　4 901990 021159
やきそば ドカ盛 中華スープ付

2.5

- ジャンル：焼そば
- 製法：油揚げめん
- 調理方法：熱湯3分お湯切り
- 付属品：液体ソース、粉末ソース、かやく（キャベツ・鶏肉）、ふりかけ（のり・紅生姜）、中華スープ
- 総質量（麺）：195g (160g)
- カロリー：908kcal
- 麺：四角い乾麺が二個!?分量は日本新記録!?細めで意外にドライな印象、こうでなきゃ食べきれない　■つゆ：マルちゃん得意のダブルソースで豪快さと繊細さのバランスをとっているが、量が多すぎ…　■その他：特殊用途向食料、普通の人が普通の状態で食べるべきでない、味その物のは十分水準にある
- 試食日：1999.9.25
- 賞味期限：1999.9.20
- 入手方法：常呂町えいじろう ¥188

No.1490 良品計画RS46　4 934761 705774
無印良品 ミニ焼そば

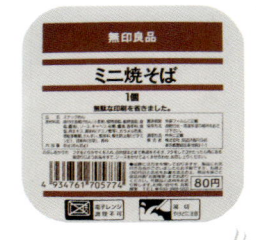

1.5

- ジャンル：焼そば
- 製法：油揚げめん
- 調理方法：熱湯3分お湯切り
- 付属品：液体スープ、かやく（キャベツ）
- 総質量（麺）：49g (35g)
- カロリー：No Data
- 麺：ソフトでしなしな根性なし麺　■つゆ：甘くて締まりが無い　■その他：三口程度で食べきれるのでおやつとしてはともかく、これすともに一食分あったら残すかも
- 試食日：1999.12.28
- 賞味期限：1999.12.25
- 入手方法：無印良品藤沢店 ¥80

No.1507 東洋水産　4 901990 520792
オイスターソース焼麺 焼きチャイナ 大盛

2.5

- ジャンル：焼そば
- 製法：油揚げめん
- 調理方法：熱湯3分お湯切り
- 付属品：液体スープ、かやく（キャベツ・キクラゲ）
- 総質量（麺）：167g (130g)
- カロリー：761kcal
- 麺：細いが量はかなりあり圧倒される、質はまあまあだけど　■つゆ：オイスターソースが前面に出ている、というか頼り切っている感じ、もうちょい締まりが欲しい　■その他：麺の量に対して具が少なくあっさりしているので最後の方は飽きる
- 試食日：2000.1.23
- 賞味期限：2000.2.24
- 入手方法：No Data

No.1560 日清食品　4 902105 023907
とんがらし麺 焼そば キムチ・コチュジャン味

3

- ジャンル：焼そば
- 製法：油揚げめん
- 調理方法：熱湯3分お湯切り
- 付属品：液体スープ、激辛パウダー。かやく（白菜キムチ・ニンニクの芽）は混込済
- 総質量（麺）：113g (90g)
- カロリー：515kcal
- 麺：細めだがしっかり感はある、気泡感は殆ど感じない　■つゆ：適度な刺激の辛さが心地よい、良い意味で軽量・乾いた感じの味覚　■その他：このシリーズはみな上品で洗練されているし（悪い意味も含む）、少しはアジアの下品さが欲しい
- 試食日：2000.3.18
- 賞味期限：2000.7.2
- 入手方法：am-pm ¥143

No.1561 東洋水産　4 901990 521291
昔ながらの ソース焼そば ワンタンスープ付き

2.5

- ジャンル：焼そば
- 製法：油揚げめん
- 調理方法：熱湯3分お湯切り
- 付属品：液体スープ、粉末スープ、かやく（キャベツ）、ふりかけ、即席ワンタン
- 総質量（麺）：137g (100g)
- カロリー：646kcal
- 麺：べとついた感じが無いが、気泡感は若干残る　■つゆ：液体と粉末二本立ては確かにメリットがあるが、しかし単調な味付けは飽きやすい　■その他：ワンタンはちっちゃい
- 試食日：2000.3.19
- 賞味期限：2000.7.14
- 入手方法：am-pm ¥168

No.1575 エースコック　4 901071 206178
スーパーカップ 大盛り 豚キムチ焼そば

- ジャンル：焼そば　製法：油揚げめん
- ■調理方法：熱湯3分お湯切り　■付属品：液体ソース、かやく（キャベツ・豚肉・キムチ）、ふりかけ（ごま・赤唐辛子・青のり）　■総質量（麺）：165g（130g）　■カロリー：684kcal
- ■麺：やや細めだが比較的飽きにくい　■つゆ：キムチの酸味・辛味はソースと合うね、もっと強力でもいいけど　■その他：豚は控えめだな
- ■試食日：2000.4.08　■賞味期限：2000.8.16
- ■入手方法：デイリーストア ¥168

No.1618 日清食品　4 902105 023204
日清の 焼ラーメン こってりとんこつスープ 仕上げの黒たまりソース付

- ジャンル：焼そば　製法：油揚げめん
- ■調理方法：熱湯3分お湯切り　■付属品：液体スープ、液体ソース。かやく（キャベツ・味付豚肉・キクラゲ・紅生姜）は混込済　■総質量（麺）：156g（120g）　■カロリー：699kcal
- ■麺：細めでやや軟らかめ、気泡感は少ない　■つゆ：あー、確かに九州ラーメンスープの濃縮を絡めたような、押し出しに欠ける　■その他：焼きそばとは違う焼ラーメンという新しいジャンルを確立…できないだろうなー
- ■試食日：2000.5.28　■賞味期限：2000.9.18
- ■入手方法：デイリーストア ¥168

No.1653 明星食品　4 902881 404013
灼熱のヤキソバ 大盛り（当社比）スパイシーチリ味

- ジャンル：焼そば　製法：油揚げめん
- ■調理方法：熱湯3分お湯切り　■付属品：液体ソース、後のせかやく（フライドガーリック・えび・馬鈴薯・赤唐辛子）、キャベツ　■総質量（麺）：163g（130g）　■カロリー：721kcal
- ■麺：細か、詳細に見ればしっかりしているのだが、総体としてはやけた印象、量は多い　■つゆ：ニンニクと唐辛子が強すぎ、食べるのに体力を消費してしまう感じだ、旨み成分も隠れてしまっている　■その他：体調の弱っている時は避けた方がよい
- ■試食日：2000.7.8　■賞味期限：2000.10.1
- ■入手方法：デイリーヤマザキ ¥168

No.1654 エースコック　4 901071 206185
沖縄焼そば 今、沖縄が熱い！あっさり塩味 チャンプルー風

- ジャンル：焼そば　製法：油揚げめん
- ■調理方法：熱湯3分お湯切り　■付属品：調味タレ、かやく（キャベツ・豚肉・ねぎ）、仕上げ香味料　■総質量（麺）：119g（100g）　■カロリー：519kcal
- ■麺：ビーフンっぽい細麺、ダレなく歯ごたえは維持している　■つゆ：塩と胡椒の香りが支配的で単調、もうちょっとダシ成分がほしい　■その他：具もシンプルというか物足りない、試食の終盤には飽きた
- ■試食日：2000.7.9　■賞味期限：2000.10.17
- ■入手方法：デイリーヤマザキ ¥143

No.1658 東洋水産　4 901990 521604
俺の塩 2000GT

- ジャンル：焼そば　製法：油揚げめん
- ■調理方法：熱湯80秒お湯切り　■付属品：液体ソース、粉末スープ、かやく（キャベツ・貝柱様かまぼこ・キクラゲ・人参）　■総質量（麺）：118g（100g）　■カロリー：558kcal
- ■麺：スカスカの貧弱麺を想像したが杞憂だった、細いがベタつかず気泡感も少ない、ビーフンみたいだが　■つゆ：東洋水産得意のダブルソースが威力発揮、旨み成分は十分出ているがしつこくない　■その他：一貫した軽快感がある、2000GTというより1600Sだな(?)、具の選択も効果的、飽きが来ない
- ■試食日：2000.07.16　■賞味期限：2000.11.2
- ■入手方法：ファミリーマート ¥143

No.1669 サンヨー食品　4 901734 017949
サッポロ一番 焼麺 韓国家庭料理 塩カルビ味

- ジャンル：焼そば　製法：油揚げめん
- ■調理方法：熱湯3分お湯切り　■付属品：粉末ソース、調味油、かやく（キャベツ・牛肉）、ふりかけ（ごま・揚げネギ）　■総質量（麺）：124g（100g）　■カロリー：622kcal
- ■麺：ビーフンのような細麺、ゆえにコシは弱い　■つゆ：粉末ソースの力強さ、やや酸味あり、刺激や癖は少ないがやや人工的　■その他：具の牛肉は珍しい、脱ソース味焼そばはブームだね
- ■試食日：2000.7.29　■賞味期限：2000.11.11
- ■入手方法：ファミリーマート ¥168

No.1676 エースコック　4 901071 206192
熟成一年仕込みの たまりソース焼そば 大盛り とろり濃熟です。

| ジャンル | 焼そば | 製法 | 油揚げめん |

- 調理方法：熱湯３分お湯切り
- 付属品：液体ソース、キャベツ、花かつお
- 総質量（麺）：177g（130g）
- カロリー：713kcal
- 麺：量は多い、口当たりが丸いというか、シャキッとしない　つゆ：どんより甘く、ピリッとした部分が無い　その他：曇りところにより雨、といった印象
- 試食日：2000.8.5　賞味期限：2000.11.6
- 入手方法：コミュニティストア ¥168

No.1677 東洋水産　4 901990 521727
これぞ！あんかけ焼そば 塩を使わず、卵とかん水でつないだこだわり中華麺

| ジャンル | 焼そば | 製法 | 油揚げめん |

- 調理方法：熱湯３分お湯切り
- 付属品：レトルト具（竹の子・豚肉・白菜・にんじん・キクラゲ入り）
- 総質量（麺）：224g（100g）
- カロリー：621kcal
- 麺：ためん、食感に重量感があるというか、湿った印象、同じ会社の「俺の塩」と両極端に違う　つゆ：中華丼的な味付け、この麺には合う、刺激はない　その他：中華丼のようでそうでないのはウズラ卵が無いからか？「焼」そばじゃないな
- 試食日：2000.8.6　賞味期限：2000.11.28
- 入手方法：ファミリーマート ¥248

No.1716 日清食品　4 902105 021965
カレーUFO カシミール風 香りタツ！カレースパイス

| ジャンル | 焼そば | 製法 | 油揚げめん |

- 調理方法：熱湯３分お湯切り
- 付属品：液体ソース、カレーミックス（粉末）。かやく（キャベツ・玉ねぎ）は混入済
- 総質量（麺）：133g（100g）
- カロリー：601kcal
- 麺：やや細め、気泡感は無く滑らか、迫力には欠ける　つゆ：味と香りがマッチしておらず散漫な印象、カレーのスパイスは結構単純　その他：体調の良くないときに食べると胸やけしそう、落ち着きが無い
- 試食日：2000.9.17　賞味期限：2000.11.16
- 入手方法：コミュニティストア ¥143

No.1726 サンポー食品　4 901773 011193
ヤカンちゃん焼そば 味付けけずり節青のり入り

| ジャンル | 焼そば | 製法 | 油揚げめん |

- 調理方法：熱湯３分お湯切り
- 付属品：液体ソース、かやく（キャベツ）、ふりかけ（青のり・味付削節）
- 総質量（麺）：115g（88g）
- カロリー：505kcal
- 麺：ベトつかずさらさらした食感が新鮮、でも特徴はそれだけだな　つゆ：魚系の香りが強い反面、豚肉系のパワフルさに欠け、物足りなさを感じる　その他：ちょっと個性がある和風焼そば、ダイエーと組んで関東進出か？単発の企画モノなのか不明？
- 試食日：2000.9.28　賞味期限：2000.10.25
- 入手方法：まさやよりいただく

No.1746 徳島製粉　4 904760 013552
金ちゃん焼そば ソース革命！？新世紀 さらにおいしくなった有機野菜ソース

| ジャンル | 焼そば | 製法 | 油揚げめん |

- 調理方法：熱湯３分お湯切り
- 付属品：液体ソース、かやく（キャベツ）、青のり
- 総質量（麺）：129g（100g）
- カロリー：559kcal
- 麺：やや貧弱で頼りない、ベタベタしないのはよか　つゆ：甘め基調、革命というほど他社製品との違いは無い　その他：具はキャベツのみ、昔よりも軟派になった？蓋のカラフルな印刷が一番特徴的
- 試食日：2000.10.22　賞味期限：2000.11.14
- 入手方法：四国で購入

No.1794 日清食品　4 902105 025536
日清焼そば スパイシーソース 特製からしマヨネーズ 大盛り

| ジャンル | 焼そば | 製法 | 油揚げめん |

- 調理方法：熱湯３分お湯切り
- 付属品：粉末ソース、からしマヨネーズ、青のり。キャベツは混入済
- 総質量（麺）：162g（130g）
- カロリー：756kcal
- 麺：UFOとの差別化を意識してか、細くてソフトな麺、腰砕けにはなっていないのが救い　つゆ：スパイスが多彩で甘ったるさや安っぽさはない、のだが最終的にはマヨネーズ味が支配してしまうその他：粉末ソースなので全体的にドライ感覚、具はキャベツだけなので寂しい、UFOより好みだ
- 試食日：2000.12.9　賞味期限：2000.12.7
- 入手方法：大分で購入 ¥168

No.446 日清食品　4 902105
カップ DE レンジ 焼うどん

- ジャンル：焼きうどん
- 製法：No Data
- 調理方法：電子レンジで6分（400W）／5分（500-600W）
- 付属品：No Data
- 総質量（麺）：No Data

No.468 日清食品　4 902105 002803
日清ソース焼そば UFO

- ジャンル：焼そば
- 製法：油揚げめん
- 調理方法：熱湯3分お湯切り
- 付属品：ソース、かやく（キャベツ）、ふりかけ（紅生姜・ごま・青のり）
- 総質量（麺）：118g（90g）

No.495 明星食品（沖縄明星食品㈱製造）　4 902881 042215
ソーメン風 ちゃんぷるー

- ジャンル：焼そば
- 製法：油揚げめん
- 調理方法：熱湯3分お湯切り
- 付属品：スープ、かやく（キャベツ・卵・豚肉練り製品・人参）、調味油
- 総質量（麺）：106g（90g）

No.521 明星食品　4 902881 044424
じゃんぼ 中華焼そば
ペッパーソーセージ入り

- ジャンル：焼そば
- 製法：油揚げめん
- 調理方法：熱湯3分お湯切り
- 付属品：ソース、かやく（キャベツ・ソーセージ・ニラタマ・ガーリック・オニオン・チリ）、ふりかけ
- 総質量（麺）：112g（90g）

No.522 明星食品　4 902881 044424
じゃんぼ 中華焼そば
炒め野菜・ソーセージ入り

- ジャンル：焼そば
- 製法：油揚げめん
- 調理方法：熱湯3分お湯切り
- 付属品：ソース、かやく（キャベツ・ソーセージ・オニオン・ターツァイ）
- 総質量（麺）：112g（90g）

No.523 明星食品　4 902881 044226
中華三昧 五目焼そば
レトルト五目あんかけ付 スパイス付

- ジャンル：焼そば
- 製法：油揚げめん
- 調理方法：熱湯3分お湯切り
- 付属品：調理済かやく（豚肉・たけのこ・玉ねぎ・白菜・人参・キクラゲ・椎茸）、スパイス
- 総質量（麺）：210g（80g）

No.525 明星食品　4 902881 048552
焼そば屋台
スパイシーソース味 肉玉入り

- ジャンル：焼そば
- 製法：油揚げめん
- 調理方法：熱湯3分お湯切り
- 付属品：ソース、かやく（キャベツ・ポークダイス）、青のり
- 総質量（麺）：126g（100g）

No.526 明星食品　4 902881 040204
鉄板焼そば じゃんぼ
えびふりかけ付き

- ジャンル：焼そば
- 製法：油揚げめん
- 調理方法：熱湯3分お湯切り
- 付属品：ソース、かやく（キャベツ・揚げ玉・小えび）、ふりかけ（紅生姜・青のり）
- 総質量（麺）：118g（90g）

No.527 明星食品　4 902881 044028
鉄板 じゃんぼ シーフード焼そば
ソース味 えび・わかめ 青のり入り

- ジャンル：焼そば
- 製法：油揚げめん
- 調理方法：熱湯3分お湯切り
- 付属品：ソース、かやく（キャベツ・わかめ・なると）、ふりかけ（えび・ごま・青のり）
- 総質量（麺）：118g（92g）

やきそば

No.528 明星食品	4 902881 044233

中華三昧 五目炒麺 かたい焼そば
五目あんかけ付き（レトルト）

ジャンル	焼そば	製法	油揚げめん

- ■調理方法：調理済みレトルトかやくを熱湯であたためる
- ■付属品：調理済みレトルトかやく（玉ねぎ・豚肉・キャベツ・もやし・人参・椎茸・キクラゲ）
- ■総質量（麺）：205g(60g)

No.544 東洋水産	4 901990

L.L.Noodle Dry 焼そば

ジャンル	焼そば	製法	油揚げめん

- ■調理方法：熱湯3分お湯切り
- ■付属品：ソース、かやく（キャベツ・キクラゲ・人参・チンゲン菜・にら）
- ■総質量（麺）：96g(75g)

No.619 エースコック	4 901071 221010

大辛焼そば カライジャン
青のりごま付 HOT SHOCK

ジャンル	焼そば	製法	油揚げめん

- ■調理方法：熱湯3分お湯切り
- ■付属品：ソース、かやく（乾燥野菜・鶏肉）、ふりかけ（ごま・青のり）
- ■総質量（麺）：116g(88g)

No.620 エースコック	4 901071 234010

大盛り1.5倍 中華焼そば
味そぼろ ふりかけ付

ジャンル	焼そば	製法	油揚げめん

- ■調理方法：熱湯3分お湯切り
- ■付属品：ソース、かやく（キャベツ・蒲鉾・人参・かに風味蒲鉾・玉ねぎ・きくらげ）、味そぼろふりかけ（味付植物性蛋白・紅生姜）
- ■総質量（麺）：179g(134g)

No.702 カネボウフーズ	4 902552 010109

ハンバーグ入り デカイ焼そば べんとう

ジャンル	焼そば	製法	ノンフライめん

- ■調理方法：熱湯3分お湯切り
- ■付属品：ハンバーグ、かやく（キャベツ）、やくみ（青のり・紅生姜）
- ■総質量（麺）：117g(78g)

No.756 大黒食品工業	4 904511 000435

マイフレンド ソース味 やきそば

ジャンル	焼そば	製法	油揚げめん

- ■調理方法：熱湯3分お湯切り
- ■付属品：ソース、かやく（キャベツ）、ふりかけ（青のり・ごま・紅生姜）
- ■総質量（麺）：120g(88g)

No.769 アカギ（本庄食品株式会社）	4 902485 001557

AKAGI やきそば
ソース味 青のり・ふりかけ付

ジャンル	焼そば	製法	油揚げめん

- ■調理方法：熱湯3分お湯切り
- ■付属品：ソース、かやく（キャベツ・豚肉）、ふりかけ（青のり・紅生姜・ごま）
- ■総質量（麺）：125g(93g)

No.770 アカギ（永徳屋商事株式会社）	4 902485 001694

AKAGI やきそば ソース味

ジャンル	焼そば	製法	油揚げめん

- ■調理方法：熱湯3分お湯切り
- ■付属品：ソース、かやく（キャベツ）
- ■総質量（麺）：113g(83g)

No.777 横山製麺工場	4 903077 200051

八ちゃん 焼そば1番
液体ソースふりかけ付

ジャンル	焼そば	製法	フリーズドライめん

- ■調理方法：熱湯3分お湯切り
- ■付属品：液体ソース、かやく（キャベツ・人参・豚肉）、ふりかけ（青のり）
- ■総質量（麺）：90g(57g)

やきそば

No.828 寿がきや食品	4 901677 017307

mini ソース味 焼そば
イカ・キャベツ入 おいしさアップ！

ジャンル 焼そば　**製法** 油揚げめん

- ■調理方法：熱湯3分お湯切り　■付属品：ソース、かやく（キャベツ・いか）　■総量（麺）：48g(35g)

No.839 徳島製粉	4 904760 010179

金ちゃん 焼そばランチ
青のりふりかけ付

ジャンル 焼そば　**製法** 油揚げめん

- ■調理方法：熱湯3分お湯切り　■付属品：ソース、かやく（キャベツ）、ふりかけ（青のり・ごま・紅生姜）　■総質量（麺）：115g(90g)

No.846 松田食品	4971 2681

ベビースター お好み焼ソース味 焼そば

ジャンル 焼そば　**製法** 油揚げめん

- ■調理方法：熱湯2分お湯切り　■付属品：粉末ソース　■総質量（麺）：40g(65g)

No.849 松田食品	4 902775 001236

ベビースター カレー焼そば

ジャンル 焼そば　**製法** 油揚げめん

- ■調理方法：熱湯3分お湯切り　■付属品：粉末ソース、ふりかけ（青のり・乾燥卵・ごま・赤ピーマン）　■総質量（麺）：76g(62g)

No.875 日清食品	4 902105 014974

U.F.O. わさびとマヨネーズ
こくソース焼そば

ジャンル 焼そば　**製法** 油揚げめん

- ■調理方法：熱湯3分お湯切り　■付属品：液体ソース、かやく（キャベツ）、ふりかけ（青のり）、わさびマヨネーズ　■総質量（麺）：134g(100g)

No.883 明星食品	4 902881 048644

大盛りスタミナ 焼麺
ガーリックしょうゆ味

ジャンル 焼そば　**製法** 油揚げめん

- ■調理方法：熱湯4分お湯切り　■付属品：液体ソース、かやく（キャベツ・ニンニク）、こしょう、赤唐辛子　■総質量（麺）：160g(130g)

No.884 明星食品	4 902881 042260

中華三昧 炸醤麺
コクのある肉味噌そば

ジャンル 焼そば　**製法** 油揚げめん

- ■調理方法：熱湯4分お湯切り　■付属品：調理済かやく（豚挽肉・たけのこ）、かやく（キャベツ）　■総質量（麺）：145g(80g)

No.885 明星食品	4 902881 042345

油そば 焼豚メンマ入 からめて旨い！秘伝チャーシュー油だれ

ジャンル 焼そば　**製法** 油揚げめん

- ■調理方法：熱湯4分お湯切り　■付属品：液体スープ（油だれ）、かやく（焼豚・メンマ）、やくみ（赤唐辛子）　■総質量（麺）：119g(90g)

No.887 東洋水産	4 901990 020725

味一番 焼うどん
けずりかつお 青のり付

ジャンル 焼きうどん　**製法** 油揚げめん

- ■調理方法：熱湯5分お湯切り　■付属品：ソース、かやく（キャベツ）、カツオ削りぶし、青のり、紅生姜　■総質量（麺）：114g(85g)

やきそば

187

No.888 東洋水産	4 901990 020954

焼そば BAGOOOON

ジャンル 焼そば　製法 油揚げめん

■調理方法：熱湯3分お湯切り　■付属品：ソース、かやく（キャベツ）、ふりかけ（ごま・たまご・紅生姜・青のり）　■総質量（麺）：119g（90g）

No.889 東洋水産	4943 2404

上海キング　肉入り焼そば オイスターソース味

ジャンル 焼そば　製法 油揚げめん

■調理方法：熱湯3分お湯切り　■付属品：ソース、かやく（豚肉・乾燥野菜）、スパイス　■総質量（麺）：122g（90g）

No.891 東洋水産	4 901990 020633

今どきの焼そば 俺の塩　はじめてだぜ！塩味きいた、俺たちの焼そば

ジャンル 焼そば　製法 油揚げめん

■調理方法：熱湯3分お湯切り　■付属品：粉末スープ、かやく（キャベツ・貝柱様かまぼこ・人参・きくらげ）、おこのみ油　■総質量（麺）：111g（100g）

No.892 東洋水産	4 901990 027533

The 焼そば　シャッキリもやしとお肉がたっぷり！

ジャンル 焼そば　製法 油揚げめん

■調理方法：熱湯3分お湯切り　■付属品：ソース、かやく（豚肉・ニラ）、もやし調理品（もやし・人参）　■総質量（麺）：162g（100g）

No.893 エースコック	4 901071 278038

豚焼うどん　香ばしいごま油のしょうゆ味

ジャンル 焼きうどん　製法 油揚げめん

■調理方法：熱湯3分お湯切り　■付属品：調味タレ、もみのり、かつお粉、かやく（キャベツ・味付豚肉・ねぎ・紅生姜）　■総質量（麺）：125g（100g）

No.894 エースコック	4 901071 278069

夏だけ出荷 BEER 焼そば　ビールによく合うスパイシーな大人の焼そば おつまみ（コーンスナック）がついている！

ジャンル 焼そば　製法 油揚げめん

■調理方法：熱湯3分お湯切り　■付属品：ソース、かやく（キャベツ）、スパイス、ビアスナック　■総質量（麺）：124g（90g）

No.895 エースコック	4 901071 263072

夜鳴き屋 濃熟ソース焼そば　店主自家製にんにくソース付き

ジャンル 焼そば　製法 油揚げめん

■調理方法：熱湯3分お湯切り　■付属品：焼そばソース、ニンニクソース、かやく（キャベツ）、ふりかけ（青のり・紅生姜）　■総質量（麺）：134g（100g）

No.896 エースコック	4 901071 206086

夜鳴き屋 中華 焼ビーフン　細切り野菜 胡麻風味

ジャンル 焼ビーフン　製法 油揚げめん

■調理方法：熱湯3分お湯切り　■付属品：調味タレ、かやく（キャベツ・人参・椎茸・ニラ）　■総質量（麺）：110g（90g）

No.897 サンヨー食品	4980 3877

サッポロ一番 元気なソース焼そば

ジャンル 焼そば　製法 油揚げめん

■調理方法：熱湯3分お湯切り　■付属品：ソース、かやく（豚肉・キャベツ）、ふりかけ（青のり・紅生姜）　■総質量（麺）：116g（88g）

やきそば

No.899 カネボウフーズ	4973 1538

ホームラン軒 ソース焼そば えん
にちのあじ いらっしゃい肉入りだよ！！

ジャンル	焼そば	製法	油揚げめん

■調理方法：熱湯3分お湯切り ■付属品：ソース、かやく（キャベツ・豚肉）、ふりかけ（青のり・紅生姜） ■総質量（麺）：116g(88g)

No.900 カネボウフーズ	4973 1545

カラメンテ 大辛焼そば

ジャンル	焼そば	製法	ノンフライめん

■調理方法：熱湯4分お湯切り ■付属品：ソース、かやく（キャベツ）、ふりかけ（青のり・紅生姜） ■総質量（麺）：110g(80g)

No.901 カネボウフーズ	4 901551 112586

ホームラン軒 ツナマヨ焼そば

ジャンル	焼そば	製法	油揚げめん

■調理方法：熱湯3分お湯切り ■付属品：ソース、かやく（キャベツ・赤ピーマン）、辛子マヨネーズ、ふりかけ（ツナ） ■総質量（麺）：136g(100g)

No.904 大黒食品工業	4 904511 000145

マイフレンド 大盛りやきそば
ソース味

ジャンル	焼そば	製法	油揚げめん

■調理方法：熱湯3分お湯切り ■付属品：ソース、かやく（キャベツ）、ふりかけ（青のり・紅生姜・ごま） ■総質量（麺）：145g(110g)

怒濤の第三弾

続々刊行予定

へ!?出前一丁にマカロニなんてあるの？
詳しくは『即席麺サイクロペディア3』(予定)で

ミニ・コラム⑥

透明カップの日清食品
「Cup Noodle Skeleton」
(1999年、地方限定発売)

P16で紹介したCup Noodle Skeletonはカップが透明で中の様子がよく見えるようになっている。確かにカップの中で麺が浮いており、お湯を注ぐとスープが溶け出して麺が膨潤してゆく様子が判る。外装もボール紙でかなり凝ったもの。価格は￥180で、当時のカップヌードルの標準的売価￥143よりかなり高い。

お湯を注ぐと…

COLUMN 4 ton tan tin の 即 席 ラ ー メ ン 調 理 動 画

次から次へと新製品が出ては、大半はすぐに消えてしまう即席ラーメン達の記録を自らのサイト i-ramen.net で公開してきたが、写真と文章だけで残すことができる情報量には限界を感じていた。麺の硬さや伸びの具合、スープの粘度や透明度、チャーシューの厚さや弾力など…これらをもっと上手く表現する手段がないものだろうか？

2005 年末頃から動画投稿サイトなるものが話題になり、かつてインターネットを使って個人が世界へ向けて情報発信が出来るようになったのと同じぐらいに新たな可能性を感じた。こいつを使って即席ラーメンを紹介したら、今までよりもずっと製品の雰囲気がよく伝わるぞ！ 2006 年 6 月の時点で動画投稿サイトはいくつも存在していた（この時まだニコニコ動画は無かった）けれど、この中では一番安定性・将来性がありそうだと思い、YouTube のアカウントを tontantin という名前で取得した。

当時使用していたデジタルカメラにはオマケ程度の動画記録機能（320 × 240dot、15fps）が付いていたので、早速製品を手で持ちクルクル回して、製品の概要を簡単にナレーションするだけの簡単な動画をいくつか作ってみて投稿してみた。するとどうだろう、あっという間に閲覧件数が伸びてゆき、コメントも付き出した。なんという喰いつきの良さ！ そして i-ramen.net と違うのは、海外からの反応が非常に多いのだ。動画は言葉の壁を簡単に突き破ってしまうらしい。

こうなると動画投稿は実験的なものからすぐに本気モードへ切り替わった。まずは外観の紹介だけでなく調理の過程も映す（※）、撮り流しではなく無駄な部分をカットして冗長さを感じさせないよう編集する。タイトルを作って、BGM を入れて曲の節目と画面が切り替わるタイミングを合わせて…あれ？ これは 20 年ぐらい前の学生時代にやっていたことだな。8 ミリフィルムとビデオの違いはあれ、本質的な部分は映画の製作と殆ど一緒なのだ。

※実は調理の過程だけでなく食べるシーンも動画に含めることに挑戦してみたが、初めて試す製品に対して、テレビのレポーターみたいに食べる合間に気の利いたコメントを付けることは不可能であることがすぐに判って断念した。セッティングでモタモタしたり、言葉がでてこなくてやり直しをしているうちに麺は伸び、スープは冷めて評価どころではなくなってしまう。

YouTube の反応は日に日に増加してゆき、コメントやメールもどんどん届く。そのほとんどが海外からのもので、とくに海外の製品を紹介すると、その製品の地元から「やあ、これは俺の国の製品なんだ。誇らしいよ、ありがとう！」なんて感じのコメントを頂く。そして「俺の国のラーメンを送るぜ！」と言って、大きいけれども妙に軽い国際小荷物が何度も届いた。

初めは i-ramen.net のおまけ程度で始めた調理動画だが、機材や編集ソフトはグレードアップして画質も情報量も増え、いつの間にかこちらが日々の活動の主になってしまった。製作には結構な時間を費やしており、仕事が忙しい時は正直辛いけれど、ここまで来ると今後も世界へ向けて継続的に即席ラーメン情報を発信しなければならない、という義務感も感じているので、体調に気遣いながらも末永く続けてゆこうと思っている。

SOKUSEKIMENCYCLOPEDIA
あとがき

出版の打診を受けたのは 2008 年の春頃で、それから本書が完成するまでにはかなりの時間が経過した。その原因の一つは写真である。それまでにも手持ちの即席ラーメンの袋やカップは全て写真を撮ってデータベース化していたのだが、まさか将来出版して印刷物にするとは思っていなかったので画質には大して拘っていなかった。なにしろデータベースを作りはじめたのは 1997 年頃からで、当時はまだハードディスクの容量も少なく、数千枚の写真を保存するには一枚当たりのデータ容量をあまり大きくできなかったのである。結局手持ちの写真は出版品質には役不足ということで、全ての写真を撮影し直すこととなる。撮影はともかく、大変なのはその後の修正作業。背景を白く抜いて、水平や垂直が出るように回転したり歪みを修正し、色調を整える等々単調な作業を繰り返す日々が延々続いた。

しかし、本書の特徴でもあるが取り上げた 1046 種の即席ラーメンは全て自らが食べたものであり、写真を撮るために一枚一枚を改めて眺めると、食べた当時の情景が甦ってくる。学生の頃は四畳半一間の下宿に住んでいて、汚い共同の炊事場でお湯を沸かしたものだ。社会人になって夏休みに車中泊旅行で北海道へ行った時、早朝の草原で銘水と呼ばれる湧水を使ってカップ麺を作ったら、食べなれた安価な製品が別物のように変身してびっくりしたことがあっ

たし…即席ラーメンを見返すことは、自分自身を見返す作業でもあったのだ（大して成長してないじゃん、とも再認識した）。

本書ではページ数の制約から対象を 20 世紀、2000 年までの国産カップラーメンに限定したが、今後は最近の製品や袋めん、海外の即席ラーメンの数々を紹介したいと思う。

即席ラーメンの開発競争とは、さぞや熾烈なものだろう。ジャンルは異なれども私自身が製品の開発・設計に従事していることもあり推測に難くない。長い期間、数多くの製品にお世話になっていることもあり、この世界に携わっている多くの人達に対して敬意を表したい。一方、本書で紹介した製品の中には残念ながら会社が清算されたり、即席ラーメン製造事業から撤退してしまったものもある。これらの製品は特に詳細に紹介することで、私が捧げるレクイエムとしたい。

最後に、永い間こんな酔狂な趣味を続けている私を見守ってくれている家族、親戚、友人、同僚、その他大勢の方々、そしてこの本を形あるものにして頂いた社会評論社の濱崎誉史朗氏、m.b. の北村卓也氏に心より感謝いたします。

山本利夫　Toshio Yamamoto

1960年東京都生まれ。東京農工大学卒、現在企業で製品の設計に従事。幼い頃から即席ラーメンに親しみ、大学在学中から袋やフタの収集を始める。以来日常生活は勿論、旅行や出張の際でもコンビニやスーパー巡りを欠かさない。Webサイトでの情報公開の他、YouTubeを利用して即席ラーメンの調理動画を投稿中。最近では興味の対象を海外製品へと拡大している。

webmaster@i-ramen.net
http://i-ramen.net
http://www.youtube.com/user/tontantin

即席麺サイクロペディア １
カップ麺〜2000年編

2010年7月1日初版第1刷発行

著者	山本利夫
編集	濱崎誉史朗
デザイン	北村卓也（m.b.llc）
発行人	松田健二
発行所	株式会社社会評論社 東京都文京区本郷 2-3-10 TEL: 03-3814-3861 FAX: 03-3818-2808 http://www.shahyo.com/
印刷＆製本	倉敷印刷株式会社